21 世纪高等院校计算机辅助设计规划教材

UG NX 8.0 模具设计教程

高玉新　李丽华　戴　晟　等编著

机械工业出版社

本书以大量实例，循序渐进地介绍了应用注塑模向导模块进行模具设计的一般过程，并对模具设计所需的建模基础知识进行了精要介绍。主要内容包括两大部分：第一部分是建模基础知识，包括实体建模、自由曲面建模和装配设计，其主要命令的介绍均为注塑产品建模中的常用命令。第二部分是应用 UG NX 8.0/Mold Wizard 进行模具设计的过程及各个工具命令的使用方法，包括模具设计准备、分型设计、模架和标准件设计、浇注系统和冷却系统设计。每一章都通过针对性强的实例介绍模具设计的一般过程和操作技巧，使读者能够较快掌握使用 UG NX 8.0/Mold Wizard 注塑模向导模块进行模具设计的方法和步骤。

本书附带学习光盘，包含全书实例的源文件素材及结果文件，方便读者系统、全面地学习。本书配有电子教案，需要的教师可登录 www.cmpedu.com 免费注册、审核通过后下载，或联系编辑索取（QQ：2399929378，电话：010-88379750）。

本书可作为大中专院校相关课程的教材、课程设计和毕业设计参考书，同时也可作为模具设计工程人员的参考工具书和企业培训教材。

图书在版编目（CIP）数据

UG NX 8.0 模具设计教程/高玉新等编著. —北京：机械工业出版社，2012.10（2019. 6 重印）

21 世纪高等院校计算机辅助设计规划教材

ISBN 978-7-111-40030-1

Ⅰ . ①U… Ⅱ . ①高… Ⅲ . ①模具—计算机辅助设计—应用软件—高等学校—教材 Ⅳ . ①TG76-39

中国版本图书馆 CIP 数据核字（2012）第 241386 号

机械工业出版社（北京市百万庄大街 22 号 邮政编码 100037）
责任编辑：和庆娣
责任印制：李 洋
北京中兴印刷有限公司印刷
2019 年 6 月第 1 版·第 6 次印刷
184mm×260mm·18.5 印张·459 千字
10901－12700 册
标准书号：ISBN 978-7-111-40030-1
　　　　　ISBN 978-7-89433-211-0（光盘）
定价：45.00 元（含 1CD）

前　言

UG（Unigraphics）是西门子 UGS PLM 软件推出的一款功能强大的 CAD/CAM/CAE 集成软件，广泛应用于航空航天、汽车、通用机械、工业设备、医疗器械等行业。UG NX 8.0 是目前 UG 公司推出的最新版本，与之前的版本相比，新增了齿轮设计模块和同步建模技术增强功能。Mold Wizard 8.0（注塑模向导）是 UG NX 8.0 的一个专业应用模块，可方便地实现注塑模具的三维设计。新版本减少了设计和验证模具所需的时间，增强了用于注塑零部件验证的 HD3D 可视化工具。Mold Wizard 8.0 使区域分析及定义、分型设计、镶件和电极设计、冷却系统设计等过程更加方便、快捷和高效。

本书以实例为引导，深入浅出地介绍了应用注塑模向导模块所需掌握的建模基础和模具设计的一般过程。本书主要分为两大部分，共 9 章，主要内容安排如下。

第一部分为建模基础。

第 1 章概括地介绍 UG NX 8.0 的工作界面、基础操作、图层及坐标系的应用。

第 2 章介绍采用 UG 的建模模块进行绘图、实体造型和自由曲面造型的基本操作方法，以及采用装配模块进行零部件装配的基本操作方法。

第二部分为模具设计。

第 3 章介绍注塑模设计所涉及的一些基本知识，包括注塑模具的基本结构、UG NX 8.0 注塑模向导模块简介及应用 Mold Wizard 8.0 进行模具设计的一般流程。

第 4 章介绍采用注塑模向导模块进行模具设计的初期准备过程，包括项目初始化、设置模具坐标系、定义工件和型腔布局。

第 5 章介绍采用注塑模工具对模型的开放区域进行修补的一般过程和方法。

第 6 章介绍采用模具分型工具进行分型设计的方法和步骤，包括区域分析、定义区域和分型线、设计分型面和创建型腔、型芯部件。

第 7 章介绍添加模架和标准件的方法和步骤，包括模架库、定位圈、浇口套、镶件设计，并着重介绍滑块和斜顶的创建和编辑过程。

第 8 章介绍浇注系统和冷却系统的设计，包括浇口设计、分流道设计及冷却系统设计。

第 9 章为一个综合实例，介绍了仪表盖模具的设计过程。

本书作者均为长期进行 UG 教学的教师或为生产一线的工程师，具有丰富的模具设计经验。本书在内容编排上以电动车充电器下盖产品的模具设计为总线，从该产品的建模到模具设计的各个环节，前后连贯，逻辑性强，使读者能够轻松掌握模具设计的流程及设计方法。本书结构严谨，讲解清晰，实例丰富且针对性强，每个模具工具命令的应用均附以实例进行讲解，并附有配书光盘，便于进行操作和学习，使读者能够轻松入手，快速掌握注塑模具设计的方法和技巧。

本书主要由高玉新、李丽华、戴晟编写，参与编写工作的还有管殿柱、方淳、薛娜、李文秋、宋一兵、王献红、段辉、刘娜。

由于作者水平有限，书中难免存在疏漏和不足，欢迎广大读者批评指正。

编　者

目　　录

第 1 章　UG NX 8.0 基础知识

UG NX 8.0 是由 Siemens PLM Software 发布的 CAD/CAM/CAE 一体化解决方案软件。该软件采用同步建模技术，是 PLM 行业内首个支持基于特征的无参数建模技术，可以大幅度提高设计速度，并且集成了级进模向导、钣金模块、注塑模向导等专业应用模块，广泛应用于模具设计领域。本章主要介绍 UG NX 8.0 的功能模块、工作环境和常用工具，最后通过一个入门引例介绍 UG NX 8.0 建模的一般步骤。

本章重点
- 熟悉 UG NX 8.0 的工作环境
- 掌握 UG NX 8.0 的常用工具
- 了解 UG NX 8.0 建模的一般步骤

1.1　了解 UG NX 8.0

UG NX 是 Siemens 公司推出的一套 CAD/CAM/CAE 一体化软件系统。它是当前工业领域最先进的计算机辅助设计、分析和制造软件之一，它的功能覆盖了从概念设计到产品生产的整个过程，并且广泛地运用在汽车、航天、模具加工及设计和医疗器械等行业。UG NX 提供了强大的实体建模技术和高效的曲面建构能力，能够完成最复杂的造型设计，与装配功能、2D 出图功能、模具加工功能及 PDM 之间的紧密结合，使 UG NX 在工业界成为一套出色的高级 CAD/CAM/CAE 软件系统。

1.1.1　UG NX 的主要技术特点

1．建模的灵活性
UG NX 采用基于特征的建模方法作为实体造型的基础，形象直观，类似于工程师传统的设计方法，并能采用参数控制。另外，UG 的混合建模技术，将实体建模、曲面建模、线框建模、显示几何建模与参数化建模等建模技术融于一体，具有很强的灵活性。

2．强大的二维图形设计功能
UG NX 的二维图功能强大，可以方便地从三维实体模型直接生成二维工程图，可以按照 ISO 标准生成各种剖视图，以及标注尺寸、公差和文字说明等。

3．良好的用户界面
UG NX 具有良好的用户界面，绝大多数功能都可以通过图形化的界面进行操作。对象操作时，具有自动推理功能；在每个操作步骤中，都有相应的提示信息，便于用户做出正确的选择。

4．强大的模具设计功能
UG NX 具有强大的注塑模具设计功能。应用 UG 专业的注塑模向导模块（Mold

Wizard），可方便地进行模具设计。MoldWizard 配有常用的模架库与标准件库，方便用户在模具设计过程中选用，大大提高了模具设计速度和模具标准化程度。

1.1.2 UG NX 的功能模块

UG NX 由许多功能模块组成，每一个模块都有自己独立的功能，用户可以根据需要调用其中的一个或几个模块进行设计。用户还可以调用系统的附加模块，或者使用软件进行二次开发。下面简要介绍 UG NX 集成环境中的四个主要应用模块。

1. 入口模块

入口模块（Gateway）是 UG NX 启动后自动运行的第一个模块，是其他应用模块运行的公共平台。在该模块下可以打开已经存在的部件文件，创建新的部件文件，改变显示部件，分析部件，还可以启动在线帮助、输出图样、执行外部程序等。

2. 建模模块

建模模块用于创建三维模型，是 UG NX 中的核心模块。UG NX 软件所擅长的曲线功能和曲面功能在该模块中得到了充分体现，用户可以自由地表达设计思想和进行创造性的改进设计，从而获得良好的造型效果和造型速度。由于进行模具设计需要具有一定的建模基础，本书将在第 2 章对建模基础模块进行介绍。

3. 装配模块

使用 UG NX 的装配模块，用户可以很轻松地完成所有零件的装配工作。在组装过程中，可以采用"自顶向下"和"自底向上"的装配方法，快速跨越装配层来直接访问任何组件或子装配图的设计模型。应用支持装配过程中的"上下文设计"方法，可以在装配过程中改变组件的设计模型。由于进行模具设计需要具有一定的装配基础，本书将在第 2 章对装配模块进行介绍。

4. 制图模块

使用 UG NX 三维模型生成工程图简单方便，设计者只需对系统自动生成的视图进行简单的修改或标注就可以完成工程图的绘制。同时，如果在实体模型或工程图二者之一作了任何修改，其改动结果都会立即反映到另一个中，使得工程图的创建更加轻松快捷。当然也可以用曲线功能直接生成工程图，但是这样就失去了使用 UG NX 开发产品的优势和意义。

1.1.3 UG NX 8.0 的新增功能

UG NX 8.0 版本推出了用于 CAD 建模、验证、制图、仿真/CAE、工装设计和加工流程的增强功能，可以提高整个产品开发过程中的生产效率，帮助各个用户以较低的成本更快地提供质量更高的产品。

1. 基于特征的建模

新的特征浏览器为特征及其关系提供了丰富直观的图形视图，帮助用户更快速而直观地理解设计意图和设计变更的影响。鼠标在浏览器中悬停在某个特征之上时，对象将在图形窗口和零部件导航器中突出显示，并将显示与其他特征和对象的关系。

UG NX 8.0 增加了一项功能，即从零部件导航器中选择对象作为活动建模命令的输入。用户可以更为快速而方便地从零部件导航器中频繁地选择项目，而不用从图形窗口中选择，这对于复杂的零部件尤其有用。

2．同步建模

UG NX 8.0 是采用同步建模技术的第四个 NX 版本，包含经过改进的同步建模功能，能提高建模灵活性，在更短的时间内实现更多设计备选方案的评估。无论是否有特征历史记录，用户都可以更改位置相对的凸面的相交倒圆顺序。在删除模型的面时，可以有选择地修复或不修复邻接面。通过同步建模中的面修改功能，能够得到质量更高且曲率连续的扩展曲面，可以对受曲线限制的面进行部分拖动或偏置。面的移动操作变得更加实用，可直接在图形窗口中（而非对话框中）控制方向和位置参数。很多命令中的零部件选择得到了增强，以简化具有指向其他零部件的引用和链接的建模。

3．自由曲面建模

UG NX 8.0 增强了自由曲面设计功能，采用了经简化的工作流程，并提供了对一系列广泛的曲线和曲面操作的增强控制，包括边缘匹配、扫掠、桥面和延伸曲面、变偏置、曲线配合和对齐、弯曲及样条曲线编辑等。面和边缘弯曲限制支持锥线弯曲，这是一种更为高级的类型，具有柔和的表面，有助于提高铸造和钣金零部件的外观质量和可成型性。用户可以为面和小平面体创建草图分析对象，并使用彩色图例来指示草图上下的区域以及草图边界。

4．改进模具设计

UG NX 8.0 减少了设计和验证模具所需的时间。用于注塑零部件验证的 HD3D 可视化工具得到了增强，能帮助零部件和刀具设计师查找和纠正更为广泛的制造性问题，包括壁厚度、分型、型腔、重叠表面、主体边界及电极等。另外，增强的冷却管路设计工具能够显示流体方向，并自动对接头进行链接，以更快地完成水路设计。

5．改进冲模设计

UG NX 8.0 提供了可提高冲模开发效率的新功能。新的标准零部件和冲模模架重用库提供了更快的查找方法和冲模组件的拖放式设计插入。另外，库中还添加了一组新的冲裁部件。

冲模面设计模块得到了增强，可以提高设计工作效率。通过自动化可视检查确保修剪角符合制造规范。重用库中的标准补充了断面并能控制断面参数。使用筋板和键槽等专用特征加速了详图冲孔和冲模设计。

6．提高制造效率

通过针对机械零部件进行优化的全系列 NC 编程功能，NX CAM 将制造生产效率提高到了新的水平。为铣削、钻孔、车削和火花线切割应用的机械零部件提供了所必要的高级编程功能。对于 UG NX 8.0，新的处理器对孔、槽和腔等呈规则形状的特征提供了最高效的编程方法。增强了铣削、钻孔和车削加工中对型材敏感工件的跟踪功能，让机械零部件编程变得快速而简单。

1.2　UG NX 8.0 操作界面

要使用 UG NX 8.0 软件进行工程设计，必须进入该软件的操作环境。用户可通过新建文件的方法进入软件的操作环境，或者通过打开已有文件的方式进入操作环境。

选择"标准"工具栏中的"开始"→"所有程序"→"Siemens NX 8.0"→"NX 8.0"命令，即可进入 UG NX 8.0 中文版主界面，如图 1-1 所示。此时还不能进行实际操作。建立一个新文件或打开一个已存文件（如打开一个 gaizi.prt 文件）后，可进入如图 1-2 所示的入门模块，该模块是其他应用模块的基础平台。

图 1-1　UG NX 8.0 中文版主界面

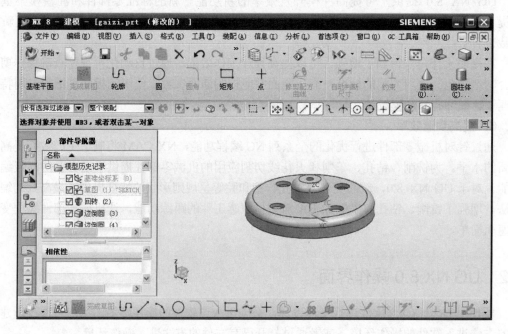

图 1-2　UG NX 8.0 的入门模块

单击图 1-2 中"标准"工具栏中的"开始"按钮，可以进入相关应用模块。下面通过建模模块的工作界面具体介绍 UG NX 8.0 主工作界面的组成。

选择"标准"工具栏中的"开始"→"所有程序"→"建模"命令（快捷键〈Ctrl+M〉），进入建模模块。其工作界面如图 1-3 所示。该工作界面主要包括标题栏、菜单栏、工具栏、提示栏、状态栏、工作区、资源条等区域。

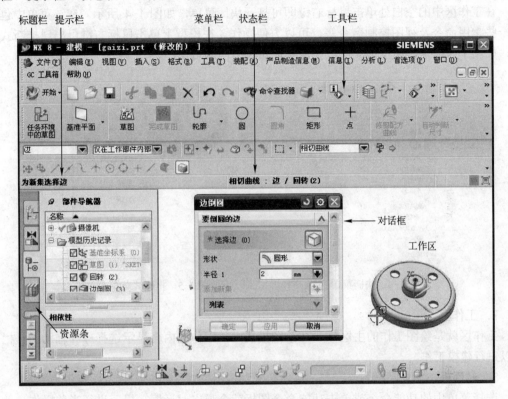

图 1-3　UG NX 8.0 建模模块工作界面

1. 标题栏

标题栏显示了软件名称和版本号，以及当前正在操作的部件文件名称。如果对部件已经作了修改，但还没有进行保存，其后还显示有"（修改的）"。

2. 菜单栏

菜单栏包含了该软件的主要功能，系统所有的命令和设置选项都归属到不同的菜单下。单击其中任何一个菜单时，都会展开一个下拉式菜单。菜单中显示所有的与该功能有关的命令选项。

3. 工具栏

工具栏中的按钮都对应着不同的命令，而且工具栏中的命令都以图标的方式形象地表示出命令的功能，这样可以避免在菜单中查找命令的烦琐，更方便用户的使用。

4. 提示栏

提示栏固定在主界面的左上方，主要用来提示如何操作。执行每个命令时，系统都会在提示栏中显示必须执行的下一步操作。对于用户不熟悉的命令，根据提示栏的提示，一般都可以顺利完成操作。

5．状态栏

状态栏固定在提示栏的右方，主要用来显示系统或图元的状态，例如，显示命令结束的信息等。

6．快捷菜单

在工作区中的空白处单击鼠标右键即可打开快捷菜单，如图 1-4 所示。在该菜单中包含了一些常用命令及视图控制命令等，可以方便操作。在模型上单击鼠标右键可出现推断式菜单，如图 1-5 所示，通过该菜单可快速实现对模型的编辑操作。

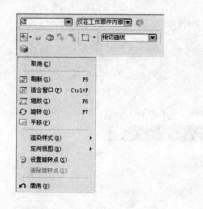

图 1-4　快捷菜单

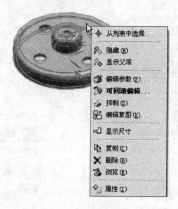

图 1-5　推断式菜单

7．工作区

工作区就是绘图工作的主区域。在绘图模式中，工作区内会显示选择球和辅助工具栏，用以进行建模工作。

8．对话框

选择菜单中的功能命令或单击功能命令图标就会弹出对话框，提示进行当前操作，并获取设置的参数。和 UG 以往的版本相比，NX 8.0 的对话框分成了很多可折叠的组，单击每个列表区域右侧的按钮，可折叠该列表区域；单击每个列表区域右侧的按钮，可展开该列表区域。

9．资源条

资源条用于浏览编辑创建的草图、基准平面、特征和历史记录等。在默认情况下，资源导航器位于窗口的左侧。通过选择资源导航器上的图标可以调用装配导航器、部件导航器、操作导航器、Internet、帮助和历史记录等。对于每一种导航器，都可以直接在其项目上单击鼠标右键，快速进行各种操作，在模具设计过程中，资源导航器更是得到频繁应用。

提示：在执行各种功能操作时，应注意提示栏和状态栏的相关信息。根据这些信息可以清楚下一步要做的工作以及相关操作的结果，以便及时做出调整。

1.3　UG NX 8.0 基本操作

UG NX 8.0 的基本操作包括打开和保存文件，鼠标的使用，模型的显示和隐藏，对象的选取等内容。

1.3.1　打开和保存文件

在设计过程中，经常需要对文件打开或保存，下面介绍打开、保存文件的方法。

1．打开文件

打开文件就是将保存在系统中的文件打开，包括已完成或尚未完成的档案文件。UG 软件常用的打开文件方式有三种：

- 在"标准"工具栏中单击"打开"按钮 。
- 在菜单栏中依次选择"文件"→"打开"命令。
- 按〈Ctrl+O〉组合键打开文件。

2．保存文件

保存文件就是将已完成或尚未完成的文件保存在系统的某个位置中。在进行产品设计或编程加工操作的过程中，必须养成经常保存文件的习惯，以防突发事情的发生，造成文件的丢失。

UG 软件常用的保存文件方式有三种：

- 菜单栏中选择"文件"→"保存"命令，或选择"文件"→"另存为"命令。
- 在"标准"工具栏中单击"保存"按钮 。
- 按〈Ctrl+S〉组合键保存文件。

1.3.2　鼠标的使用

鼠标在 UG 软件中的应用率非常高，在设计过程中起着非常重要的作用，可以实现平移、缩放、旋转以及快捷菜单等操作。建议使用应用最广的三键滚轮鼠标，鼠标按键中的左、中（滚轮）、右键在 UG 软件中的作用和操作说明见表 1-1。

表 1-1　三键滚轮鼠标的作用和操作说明

鼠标按键	作　用	操作说明
左键（MB1）	用于选择菜单命令、快捷菜单命令或工具按钮以及实体对象	直接单击 MB1
中键（MB2）	放大或缩小	按〈Ctrl+MB2〉键或者按〈MB1+MB2〉并移动光标，可放大或缩小视图
	平移	按〈Shift+MB2〉键或者按〈MB2+MB3〉并移动光标，可将模型按鼠标移动的方向平移
	旋转	按住 MB2 不放并移动光标，即可旋转模型
右键（MB3）	弹出快捷菜单	在绘图区空白处直接单击 MB3
	弹出推断式菜单	选择任意一个特征后按住 MB3 不放
	弹出悬浮式菜单	在绘图区空白处按住 MB3 不放

1.3.3　模型的视图显示方位和显示样式

在设计过程中，需要经常改变视角来观察模型，调整模型以线框图或着色图来显示。模型视图的操作主要通过"视图"工具条中提供的工具按钮进行操作，如图 1-6 所示。

图 1-6　"视图"工具条

1. 模型的视图显示方位

通过视图方位的切换和调整，可方便、快捷地观察模型的各个方向的视图。

在"视图"工具条中单击"正二测视图"按钮 右边的下三角按钮，弹出视图显示方位按钮组，如图 1-7 所示。模型视图的显示方位见表 1-2。

图 1-7　模型的视图显示方位

表 1-2　模型视图显示方位

视图方位	图　解	视图方位	图　解
"正二测视图"按钮		"前视图"按钮	
"俯视图"按钮		"右视图"按钮	
"正等测视图"按钮		"后视图"按钮	
"左视图"按钮		"仰视图"按钮	

2. 模型的显示样式

对模型或模具装配进行观察时，为了达到不同的观察效果，需要经常改变模型对象视图的位置和角度，以便进行操作。在"视图"工具条中单击"着色"按钮 右边的下三角符号，弹出视图着色下拉菜单，如图 1-8 所示。表 1-3 列出了常用的模型视图显示样式。

图 1-8　视图着色下拉菜单

表 1-3　模型视图显示样式

命　令	说　明	图　解
"带边着色"	选择该命令，用光顺着色和显示实体边缘	

命　令	说　明	图　解
"着色" ▣	选择该命令，将对模型零件进行着色	
"静态线框" ▣	选择该命令，模型零件的隐藏线可见，而且旋转视图后必须"更新"显示来校正隐藏的边或线	
"带有隐藏边的线框" ▣	选择该命令，模型零件的隐藏线不可见	
"局部着色" ▣	选择该命令，对模型重要的面或组件进行局部突出显示	

另外，在"视图"工具条中还提供了观察视图常用的操作，如放大、缩小、旋转和平移等。单击"适合窗口"按钮 ▣，模型将以合适的大小全部显示在绘图区内。

1.3.4　模型的显示和隐藏

在创建复杂模型或进行模具设计时，常需要将当前不需要操作的对象进行隐藏，UG NX 8.0 提供了多种隐藏对象的方法。

1）选择菜单栏中"编辑"→"显示和隐藏"命令，弹出如图 1-9 所示"显示和隐藏"对话框。单击对象右边的"+"或"-"将显示或隐藏该对象。例如，单击"显示和隐藏"对话框"类型"列表区域中"草图"右侧的"-"号，将草图对象隐藏，如图 1-10 所示。

图 1-9　"显示和隐藏"对话框

图 1-10　隐藏草图对象

a) 操作前　b) 操作后

2）在绘图窗口中可选择部件或对象，然后单击鼠标右键，在弹出的快捷菜单中选择相关命令将对象隐藏。

3）在模具设计过程中常利用"装配导航器"进行显示和隐藏模具组件操作，操作时只需将所选组件进行"勾选"和"取消勾选"即可显示或隐藏模具零部件。

4）如需要将隐藏的对象显示出来，可选择菜单栏中"编辑"→"显示和隐藏"→"全部显示"命令，或按快捷键〈Ctrl+Shift+U〉，可将
隐藏的部件显示在绘图窗口中。

【例 1-1】 模具组件的显示和隐藏。

1）在菜单栏中选择"文件"→"打开"命令，打开附带光盘的 ch01\eg\eg_01\case5_top_000.prt 文件，如图 1-11 所示。该文件为一个模具装配文件。

2）在资源条中打开"装配导航器"，将" case5_dm_025 "模型树下的分支" case5_movehalf_032 "和" case5_fixhalf_030 "取消勾选，则将模架隐藏，只显示型腔和型芯，如图 1-12 所示。

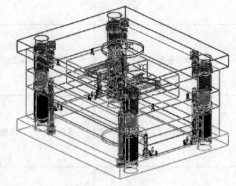

图 1-11　模具装配

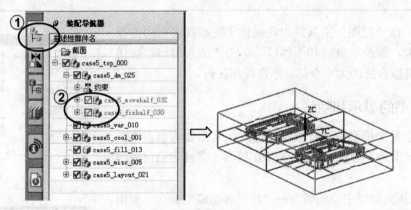

图 1-12　隐藏模架

3）单击"视图"工具条中的"着色"按钮，将模型着色处理，模型由线框显示变为着色显示，如图 1-13 所示。

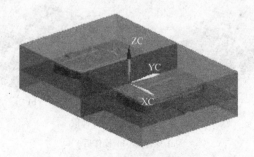

图 1-13　将模型着色处理

4）在"装配导航器"中，展开"case5_layout_021"模型树，在其"case5_prod_003"分支中将"case5_Cavity_002"和"case5_Parting-set_020"取消勾选，则型腔和产品体隐藏，只显示型芯，如图1-14所示。

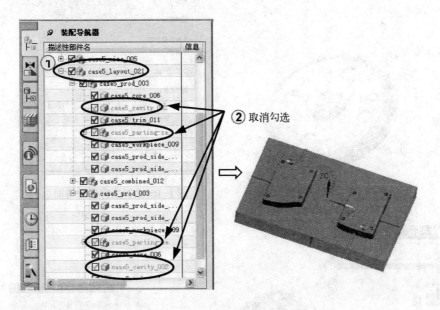

图1-14　隐藏型腔和产品体

5）选择菜单栏中"编辑"→"显示和隐藏"→"全部显示"命令，或按快捷键〈Ctrl+Shift+U〉，可将隐藏的部件显示在绘图窗口中。

1.3.5　对象的选取

在设计过程中，需要经常选择图素进行隐藏、改变形状或放大/缩小等操作。在选择图素的同时还要考虑到选择的准确性及时效性，因此 UG 软件基于不同的设计需要对图素的选择功能提供了人性化的设置。本节的操作模型见附带光盘"ch01\ch01_01\gaizi.prt"文件。

选择图素的常用方法有三种：

1）直接用鼠标选择可以看到的对象。当鼠标靠近所选的对象时，对象将高亮显示，单击鼠标左键可将其选中，如图1-15所示。

2）利用"类选择"对话框对对象进行分类选择。选择菜单栏中"编辑"→"对象显示"，弹出如图 1-16 所示的"类选择"对话框，在该对话框的"过滤器"列表区域中选择"类型过滤器"按钮，系统弹出"根据类型选择"对话框，如图 1-17 所示。选择"面"类型，此时可用鼠标选取模型上所需的面。

3）利用 UG 的"快速拾取"功能选择对象。当模型比较复杂，有较多对象或特征重叠时，可用"快速拾取"功能来选取所需的对象。其方法是鼠标在所选取的对象特征上停留，当鼠标变成"十字"形，单击，系统弹出"快速拾取"对话框，如图 1-18 所示。在对话框中移动鼠标，对象会高亮显示，用户可根据需要选取特征。

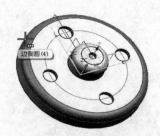

图1-15　选择对象　　　　　　　图1-16　"类选择"对话框

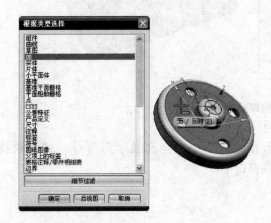

图1-17　根据"面"类型进行选择　　　　图1-18　"快速拾取"对话框

1.3.6　信息查询和分析

在建模过程中，可利用 UG 的对象和模型分析功能，及时对三维模型进行几何计算和物理特性分析。在模具设计过程中也需要经常查询部件的长度、角度及模型信息，以方便设置标准件参数。选择菜单栏中的"分析"命令，弹出如图 1-19 所示的下拉菜单，利用该下拉菜单提供的功能可方便地查询对象信息。

【例 1-2】　对象的信息查询。

1）打开附带光盘的 ch01\eg\eg_02\block.prt 文件，如图 1-20 所示。

2）选择菜单栏中的"分析"命令，在弹出的下拉菜单中选择"测量距离"选项，系统弹出如图 1-21 所示的"测量距离"对话框。将视图方位切换到"俯视图"，用鼠标选取模型长度方向上的两点，测量模型的长度为 75mm，如图 1-22 所示。

3）在"测量距离"对话框的"类型"下拉列表中选择"半径"选项，用鼠标选取模型上孔的边，测量孔的半径尺寸为 2.5mm，如图 1-23 所示。

图1-19 "分析"下拉菜单

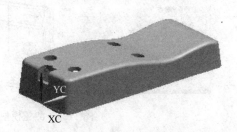

图1-20 面壳零件

图1-21 "测量距离"对话框

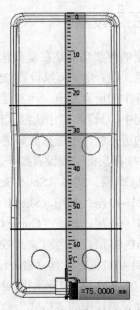

图1-22 测量模型的长度值

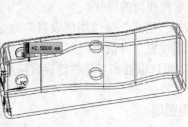

图1-23 测量孔的半径

4）测量模型的体积。在如图 1-19 所示的"分析"下拉菜单中选择"测量体"选项，用鼠标选取模型，测量模型的体积为 5632mm^3，如图 1-24 所示。在模具设计中常需要知道模型的体积，以确定注射量，UG 的测量体积功能可快速得到模型的体积，方便模具设计。

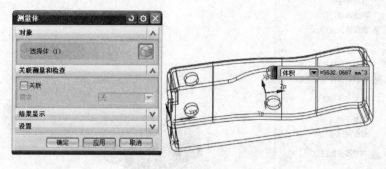

图 1-24　测量模型的体积

1.4　图层设置

图层的主要功能是在复杂建模时可以控制对象的显示、编辑和状态，不同的层可放置不同的对象。UG 最多可以设置 256 个层，每层上可含有任意数量的对象。因此一个层上可以包含部件中的所有对象，而部件中的对象也可以任意分布在一个或多个层中。在一个部件的所有图层中，只有一个图层是当前工作图层，所有的建模工作都只能在工作层进行。但可对其他层的可见性、可选择性等进行设置来辅助建模工作。

UG 中图层的一般设置如下。

- 1~20 层：实体（Solid Geometry）。
- 21~40 层：草图（Sketch Geometry）。
- 41~60 层：曲线（Curve Geometry）。
- 61~80 层：参考对象（Reference Geometries）。
- 81~100 层：片体（Sheet Bodies）。
- 101~120 层：工程制图对象（Drafting Objects）。

选择菜单栏中的"格式"命令，弹出如图 1-25 所示的"格式"菜单，其中的前五个命令均为图层的相关应用功能命令，下面将逐一介绍各功能的用法。

1. 层的设置

层的设置是指将不同的内容（包括特征和图素）设置在不同的层中，从而可以通过层来实现对同一类对象进行相同的操作。

在菜单栏中选择"格式"→"图层设置"命令或在"实用"工具条中单击"图层设置"按钮 ，弹出"图层设置"对话框，如图 1-26 所示。利用该对话框可以对部件中所有层或任意一层进行工作层、可选取性和可见性等设置，并可查询层的信息，同时也可对层所属的类别进行编辑。

2. 视图中可见图层

选择菜单栏中的"格式"→"视图中可见图层"命令，弹出如图 1-27 所示的"视图中可见图层"对话框。在视图列表中选择预操作的视图（如 TFR-TRI），单击"重置为全局图层"按钮，可重新设置所有的图层，图层中的所有图素将显示出来。单击对话框的"确定"按钮，系统弹出如图 1-28 所示的"视图中的可见图层"对话框，在该对话框的"图层"列表区域中选择预设置可见性的图层，然后单击"可见"或"不可见"按钮即可。

图 1-26 "图层设置"对话框

图 1-25 "格式"菜单

图 1-27 "视图中可见图层"对话框

图 1-28 "视图中的可见图层"对话框

3．图层类别

UG 软件提供了一个按分类命名图层的功能，将不同的图层赋予不同的层组，如 sheet（曲面层组）、solid（实体层组）、curve（曲线层组）等，可对图层进行有效的分类。图 1-29 所示为"图层类别"对话框（一）。

在图 1-29 中的"类别"文本框中输入层组名称，单击"创建/编辑"按钮，弹出"图层类别"对话框（二），如图 1-30 所示。

图 1-29 "图层类别"对话框（一）

图 1-30 "图层类别"对话框（二）

4．移动至图层

选择菜单栏中的"格式"→"移动至图层"命令，弹出如图 1-31 所示的"类选择"对话框。根据提示选择需要移动的对象后，单击该对话框中的"确定"按钮，弹出如图 1-32 所示的"图层移动"对话框。在"目标图层或类别"文本框中输入要移至的目标图层的编号，或直接从列表区域中选择图层，单击"确定"按钮，可将所选对象移到指定图层。

5．复制至图层

复制至图层用于将图素从一个层复制到另一个层。选择菜单栏中的"格式"→"复制至图层"命令，弹出如图 1-31 所示的"类选择"对话框。根据提示选择需要复制的对象后，单击该对话框中的"确定"按钮，将弹出如图 1-33 所示的"图层复制"对话框。在"目标图层或类别"文本框中输入要复制的目标图层的编号，或直接从列表区域中选择目标图层，单击"确定"按钮，即可将所选对象复制到目标图层上。

图 1-31 "类选择"对话框

图 1-32 "图层移动"对话框

图 1-33 "图层复制"对话框

【例 1-3】 图层设置。

1）打开附带光盘的 ch01\eg\eg_03\layer1.prt 文件。

2）选择"标准"工具栏中的"开始"→"建模"命令，进入建模模块。

3）图层间对象的移动。其操作过程如图 1-34 所示。选择菜单栏中"格式"→"移动至图层"命令，弹出"类选择"对话框。直接在工作区选择图 1-34 中步骤②箭头所示的草图为移动对象，单击"类选择"对话框中的"确定"按钮，弹出"图层移动"对话框。在该对话框的"目标图层或类别"文本框中输入要移到的目标图层的编号 5。单击"确定"按钮，将所选草图对象移到目标图层 5。只有图层 1 为默认可见图层，因此移动图层操作完成后，所有的草图将被隐藏。

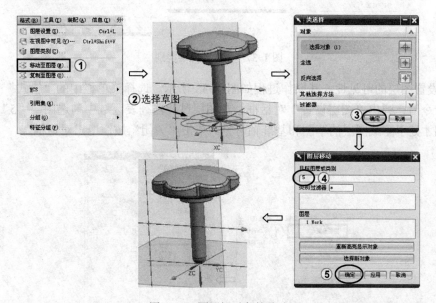

图 1-34　图层间对象的移动

4）参照上述步骤，选择如图 1-35 所示的所有基准轴或基准平面，将其移动至图层 6，其效果如图 1-36 所示。

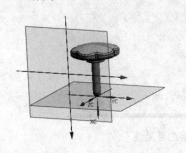

图 1-35　选择所有基准轴或基准平面　　　　图 1-36　图层移动后的效果

5）创建新图层类别。其操作过程如图 1-37 所示。选择菜单栏中的"格式"→"图层类别"命令，弹出"图层类别"对话框。在"类别"文本框中输入相应信息后，单击"创建/编辑"按钮，弹出新的"图层类别"对话框。在"图层"列表区域中选择要包括的层，单击"确定"按钮，完成新图层类别的创建。

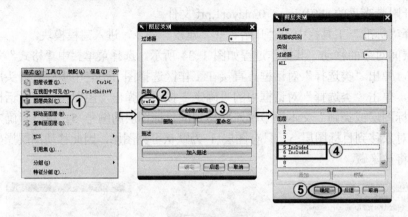

图 1-37　创建新图层类别

6）设置图层的可见性。其操作过程如图 1-38 所示。选择菜单栏中的"格式"→"图层设置"命令后，弹出"图层设置"对话框。在图层过滤器列表区域中勾选图层"5"和"6"后，使刚才处于隐藏图层的草图和基准轴可见。单击"关闭"按钮退出对话框。

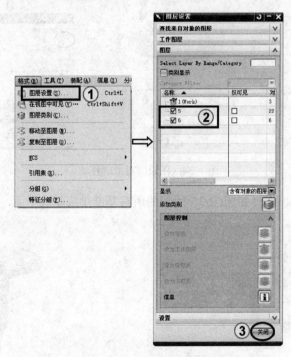

图 1-38　设置图层的可见性

1.5　坐标系的操作

坐标系的操作在模具设计过程中应用广泛。模具坐标系的定义、抽芯机构的加载及标准件的设计均涉及坐标系的移动、旋转和定向等操作。UG 中常用的坐标系有两种形式，分别是绝对坐标系 ACS 和工作坐标系 WCS。

　　绝对坐标系是默认的坐标系，其原点永远不变；工作坐标系是提供给用户的坐标系，用户可以根据需要任意移动和旋转，也可以重新定义工作坐标系。工作坐标系是常用的坐标系。本节将介绍坐标系的使用，工作坐标系的所有操作命令都在如图 1-39 所示的 WCS 菜单中。

1．原点

　　选择菜单栏中的"格式"→"WCS"→"原点"命令，弹出如图 1-40 所示的"点"对话框。在该对话框的"类型"下拉列表中列出了"点"的捕捉方式，指定一个点后，工作坐标系原点就会移到该点上。移动后，坐标系的各坐标轴与移动前坐标系的各坐标轴相互平行。

图 1-39　WCS 菜单

图 1-40　"点"对话框

2．旋转

　　选择菜单栏中的"格式"→"WCS"→"旋转"命令，弹出如图 1-41 所示的"旋转 WCS 绕"对话框。在该对话框中，可通过将当前的坐标系绕某坐标轴旋转一个角度来定义一个新的坐标系。

　　对话框中提供了六个确定旋转方向的单选按钮，即旋转轴分别为三个坐标轴的正、负方向，旋转方向的正向用右手法则确定。例如，对话框中+ZC轴：XC --> YC 表明当前的旋转方向是以 ZC 轴为坐标轴，旋转为从 XC 到 YC，"＋"表明旋转方向为正向。应用右手法则选定旋转方向后，输入旋转角度值，单击"确定"按钮即可。

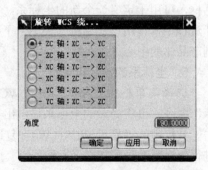

图 1-41　"旋转 WCS 绕"对话框

3．动态

　　选择菜单栏中的"格式"→"WCS"→"动态"命令，当前坐标系如图 1-42 所示，操作模型见附带光盘"ch01\ch01_02\cover.prt"文件。

　　如图 1-42 所示，动态坐标系有三个标志，即原点、移动柄和旋转柄，对应的有三种动态改变坐标系的方式。

　　1）用鼠标选取原点，并沿坐标轴拖动，可将坐标系移动到新位置，如图 1-43 所示。

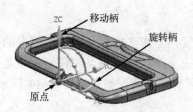

图1-42 动态坐标系

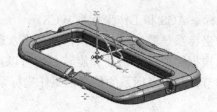

图1-43 拖动原点

2）用鼠标选取移动柄（如 ZC 轴）并拖动，可将坐标系沿坐标轴移动，如图 1-44 所示。这时可以在"距离"文本框中通过直接输入数值来改变坐标系。

3）用鼠标选取旋转柄（如处于 XC-YC 平面内）并沿坐标轴（+ZC 轴）旋转，坐标系的 YC-ZC 平面和 ZC-XC 平面将发生变化，如图 1-45 所示。

图1-44 拖动移动柄

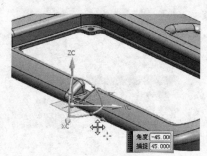

图1-45 拖动旋转柄

4. 定向

选择菜单栏中"格式"→"WCS"→"定向"命令，弹出如图 1-46 所示的"CSYS"对话框，可用于定义一个新的坐标系，该对话框提供了多种基准坐标系的创建方法。在模具设计过程中常使用该对话框"类型"下拉列表中的"对象的 CSYS"选项，将当前坐标系移动到产品体的中心。

5. 坐标系的显示和隐藏

选择菜单栏中"格式"→"WCS"→"显示"命令，可将隐藏的坐标系显示出来，也可单击工具栏中的"显示 WCS（W）"复选按钮，进行坐标系的隐藏和显示操作。

【例1-4】 模具坐标系的设置。

1）打开附带光盘的 ch01\eg\eg_04\keti.prt 文件，其操作步骤如图 1-47 所示。

2）定向模具坐标系。选择菜单"格式"→"WCS"→"定向"命令，打开如图 1-46 所示的"CSYS"对话框；在该对话框的"类型"下拉列表中选择"对象的 CSYS"选项；选择产品模型

图1-46 "CSYS"对话框

的底面（在选择模型底面时，将"类型过滤器"的选择范围设为"整个装配"），单击"确定"按钮，完成模具坐标系的定向操作。

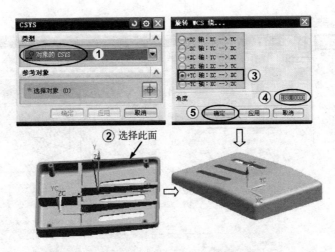

图 1-47　定向模具坐标系

3）旋转模具坐标系。选择下拉菜单"格式"→"WCS"→"旋转"命令，打开"旋转WCS 绕"对话框；在该对话框中选择"+YC 轴"单选按钮，在"角度"后面的文本框中输入"180"，单击"确定"按钮，完成坐标系的操作（此时不要重复单击"确定"或"应用"按钮，否则坐标系将继续旋转，完成旋转后单击"取消"按钮）。

1.6　入门引例

本节将通过一个简单的例子介绍 UG 软件的实体建模功能，使读者熟悉 UG NX 8.0 的基本操作步骤。

创建如图 1-48 所示的实体模型。应用的主要命令有拉伸、基准平面、修剪体、移动坐标系。

（1）新建文件

操作过程如图 1-49 所示。选择菜单栏中的"文件"→

图 1-48　实体模型

"新建"命令，新建一个名称为"model1.prt"的模型零件，单位为"毫米"。

（2）进入建模环境

选择"标准"工具栏中的"开始"→"建模"命令，进入建模模块或按〈Ctrl+M〉键。

（3）创建长方体特征

操作过程如图 1-50 所示。

1）选择菜单栏中"插入"→"设计特征"→"拉伸"命令，弹出"拉伸"对话框。单击对话框中的"绘制截面"按钮，弹出"创建草图"对话框，在"平面选项"下拉列表中选择"现有平面"，在"部件导航器"中鼠标右键单击"基准坐标系"，在弹出的快捷菜单中单击"显示"按钮，将基准坐标系显示。

2）绘制截面草图。在工作区选择 *X-Y* 平面为草图平面，单击"创建草图"对话框中的"确定"按钮，系统自动弹出"配置文件"对话框。单击"草图工具"工具条中的"矩形"按钮 □，绘制一个矩形；然后单击"自动判断尺寸"按钮 ⫶，对草图进行尺寸约束。单击"草图生成器"工具条中的按钮 ⫶，完成草图绘制，并返回"拉伸"对话框。

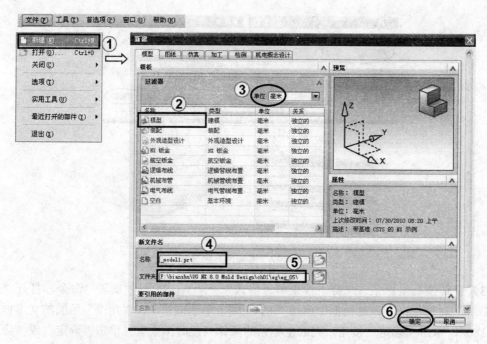

图 1-49　新建文件

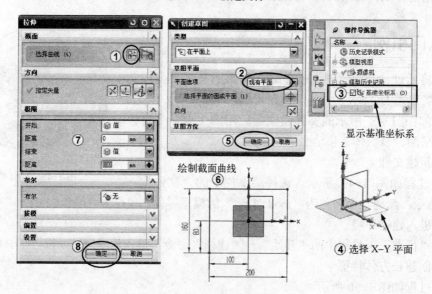

图 1-50　创建拉伸特征

3）设置拉伸距离。在"拉伸"对话框的"极限"列表区域中设置"结束"距离值为100，确保拉伸方向正确，单击"拉伸"对话框的"确定"按钮，完成长方体的创建，如图 1-51 所示。

（4）创建基准平面

1）选择"插入"→"曲线"→"直线"命令，弹出如图 1-52 所示的"直线"对话框，用鼠标捕捉如图 1-53 所示的两点，创建直线。按照同样操作步骤，创建另外两条直线，如图 1-54 所示。

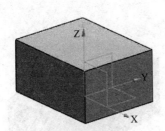

图 1-51 长方体

图 1-52 "直线"对话框

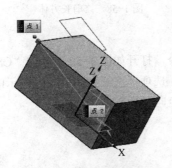

图 1-53 捕捉直线的两点

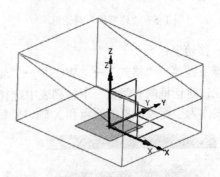

图 1-54 创建三条直线

2）选择菜单栏中"插入"→"基准/点"→"基准平面"命令，弹出如图 1-55 所示的"基准平面"对话框。选择"类型"下拉列表中的"两直线"选项创建基准平面。选择刚创建的任意两条直线，创建基准平面，如图 1-56 所示。

图 1-55 "基准平面"对话框

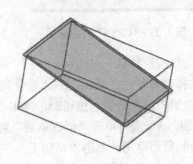

图 1-56 创建基准平面

（5）修剪体

选择菜单栏中"插入"→"修剪"→"修剪体"命令，弹出如图 1-57 所示的"修剪体"对话框，选择长方体特征为目标体，选择创建的基准平面为工具体，修剪方向向上，单击"确定"按钮，完成修剪，如图 1-58 所示。

图 1-57 "修剪体"对话框

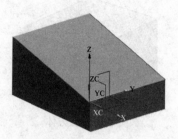

图 1-58 修剪长方体

（6）移动坐标系

选择下拉菜单"格式"→"WCS"→"定向"命令，打开如图 1-59 所示的"CSYS"对话框；在该对话框的"类型"下拉列表中选择 X 轴，Y 轴，原点 选项；选择如图 1-60 所示的顶点和两条边线作为坐标系放置的原点和 X 轴、Y 轴，完成定向坐标系。

图 1-59 "CSYS"对话框

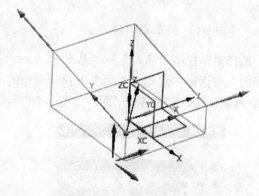

图 1-60 定向坐标系

（7）创建圆柱特征

1）选择菜单栏中"插入"→"设计特征"→"拉伸"命令，弹出"拉伸"对话框。单击对话框中的"绘制截面"按钮，弹出"创建草图"对话框，选择如图 1-61 所示模型表面作为草图绘制平面，单击"创建草图"对话框的"确定"按钮，进入草图绘制环境。

2）绘制截面草图。单击"草图工具"工具条中的"圆"按钮○，绘制一个圆；然后单击"自动判断尺寸"按钮，对草图进行尺寸约束，创建的草图如图 1-62 所示。单击"草图生成器"工具条中的按钮，完成草图绘制，并返回"拉伸"对话框。

3）设置拉伸距离。在"拉伸"对话框的"极限"列表区域中设置"结束"距离值为 60，确保拉伸方向正确，单击"拉伸"对话框的"确定"按钮，完成圆柱体的创建，如图 1-63 所示。

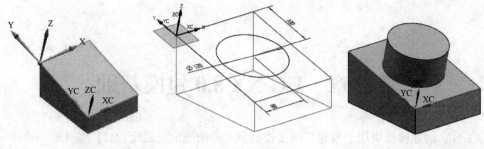

图 1-61　选择草图绘制平面　　　　图 1-62　绘制草图　　　　图 1-63　创建圆柱体特征

（8）保存文件

选择"文件"→"保存"命令，保存文件。

1.7　本章小结

本章首先介绍了 UG NX 8.0 软件的主要应用模块、操作环境、基本操作方法，使读者对 UG 有一个大概的认识；然后介绍了对象的选取、图层设置和坐标系的操作，最后给出了一个简单典型的实例，帮助读者熟悉 UG 的操作。其中，坐标系的移动和旋转是模具设计中经常用到的基本操作。

1.8　思考与练习

1. UG NX 8.0 的工作界面主要由哪几部分组成？
2. UG NX 8.0 的应用模块有哪些？
3. UG NX 8.0 对象（图素）的选择方法有哪些？
4. 根据本章 1.6 节中入门引例的操作，完成如图 1-64 所示实体模型的建模。

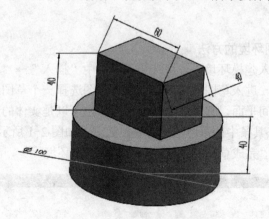

图 1-64　实体模型

第 2 章   UG NX 8.0 建模基础

UG NX 的建模模块用于创建三维实体模型、曲面造型及装配设计，是 UG 中的核心模块。要熟练地使用 UG 进行模具设计，必须具备一定的建模基础。本章将介绍采用 UG NX 的建模模块进行草图绘制、实体造型和自由曲面造型的基本操作方法，以及采用装配模块进行零部件装配的基本操作流程。

本章重点
- 掌握草图的绘制和编辑
- 掌握常用实体建模的命令
- 掌握抽壳、拔模、倒圆等细节特征操作方法
- 掌握自由曲面建模的方法

2.1   草图

草图是指位于二维平面内的曲线和点的集合，是参数化造型的重要工具。设计者可以按照自己的思路随意绘制二维草图曲线，然后添加几何约束、尺寸约束及定位，从而能精确地控制曲线的尺寸、形状和位置，以满足设计要求。本节将介绍草图的创建、编辑、约束、定位。草图主要用于以下几个方面：需要对图形进行参数化驱动时；用草图建立标准成型特征无法实现的形状；如果形状可以用拉伸、旋转或沿导线扫描的方法建立，可将草图作为模型的基础特征；将草图作为自由形状特征的控制线。

2.1.1   草图环境

1. 进入和退出草图环境的方法

新建一个文件，进入建模环境后，可选择菜单栏中"插入"→"任务环境中的草图"命令，系统进入草图环境。进入草图环境后，必须为草图选择一个草图绘制平面，草图绘制平面是草图所在的某个空间平面，它可以是基准平面，也可以是实体的某个面。进入草图绘制环境后，"草图工具"工具条中的草图绘制命令被激活，如图 2-1 所示。

绘制草图后，单击"完成草图"按钮，系统退出草图环境。

图 2-1   "草图工具"工具条

2. 草图环境设置

进入草图环境后，选择菜单栏中"首选项"→"草图"命令，弹出如图 2-2 所示的"草图首选项"对话框。在该对话框中可以设置草图的显示参数和默认名称前缀等参数。

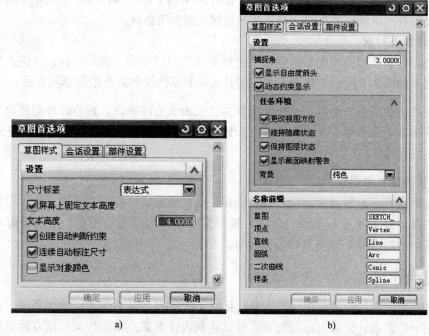

a)   b)

图 2-2 "草图首选项"对话框

a) "草图样式"选项卡 b) "会话设置"选项卡

2.1.2 创建草图

创建草图首先要创建一个二维草图绘制平面，然后在草图绘制平面上创建草图对象。

1. 创建草图工作平面

进入建模环境后，选择菜单栏中"插入"→"任务环境中的草图"命令，或单击"成型特征"工具栏中的"任务环境中的草图"按钮，弹出如图 2-3 所示的"创建草图"对话框，在该对话框的"类型"下拉列表中提供了两种创建草图平面的方法："在平面上"和"基于路径"。

1）在平面上。在平面上是指以平面为基础来创建所需的草图工作平面。在"平面方法"下拉列表中，UG NX 提供了三种指定草图工作平面的方式。

● 现有平面：选择该选项可指定坐标系中的基准面作为草图平面，或选择三维实体中的一个面作为草图平面。

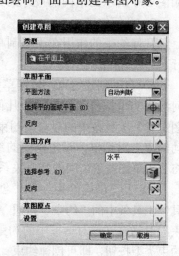

图 2-3 "创建草图"对话框

● 创建平面：该选项可以借助现有平面、实体及边线等图素作为参照，创建一个新的平面，然后以此为草图平面。

● 创建基准坐标系：该选项可以首先创建一个新的坐标系，然后选择新坐标系中的基准面作为草图平面。

2）基于路径。该选项是将已有直线、圆、实体边线、圆弧等曲线作为基础，选择与曲线轨迹垂直、平行等各种不同关系形成的平面作为草图平面。选择该方法创建草图平面时，绘图区内必须有可供选择的直线、圆、实体边线、圆弧等曲线。

2. 创建草图对象

选择或创建草图绘制平面后，单击"创建草图"对话框的"确定"按钮，进入草图绘制环境，可利用如图 2-1 所示"草图工具"工具条中的草图绘制命令绘制草图曲线。

提示：在选取草图平面时，应优先选取实体表面或基准平面，因为此时创建的草图与指定的草图平面之间存在相关性，方便使用和修改。如果没有合适的平面选取，可事先创建基准平面，然后再选取。

3. 转换为自参考对象

在绘制草图时，有时需要绘制一些辅助线，这些辅助线不能作为草图元素，可将其转换为自参考对象，使其不控制草图几何体。选取需要转换为参考的图素，然后单击"草图工具"工具条中的按钮 █，可将其转换为参考。

2.1.3 草图的约束

对草图进行合理的约束是实现草图参数化的关键所在。用 UG NX 创建草图，其本质就是随意画出一些图素，然后再添加约束，使其达到设计要求。草图约束包括三种类型：尺寸约束、几何约束和定位约束。

1. 尺寸约束

草图的尺寸约束就是对草图进行标注，来控制图素的几何尺寸。单击"草图工具"工具条中的"自动判断尺寸"按钮 █，弹出如图 2-4 所示的不同的尺寸约束类型供用户选择。

2. 几何约束

几何约束的作用在于限制草图对象之间的几何关系，如相切、平行、共线等。

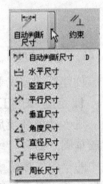

图 2-4 尺寸约束

1）自动创建约束。依据草图对象之间的几何关系，按照设定的几何约束类型，自动将相应的几何约束添加到草图对象上去。单击"草图工具"工具条中的"自动约束"按钮 █，弹出如图 2-5 所示的"自动约束"对话框。设定需要的约束类型后，单击"应用"按钮，系统将分析草图对象之间的几何关系，自动建立各对象间的几何约束。

2）手工创建约束。手工创建约束是指由用户对选取的对象指定约束。单击"草图工具"工具条中的"约束"按钮 █，然后选取需要添加约束的对象，弹出如图 2-6 所示的"约束"对话框（该对话框中的约束类型是系统根据草图对象自动判断而得出的），单击需要的约束类型按钮，即可创建约束。

3. 定位约束

定位约束的作用在于确定草图相对于实体边缘线或特征点的位置。

1）创建定位尺寸。选择菜单栏中"工具"→"定位尺寸"→"创建"命令，或单击"草图工具"工具条中的"定位"按钮 ，弹出如图 2-7 所示的"定位"对话框。利用该对话框，即可确定草图位置。

图 2-5 "自动约束"对话框

图 2-6 "约束"对话框

图 2-7 "定位"对话框

2）编辑定位尺寸。选择菜单栏中"工具"→"定位尺寸"→"编辑"命令，选择需编辑的定位尺寸即可进行编辑。

3）删除定位尺寸。选择菜单栏中"工具"→"定位尺寸"→"删除"命令，选取要删除的定位尺寸即可。

4）重新定义。选择菜单栏中"工具"→"定位尺寸"→"重新定义"命令，为草图重新指定一个平面作为草图平面。

2.1.4 草图的编辑

在绘制草图过程中经常需要运用快速修剪、延伸、圆角、倒斜角等命令对图素进行编辑。这些编辑工具按钮位于如图 2-1 所示的"草图工具"工具条中。

1. 快速修剪

该工具可以在任一方向将曲线修剪到最近的交点或选定的边界。选择该命令后，当鼠标捕捉到需要修剪（移除）的对象时，该对象将高亮显示，单击鼠标左键即可实现快速修剪，如图 2-8 所示。

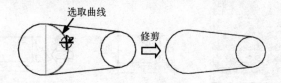

图 2-8 快速修剪

2．快速延伸

该工具可以将草图元素延伸至临近曲线或选定的边界线，如图 2-9 所示。

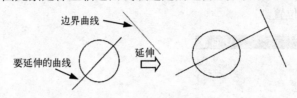

图 2-9　快速延伸

3．圆角

该工具可以在两条或三条曲线之间倒圆角，如图 2-10 所示。

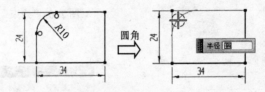

图 2-10　圆角

4．倒斜角

该工具可以在两条曲线之间倒斜角，如图 2-11 所示。

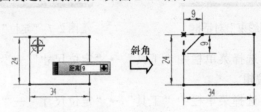

图 2-11　倒斜角

2.1.5　草图的操作

草图的操作工具可完成对已有草图的镜像、投影、偏置等操作，从而获得新的草图曲线。

1．镜像曲线

选择菜单栏中的"插入"→"来自曲线集的曲线"→"镜像曲线"命令，或单击"草图工具"工具条中的"镜像曲线"按钮，弹出如图 2-12 所示的"镜像曲线"对话框。指定直线为中心线，选取所有要镜像的对象。镜像效果如图 2-13 所示。

图 2-12　"镜像曲线"对话框

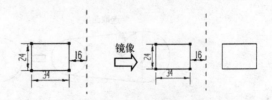

图 2-13　镜像效果

2. 投影曲线

利用"投影曲线"工具可以将二维曲线、实体或片体的边按草图平面的法向进行投影，将其变为草图曲线。单击"投影曲线"按钮 [h]，弹出如图 2-14 所示的"投影曲线"对话框，设置输出曲线的类型后，选取需要投影的对象，单击"确定"按钮，即将曲线对象投影到草图平面上，并成为草图元素，如图 2-15 所示（操作文件见附带光盘 ch02\ch02_01\touyingqx.prt）。

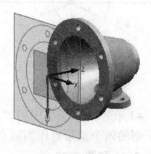

图 2-14 "投影曲线"对话框   图 2-15 投影曲线

【例 2-1】 绘制如图 2-16 所示的草图。

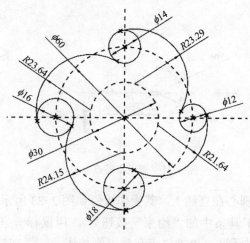

图 2-16 草图

1）新建一个名为 caohui.prt 文件，按〈Ctrl+M〉键进入建模环境。选择菜单栏中"插入"→"任务环境中的草图"命令，弹出"创建草图"对话框，采用默认设置，单击对话框的"确定"按钮，进入草图绘制环境。在系统默认情况下，采用 XC-YC 平面作为草图绘制平面，+ZC 轴作为垂直绘图平面，并指向用户。

2）绘制如图 2-17 所示的两个同心圆和两条互相垂直的直线，并使圆心位于两条直线的交点。

3）依次选择两个圆和两条直线，单击"草图工具"工具条中的按钮 [N]，将其转换为参考对象（辅助线）。鼠标右键依次单击两个圆和两条直线，在弹出的快捷菜单中选择"编辑显示"命令，弹出如图 2-18 所示的"编辑对象显示"对话框，在"线型"下拉列表中选择虚线，将参考对象转为虚线显示，如图 2-19 所示。

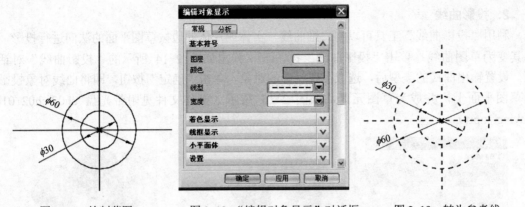

图 2-17　绘制草图　　　　　图 2-18　"编辑对象显示"对话框　　　　图 2-19　转为参考线

4）在"选择条"中将"象限点"捕捉方式按钮 ⊙ 激活，如图 2-20 所示。用鼠标拾取 $\phi60$ 圆的四个象限点作为圆心，分别绘制 $\phi12$、$\phi14$、$\phi16$、$\phi18$ 的四个圆并添加尺寸约束，如图 2-21 和图 2-22 所示。

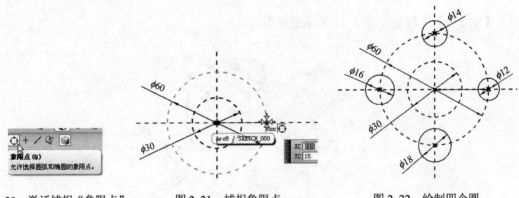

图 2-20　激活捕捉"象限点"　　　　图 2-21　捕捉象限点　　　　图 2-22　绘制四个圆

5）约束四个小圆的圆心在直线上，其操作步骤如图 2-23 所示。

单击"草图工具"工具条中的"约束"按钮 ⫫，用鼠标分别捕捉 $\phi12$ 小圆圆心和直线，系统弹出"约束"对话框，单击"点在线上"按钮 ↑，添加约束。按照同样的操作，将其他三个小圆圆心约束在直线上。

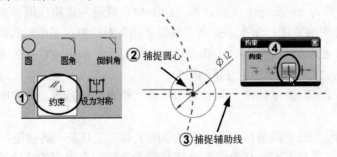

图 2-23　约束圆心在直线上

6）采用"圆角"命令绘制四段与小圆相切的圆弧。单击"草图工具"工具条中的"圆角"按钮 ，用鼠标选取ϕ12 和ϕ14 两个小圆上面的两点，在合适的位置单击鼠标左键，创建一段圆弧，如图 2-24 所示，同时系统自动显示相切符号。双击图 2-24 中的尺寸 R25.5，在弹出的文本框中输入 R23.29 并单击鼠标中键确认，绘制完成第一段圆弧。如图 2-25 所示。

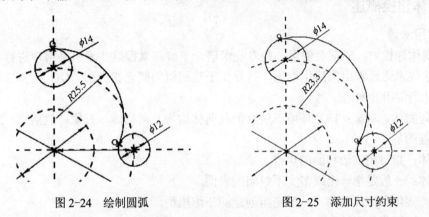

图 2-24　绘制圆弧　　　　　　　　图 2-25　添加尺寸约束

7）按照步骤 6）的操作，分别绘制另外 R23.64、R24.15、R21.64 的三段圆弧，如图 2-26 所示。

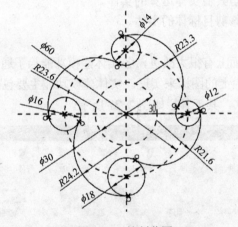

图 2-26　绘制草图

8）单击工具栏中的"完成草图"按钮 ，完成草图绘制。
9）选择"文件"→"保存"命令，保存文件。

提示： 在用"圆角"命令绘制与小圆相切的圆弧时，要注意鼠标拾取点和鼠标单击点的位置，否则会出现错误答案。本例圆弧的绘制也可采用"圆弧"命令先绘出圆弧，然后添加相切和尺寸约束。绘制完成后圆弧半径尺寸显示一位小数，可通过鼠标右键单击该尺寸，在弹出的菜单中选择"编辑"命令，在系统弹出的"编辑尺寸"对话框中修改小数点后为两位数即可。

2.2　实体建模

UG NX 8.0 提供了特征建模模块、特征操作模块和特征编辑模块，具有强大的实体建模功能，并且在原有版本基础上进行了一定的改进，提高了用户设计意图表达的能力，使三维实体设计更简便、直观和实用。

2.2.1 实体建模概述

1. 常用术语

UG 实体建模中，通常会使用一些专业术语，了解和掌握这些术语是用户进行实体建模的基础，这些术语通常用来简化表述，另外便于与相似的概念相区别。UG 实体建模中主要涉及以下几个常用的术语。

- 几何物体、对象：UG 环境下所有的几何体均为几何物体、对象，包括点、线、面和三维图形。
- 实体：指封闭的边和面的集合。
- 片体：一般是指一个或多个不封闭的表面。
- 体：实体和片体总称，一般是指创建的三维模型。
- 面：边围成的区域。
- 引导线：用来定义扫描路径的曲线。
- 目标体：是指需要与其他实体运算的实体。
- 工具体：是指用来修剪目标体的实体。

2. 实体建模的工具栏

UG NX 8.0 在操作界面上有很大改进，各实体建模功能除了通过菜单条来实现外，最方便的操作方法是通过工具栏上的图标来实现。实体建模功能主要包括实体特征、特征操作和特征编辑三种实体建模方式，其工具栏如图 2-27 所示。

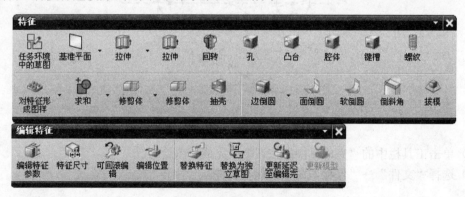

图 2-27　实体建模的工具栏

2.2.2 基准特征

基准特征包括基准轴、基准平面和基准坐标系，它们在产品设计过程中起辅助设计作用。特别是在圆柱、圆锥、球和旋转体的回转面上创建特征时，没有基准几乎无法操作。

1. 基准轴

基准轴是一条可供其他特征参考的中心线。选择菜单栏中的"插入"→"基准/点"→"基准轴"命令，弹出如图 2-28 所示的"基准轴"对话框。创建基准轴的方法及图标介绍如下。

- 自动判断：根据选取对象自动生成基准轴。
- 交线：根据两平面的交线创建基准轴。
- 曲线/面轴：创建与某圆柱面轴线或与某直线重合的基准轴。
- XC 轴：创建与 X 轴平行的基准轴。
- YC 轴：创建与 Y 轴平行的基准轴。
- ZC 轴：创建与 Z 轴平行的基准轴。
- 点和方向：选择点和直线（轴线）生成基准轴。
- 两个点：生成的基准轴依次通过两个选择点。

图 2-28　"基准轴"对话框

- 曲线上矢量：选择曲线上的某一点，生成沿其切线方向的基准轴。

2．基准平面

基准平面是实体建模中经常使用的辅助平面，通过使用基准平面可以在非平面上方便地创建特征，或为草图提供草图工作平面位置。

选择菜单栏中的"插入"→"基准/点"→"基准平面"命令，弹出如图 2-29 所示的"基准平面"对话框。图 2-30 所示为通过"按某一距离"方式创建的基准平面。创建基准平面的方法及图标介绍如下。

图 2-29　"基准平面"对话框

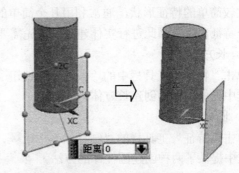

图 2-30　基准平面的创建

- 自动判断：系统根据选取对象可自动生成各基准平面。
- 点和方向：选择点和方向，如零件直边中点及 YC 方向，创建基准平面。
- 在曲线上：选择曲线上的某点，生成与曲线所在平面垂直（与曲线相切或垂直）、重合的基准面。
- 按某一距离：选择某平面，并输入距离值，得到与所选平面偏置一定距离的基准平面。
- 成一角度：选择参考平面及旋转轴，创建基准平面。
- 平分：选择两平面，生成的基准平面位于所选两平面中间。
- 两直线：生成的基准平面依次通过选择的两条直线。
- 相切于面：选择某曲面，并指定点，生成通过点且相切于指定面的基准平面。

● 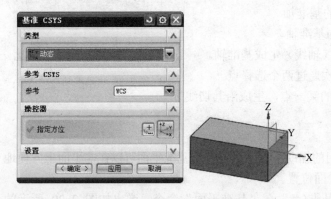通过对象：选择实体的某一平面，生成与所选平面重合的基准平面。

3．基准坐标系

选择菜单栏中的"插入"→"基准/点"→"基准坐标系"命令，弹出如图 2-31 所示的"基准 CSYS"对话框，在对话框的"类型"下拉列表中提供了多种创建基准坐标系的方法，如图 2-32 所示。

图 2-31 "基准 CSYS"对话框 　　　　图 2-32 基准坐标系的创建方法

2.2.3 基准体素特征

UG 实体建模中的体素特征主要包括长方体、圆柱体、圆锥体和球体。这些特征实体都具有比较简单的特征形状，通常利用几个简单的参数便可以创建。另外，体素特征一般作为第一个特征出现，因此进行实体建模时首先需要掌握体素特征的创建方法。

1．长方体

单击"特征"工具栏中的"长方体"按钮█，弹出如图 2-33 所示的"块"对话框，该对话框中提供了三种创建长方体的方法。

2．圆柱体

单击"特征"工具栏的"圆柱体"按钮█，弹出如图 2-34 所示的"圆柱"对话框。该对话框中提供了两种创建圆柱体的方法。

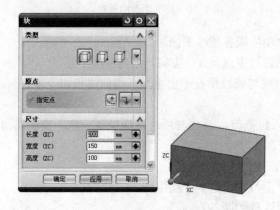

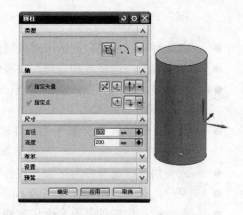

图 2-33 "块"对话框 　　　　图 2-34 "圆柱"对话框

- ● ⊡ 轴、直径和高度方式：选择圆柱体轴的方向，并输入圆柱体的直径和高度生成圆柱体。
- ● ⊠ 圆弧和高度：输入圆柱体的高度，选择已存在圆（弧）及圆柱体轴的方向生成圆柱体。

3. 圆锥

单击"特征"工具栏中的"锥体"按钮 △，弹出如图 2-35 所示的"圆锥"对话框。该对话框中提供了五种创建圆锥的方法。

4. 球

单击"特征"工具栏中的"球体"按钮 ◎，弹出图 2-36 所示的"球"对话框。该对话框中提供了两种创建圆锥的方法。

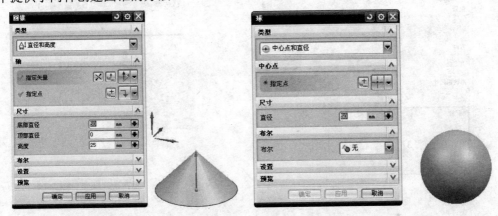

图 2-35 "圆锥"对话框   图 2-36 "球"对话框

- ● ⊟（中心点和直径）：输入球的直径并制定圆心位置，即可生成球体。
- ● ◎（圆弧）：选择已存在的圆（弧），以所选圆（弧）直径和圆心创建球。

2.2.4 成型特征

成型特征必须在现有模型的基础上来创建，包括创建孔、凸台、键槽等。下面分别介绍几种常见成型特征的创建方法。

1. 孔

孔特征是指在实体模型中去除部分实体，此实体模型可以是长方体、圆柱体或圆锥体等。

选择菜单栏中的"插入"→"设计特征"→"孔"命令，或单击"特征操作"工具栏中的"孔"按钮 ◙，弹出"孔"对话框，可以创建五种孔，即常规孔、钻形孔、螺钉间隙孔、螺纹孔和孔系列。

【例 2-2】 创建孔特征。为如图 2-37 所示的定模板创建安装导套用的沉头孔。

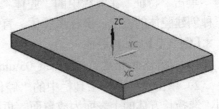

图 2-37 定模板

操作步骤

1）打开附带光盘的 ch02\eg\eg_02\dingmb.prt 文件，如图 2-37 所示。

2）打开"孔"对话框，设置"类型"为 🔽（常规孔），设置"成形"为 🔽（沉头），设置孔的尺寸参数，并选择模板上表面为放置面。

3）在"创建草图"对话框中单击"确定"按钮，进入草图绘制环境，此时系统弹出"草图点"对话框，在该对话框的"指定点"下拉列表中选择"光标位置"选项，添加草图中孔的定位点，并标注尺寸。单击"完成草图"按钮，退出草图绘制环境。

4）在工作区预览孔，单击"孔"对话框的"确定"按钮，即可生成孔特征，如图 2-38 所示。

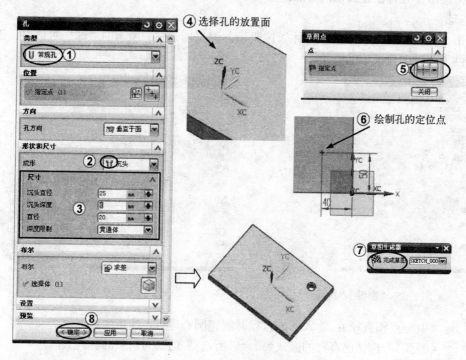

图 2-38　创建沉头孔

2．凸台

凸台特征与孔特征类似，区别在于其生成方式和孔的生成方式相反。凸台是在指定实体的外表面生成实体（增材料），而孔则是在指定实体内部去除指定的实体（减材料），其操作方法与孔的操作相似，此处不再赘述。

3．腔体

单击"特征"工具栏中的"腔体"按钮 🔲，弹出"腔体"对话框。在该对话框中提供了三种创建腔体的方法：圆柱形腔体、直角坐标腔体和一般腔体。

【例 2-3】 创建腔体。

1）打开附带光盘 ch02\eg\eg_03\qiangti.prt 文件，操作过程如图 2-39 所示。

2）单击"特征"工具栏中的"腔体"按钮 🔲，打开"腔体"对话框，单击"矩形"按钮，选择长方体的上表面为放置面，再根据提示选取水平参考。

3）在"矩形腔体"对话框中输入腔体参数，单击"确定"按钮，弹出"定位"对话框。

4）单击“按一定距离平行”按钮 ，然后根据系统提示，选择如图 2-39 中步骤⑦箭头所示的长方体的边线作为目标边，选择图 2-39 中步骤⑧箭头所示的腔体的边线作为工具边，系统弹出"创建表达式"对话框，输入“距离”值，单击“确定”按钮。最后单击“定位”对话框中的“确定”按钮完成腔体的创建。

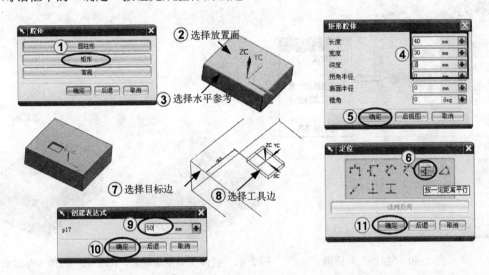

图 2-39　创建腔体

2.2.5　扫描特征

扫描特征包括拉伸、回转、扫掠等特征。其特点是创建的特征与截面曲线或引导线是相互关联的，当其用到的曲线或引导线发生变化时，其扫描特征也将随之变化。

1. 拉伸

拉伸是将实体表面、实体边缘、曲线或者片体通过拉伸生成实体或者片体。该命令在建模过程中应用广泛。

选择菜单栏中的“插入”→“设计特征”→“拉伸”命令，或单击“特征”工具栏中的“拉伸”按钮 ，弹出如图 2-40 所示的“拉伸”对话框。通过选择对话框的“布尔”运算方式（无、求和、求差、求交），可以实现拉伸时以增材料或减材料方式创建实体，如图 2-41和图 2-42 所示。在对话框“极限”列表区域中的“开始”下拉列表中列出了拉伸体的生长方向，用户可根据需要进行选择，如图 2-43 和图 2-44 所示。

若拉伸截面为非封闭曲线，则拉伸所得为曲面；若拉伸截面为封闭曲线，则所得为实心实体，拉伸效果如图 2-45 所示。

2. 回转

回转特征是指使截面曲线绕指定轴回转一个非零角度，以此创建一个特征。可以从一个基本横截面开始，然后生成回转特征或部分回转特征。

选择菜单栏中的“插入”→“设计特征”→“回转”命令，或单击“特征”工具栏中的“回转”按钮 ，弹出“回转”对话框。

选择或创建草图（曲线），设置拉伸方向和回转轴的定位点，再输入“限制”参数，设置"偏置"方式，即完成回转，如图 2-46 所示。进行无偏置回转时，只有回转截面为非封闭曲线且回转角度小于 360° 时，才能得到片体。

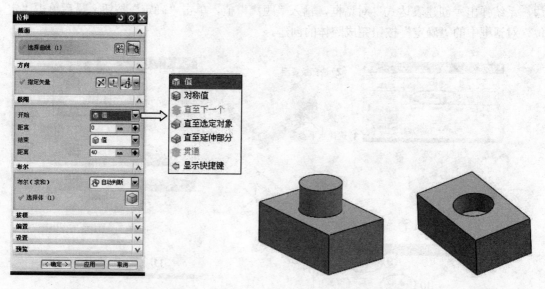

图 2-40 "拉伸"对话框　　　图 2-41 拉伸（布尔求和）　　图 2-42 拉伸（布尔求差）

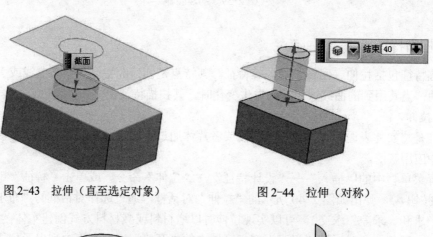

图 2-43 拉伸（直至选定对象）　　　　　　图 2-44 拉伸（对称）

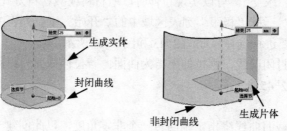

图 2-45 拉伸（生成实体或片体）

3. 扫掠

扫掠是将一个截面图形沿引导线扫描来创造实体特征的，其中的引导线可以是直线、圆弧、样条曲线等。

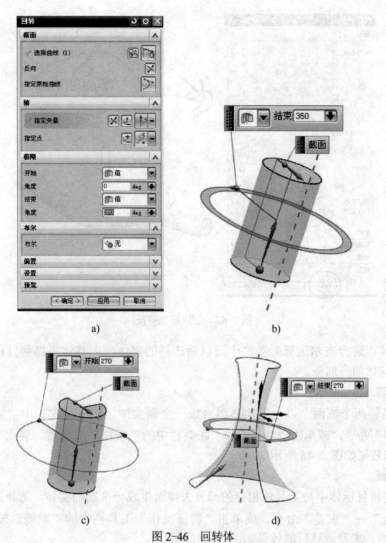

图 2-46　回转体

a)　"回转"对话框　b) 生成实体　c) 生成部分实体　d) 生成片体

选择菜单栏中的"插入"→"设计特征"→"扫掠"命令，弹出"扫掠"对话框。创建扫掠特征的操作步骤如图 2-47 所示，分别选取圆和样条曲线为截面曲线和引导曲线，单击"确定"按钮，生成扫掠特征（操作文件见附带光盘 ch02\ch02_02\saolue.prt）。

2.2.6　布尔运算

布尔运算用于实体建模中各个实体之间的求加、求差和求交操作，只有实体对象才可以进行布尔运算，曲线和曲面等无法进行布尔运算。布尔运算在拉伸特征、修剪体命令及模具设计过程中、模具组件的修剪中应用广泛。

根据对结果的影响程度不同，可以把布尔运算所涉及的实体分为两类，即目标体和工具体。其意义如下。

● 目标体：进行布尔运算时第一个选择的实体，运算的结果加到目标体上，并修改目标体，其结果的属性遵从于目标体。同一次布尔运算中，目标体只有一个。

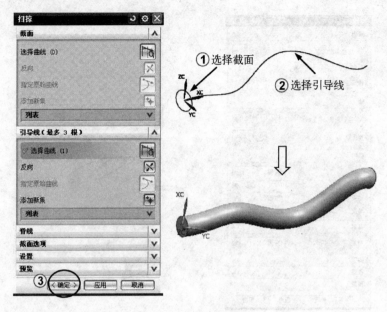

图 2-47　创建扫掠特征

- 工具体：进行布尔运算时第二个及以后选择的实体。工具体将加到目标体上，并构成目标体的一部分。

1．和运算

和运算是将两个或两个以上的实体组合成一个新实体。选择菜单栏中"插入"→"组合"→"求和"命令，或单击"特征操作"工具栏中的"求和"按钮，弹出"求和"对话框。求和运算效果如图 2-48 所示。

2．差运算

差运算是将目标体中与工具体相交的部分去掉而生成一个新的实体。选择菜单栏中"插入"→"组合"→"求差"命令，或单击"特征操作"工具栏中的"求差"按钮，弹出"求差"对话框。求差运算后的效果如图 2-49 所示。

3．交运算

相交运算截取目标体与工具体的公共部分构成新的实体。选择菜单栏中"插入"→"组合"→"求交"命令，或单击"特征操作"工具栏中的"求交"按钮，弹出"求交"对话框。求交运算后的效果如图 2-50 所示。

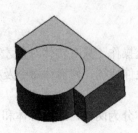　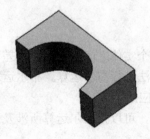　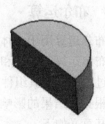

图 2-48　求和（保持工具体）　　图 2-49　求差（保持目标体）　　图 2-50　求交

2.3 特征操作

特征操作是对已创建的特征模型进行局部修改，从而对模型进行细化，也叫细节特征。通过特征操作，可以用简单的特征创建比较复杂的特征实体。常用的特征操作有拔模、边倒圆、倒斜角、镜像特征、阵列、螺纹、抽壳、修剪体等。

2.3.1 拔模

拔模是将指定特征模型的表面或边沿指定的方向倾斜一定的角度。该操作广泛应用于模具设计领域，可以应用于同一个实体上的一个或多个要修改的面和边。

选择菜单栏中的"插入"→"细节特征"→"拔模"命令，或单击"特征操作"工具栏中的"拔模"按钮，弹出如图 2-51 所示的"拔模"对话框。该对话框中共有四种拔模方法，即从平面、从边、与多个面相切、至分型边。

图 2-51 "拔模"对话框

1. 从平面

"从平面"方式是指以选定的平面作为参考平面，指定拔模方向和角度来创建拔模特征。操作步骤如图 2-52 所示（操作文件见附带光盘 ch02\ch02_03\bamo.prt）。

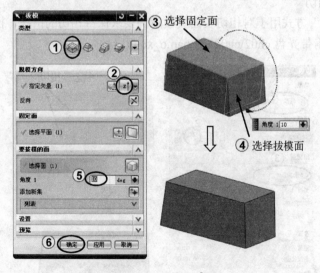

图 2-52 拔模（从平面）

在"拔模"对话框的"类型"列表区域中单击"从平面"按钮，指定 Z 轴为脱模方向，选择模型上表面为固定面，侧面为拔模面，并设定拔模角度，单击"确定"按钮，即可完成拔模操作。

2. 从边

"从边"方式由实体的一系列边缘产生拔模角度来创建拔模特征，适用于变角度的拔模。

在"拔模"对话框的"类型"下拉列表中单击"从边"按钮 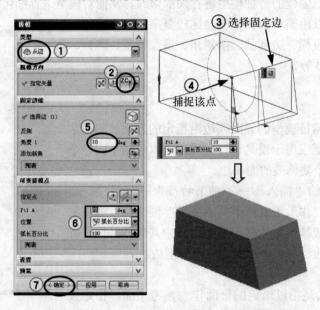，在"脱模方向"列表区域中指定Z轴为脱模方向，选择上表面边缘线为固定边，并设定拔模角度，单击"拔模"对话框中的"确定"按钮，即可完成拔模操作。操作过程如图2-53所示。

图2-53　拔模（从边）

3. 与多个面相切

"与多个面相切"方式用于对相切表面拔模后仍要求保持相切的情况。操作步骤如图 2-54 所示（操作文件见附带光盘 ch02\ch02_03\bamo_xq.prt）。

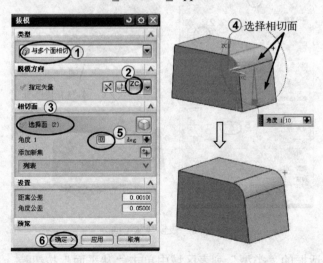

图2-54　拔模（与多个面相切）

4. 至分型边

"至分型边"方式是从固定平面开始，按指定的拔模方向和拔模角度，沿指定的分型边线对实体进行拔模，操作步骤如图2-55所示（操作文件见附带光盘 ch02\ch02_03\bamo_fxb.prt）。

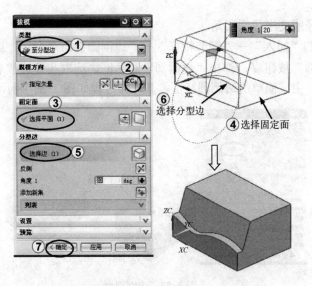

图 2-55 拔模（至分型边）

2.3.2 抽壳

抽壳是指按照指定的厚度将实体模型抽空为腔体或在其四周创建壳体。可以指定不同表面的厚度，也可以移除单个面。

选择菜单栏中的"插入"→"偏置/缩放"→"抽壳"命令，或单击"特征操作"工具栏中的"抽壳"按钮，弹出如图 2-56 所示的"抽壳"对话框。该对话框中提供了两种抽壳方式："移除面，然后抽壳"和"对所有面抽壳"。其中，"移除面，然后抽壳"在薄壳类塑料制品的造型设计中较为常用。如图 2-56 所示为"移除面，然后抽壳"的效果。

图 2-56 "抽壳"对话框

2.3.3 边倒圆

"边倒圆"工具通过指定半径将实体或片体边缘变成圆柱面或圆锥面，可以对实体或片体边缘进行恒定半径或变半径倒圆角。

选择菜单栏中的"插入"→"细节特征"→"边倒圆"命令命令，或单击"特征操作"工具栏中的"边倒圆"按钮 ，弹出"边倒圆"对话框。选取实体边线后，设置圆角半径，单击"确定"按钮，生成简单的边倒圆特征。其操作过程如图 2-57 所示。

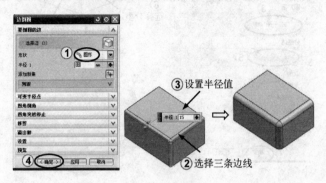

图 2-57　边倒圆

2.3.4　倒斜角

倒斜角是指对已存在的实体沿指定的边进行倒角操作，在产品设计中使用广泛，通常当产品的边或棱角过于尖锐时，为避免造成擦伤，需要对其进行必要的修剪，即执行倒斜角操作。

选择菜单栏中的"插入"→"细节特征"→"倒斜角"命令，或单击"特征操作"工具栏中的"倒斜角"按钮 ，弹出如图 2-58 所示的"倒斜角"对话框。该对话框中共有三种倒斜角方式，即对称、非对称、偏置和角度。

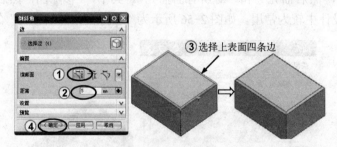

图 2-58　倒斜角（"对称"方式）

2.3.5　修剪体和拆分体

修剪体和拆分体都是通过平面对实体特征进行操作。修剪体是通过指定的平面把实体的某部分修剪去除掉；拆分体是通过平面把实体拆分、分割成为多个实体特征。

1. 修剪体

修剪体是将实体一分为二，保留需要的部分而切除另外一部分，并且仍然保留参数化模型。

选择菜单栏中"插入"→"修剪"→"修剪体"命令，系统弹出如图 2-59 所示的"修剪体"对话框，选择基准平面为工具体，单击"应用"按钮，完成修剪（操作文件见附带光盘 ch02\ch02_03\xiujianti.prt）。

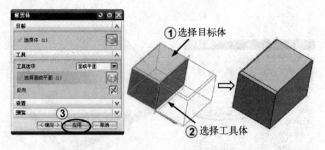

图 2-59　修剪体

2．拆分体

拆分体是使用面、基准平面或其他几何体将一个或多个目标体分割成两个实体，同时保留两部分实体。拆分操作将删除实体原有的全部参数，得到的实体为非参数模型。拆分实体后实体中的参数全部移去，同时工程图中剖视图中的信息也会丢失，因此应谨慎使用。

选择菜单栏中"插入"→"修剪"→"拆分体"命令，系统弹出如图 2-60 所示的"拆分体"对话框，选择基准平面为工具体，单击"确定"按钮，完成修剪（操作文件见附带光盘 ch02\ch02_03\chaifenti.prt）。

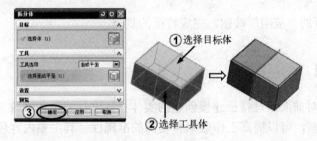

图 2-60　拆分体

2.3.6　阵列特征

该命令适用于快速创建同样参数且呈一定规律排列的特征，利用该命令可以对实体进行多个特征成组的镜像或者复制，避免了对单一实体重复操作。

选择菜单栏中的"插入"→"关联复制"→"对特征形成图样"命令，弹出"对特征形成图样"对话框。该对话框中提供了多种阵列的方法，现以矩形阵列为例进行介绍。

【例 2-4】　创建定模板沉头孔的矩形阵列。

本例的实体模型是【例 2-2】中已经创建了一个沉头孔的定模板，如图 2-38 所示，现对该沉头孔进行矩形阵列。

操作步骤

1）打开附带光盘 ch02\eg\eg_04\dingmb_zhenlie.prt 文件，操作步骤如图 2-61 所示。

2）选择菜单栏中的"插入"→"关联复制"→"对特征形成图样"命令，弹出如图 2-61 所示的"对特征形成图样"对话框。选择"布局"方式为"线性"，然后选择沉头孔。

3）在对话框的"布局"列表区域指定"方向 1"的矢量方向为"-XC"，"数量"和

"节距"分别为 2 和 200；指定"方向 2"的矢量方向为"-YC"，"数量"和"节距"分别为 2 和 120。

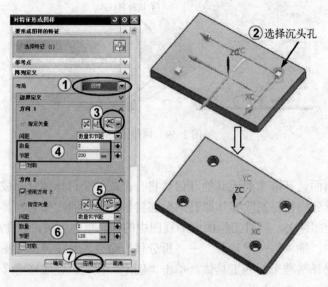

图 2-61　矩形阵列

4）单击对话框的"应用"按钮，完成特征的复制。

2.4　特征编辑

特征编辑是指对前面通过特征建模创建的实体特征进行编辑和修改。通过编辑实体的参数来驱动特征的更新，可以提高工作效率和制图的准确性。其主要内容包括编辑特征参数、编辑定位尺寸、移动特征等。

2.4.1　编辑特征参数

编辑特征参数是指对已存在特征的参数值根据需要进行修改，并将所做的特征修改重新反映出来，另外还可以改变特征放置面和特征的类型。编辑特征参数包括编辑一般实体特征参数、编辑扫描特征参数、编辑阵列特征参数、编辑倒斜角特征参数和编辑其他参数等。大多数特征的参数都可以用"编辑参数"命令进行修改。

选择菜单栏中的"编辑"→"特征"→"编辑特征参数"命令，或单击"编辑特征"工具栏中的"编辑参数"按钮　，弹出如图 2-62 所示的"编辑参数"对话框。或者在图形窗口或"部件导航器"的特征树中双击要编辑的特征，根据选择的特征不同，弹出不同形式的编辑对话框。

【例 2-5】　编辑定模板沉头孔的参数。

图 2-62　"编辑参数"对话框

本例的实体模型是【例 2-2】中已经创建了一个沉头孔的定模板，如图 2-38 所示，现对该沉头孔的参数进行编辑。

操作步骤

1）打开附带光盘 ch02\eg\eg_05\dingmb_bianji.prt 文件，操作步骤如图 2-63 所示。

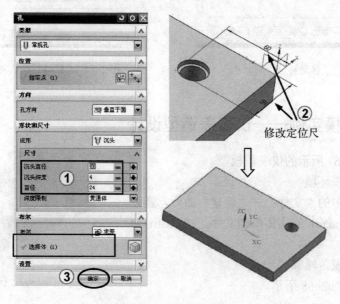

图 2-63　编辑特征参数

2）在"部件导航器"中鼠标右键单击"沉头孔"，在弹出的快捷菜单中选择"编辑参数"命令，系统弹出"孔"对话框，修改沉头孔的参数和定位尺寸后，单击对话框的"确定"按钮，完成沉头孔参数的编辑。

2.4.2　编辑位置

选择菜单栏中"编辑"→"特征"→"编辑位置"命令，或单击"编辑特征"工具栏中的"编辑位置"按钮，弹出如图 2-64 所示的"编辑位置"对话框。双击要编辑的特征，弹出"定位"对话框，利用该对话框可以编辑特征的位置。也可直接选取要编辑的特征，单击鼠标右键，在弹出的快捷菜单中选择"编辑定位"命令，也可弹出"定位"对话框。

图 2-64　"编辑位置"对话框

2.4.3　移动

移动特征是指把一个无关联的实体特征移到指定的位置。对于存在关联性的特征，可通过编辑位置尺寸的方法移动特征，从而达到编辑实体特征的目的。

选择菜单栏中"编辑"→"特征"→"移动"命令，弹出如图 2-65 所示的"移动特征"对话框（一），双击要移动的特征，弹出如图 2-66 所示的"移动特征"对话框（二），利用该对话框可实现对特征的移动。

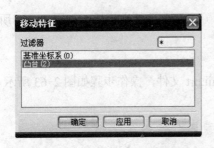

图 2-65 "移动特征"对话框（一）

图 2-66 "移动特征"对话框（二）

2.5 实体建模实例——仪表盖造型设计

设计如图 2-67 所示的仪表盖模型。

（1）进入建模环境

选择菜单栏中的"文件"→"新建"命令，新建一个名称为 yibiaogai.prt 的实体模型文件。按〈Ctrl+M〉键进入建模环境。

（2）创建仪表盖轮廓

操作过程如图 2-68 所示。

图 2-67 仪表盖模型

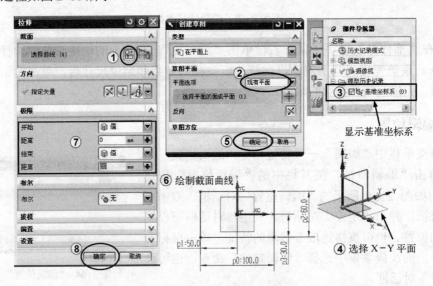

图 2-68 拉伸创建仪表盖轮廓

1）选择菜单栏中"插入"→"设计特征"→"拉伸"命令，弹出"拉伸"对话框。单击对话框中的"绘制截面"按钮🔲，弹出"创建草图"对话框，在"平面选项"中选择"现有平面"选项；在"部件导航器"中鼠标右键单击"基准坐标系"，在弹出的快捷菜单中单击"显示"按钮，将基准坐标系显示。选择"X-Y"平面后，单击"创建草图"对话框中的"确定"按钮。

2）绘制截面草图。在工作区选择 X-Y 平面为草图平面，系统自动弹出"配置文件"对话框。单击"草图工具"工具条中的"矩形"按钮 ▭，绘制一个矩形；然后单击"自动判断尺寸"按钮 ，对草图进行尺寸约束。单击"草图生成器"工具条中的"完成草图"按钮 ，完成草图绘制，并返回"拉伸"对话框。

3）设置拉伸距离。在"拉伸"对话框的"极限"列表区域中设置"结束"距离值为 20，确保拉伸方向正确，单击"拉伸"对话框的"确定"按钮，完成仪表盖轮廓的创建，如图 2-69 所示。

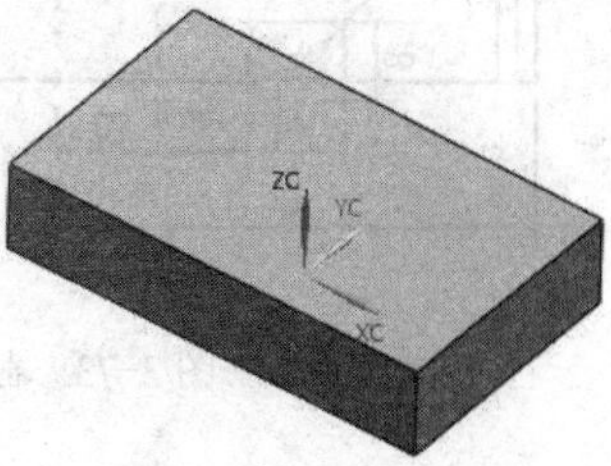

（3）边倒圆

单击"特征操作"工具栏中的"边倒圆"按钮 ，弹出"边倒圆"对话框。选择倒圆的形状为"圆形"，选取模型上表面及侧面的八条边线后，设置圆角"半径"为 2，单击"确定"按钮，对仪表盖进行倒圆角。其操作过程如图 2-70 所示。

图 2-69　仪表盖轮廓

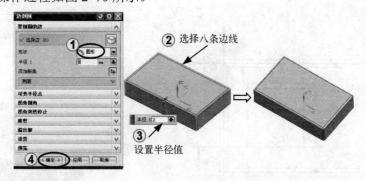

图 2-70　倒圆角

（4）抽壳

单击"特征操作"工具栏中的"抽壳"按钮 ，弹出"抽壳"对话框，选择"移除面，然后抽壳"的方式，抽壳厚度设为 2mm，选择如图 2-71 所示的面为移除面，完成抽壳。

（5）边倒圆

参考步骤（3）的操作，对模型内表面的边线倒圆角，"半径"为 2，如图 2-72 所示。

图 2-71　抽壳　　　　　　　　　　　图 2-72　内边倒圆角

（6）拉伸创建模型侧面的开放区域

选择模型侧面为草图绘制平面，绘制如图 2-73 所示的截面草图（一），将"拉伸"对话框的布尔运算设置为"求差"，拉伸距离设为 5（稍大于模型壁厚即可），单击"确定"按钮，生成模型侧面的开放区域，如图 2-74 所示。

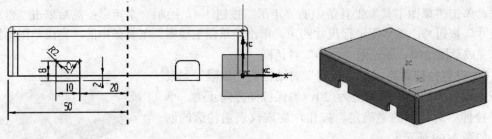

图 2-73　截面草图（一）　　　　　　　　图 2-74　拉伸生成开放区域

（7）拉伸创建模型上表面的矩形孔

1）选择模型上表面为草图绘制平面，绘制如图 2-75 所示的截面草图（二），将"拉伸"对话框的布尔运算设置为"求差"，拉伸距离设为 1，单击"确定"按钮，生成如图 2-76 所示的拉伸特征。

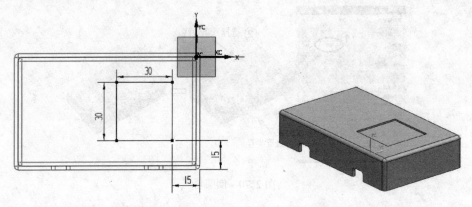

图 2-75　截面草图（二）　　　　　　　　图 2-76　拉伸创建沉槽

2）选择如图 2-77 所示表面为草图绘制平面，绘制如图 2-78 所示的截面草图（三），将"拉伸"对话框的布尔运算设置为"求差"，拉伸距离设为 2，单击"确定"按钮，生成如图 2-79 所示的矩形孔特征。

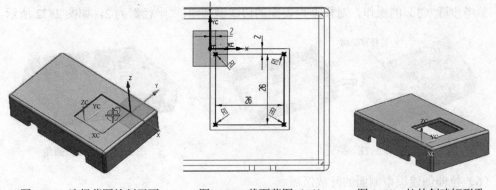

图 2-77　选择草图绘制平面　　　图 2-78　截面草图（三）　　　图 2-79　拉伸创建矩形孔

3）选择模型上表面为草图绘制平面，绘制如图 2-80 所示的截面草图（四），将"拉伸"对话框的布尔运算设置为"求差"，拉伸距离设为 3，单击"确定"按钮，生成如图 2-81

所示的六个矩形孔特征。

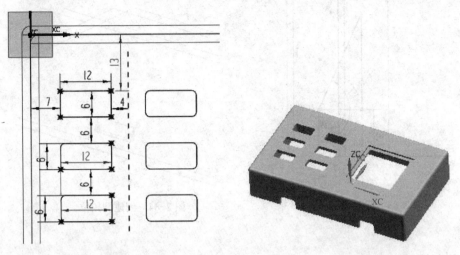

图 2-80　截面草图（四）　　　图 2-81　拉伸创建矩形孔

（8）拉伸创建模型内表面的倒扣位

1）选择菜单栏中的"插入"→"基准/点"→"基准平面"命令，弹出如图 2-82 所示的"基准平面"对话框，在"类型"下拉列表中选择"XC-ZC 平面"方式，在"距离"文本框中输入 0，创建基准平面。

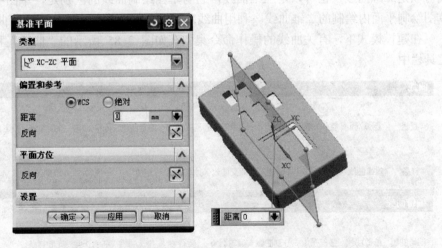

图 2-82　创建基准平面

2）选择刚刚创建的基准平面为草图绘制平面，绘制如图 2-83 所示的截面草图（五），然后将该草图以中心线为对称中心进行镜像。在"拉伸"对话框的"极限"列表区域中设置以"对称"方式进行拉伸，拉伸距离设为 3；将布尔运算设置为"求差"，单击"确定"按钮，生成如图 2-84 所示的倒扣位。

（9）保存文件

单击"文件"→"保存"按钮，保存所做的工作，完成的文件见附带光盘 ch02\eg\eg_06 \yibiaogai.prt。

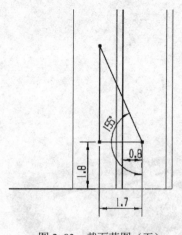

图 2-83　截面草图（五）

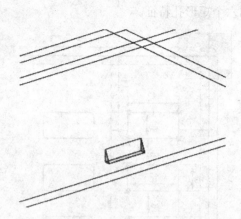

图 2-84　创建倒扣位

2.6　曲线

　　在 UG NX 8.0 中，曲线功能应用非常广泛，它是曲面建模的基础。曲线功能可以建立实体断面的轮廓线，通过拉伸、旋转等操作构造三维实体；在特征建模过程中，曲线也常用作建模的辅助线（如定位线、中心线等）；创建的曲线还可添加到草图中进行参数化设计。曲线可以是二维曲线，也可以是三维曲线，它与草图绘制曲线的区别是，草图中的曲线仅是在草图绘制平面内绘制的二维曲线。利用曲线功能绘制的曲线，一般作为空间曲线来使用。

　　在建模模式下，有关曲线的操作命令集中在如图 2-85 所示的"曲线"和"编辑曲线"工具栏中。

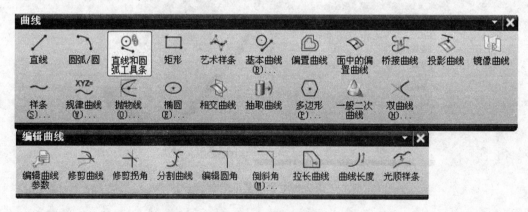

图 2-85　"曲线"和"编辑曲线"工具栏

2.6.1　曲线的绘制

1．直线

直线的绘制可通过如图 2-86 所示的三个工具按钮进行。

1）单击"直线"按钮 ，弹出如图 2-87 所示的"直线"对话框，通过绘制或捕捉直线的两个端点来绘制一条直线。直线的起点、终点可以直接在图形上捕捉，也可以通过如图 2-88 所示的"点"对话框进行设置。

| 图 2-86　绘制直线的工具按钮 | 图 2-87　"直线"对话框 | 图 2-88　"点"对话框 |

图 2-89 所示为捕捉两个长方体的顶点绘制一条空间直线（一）。

2）单击"直线和圆弧"工具条按钮 ，弹出如图 2-90 所示的"直线和圆弧"工具条，该工具条是使用预定义约束组合迅速创建关联或非关联直线和曲线的快速工具。工具条中提供了多种创建直线的方法。

图 2-91 所示为采用"直线（点-平行）"方式绘制一条与长方体边线平行的空间直线（二）。

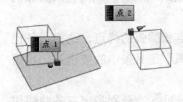

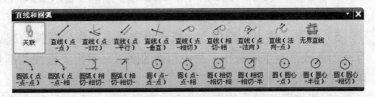

图 2-89　绘制空间直线（一）　　　　　　　图 2-90　"直线和圆弧"工具条

3）单击"基本曲线"按钮 ，弹出如图 2-92 所示的"基本曲线"对话框，该对话框提供了直线、圆、圆弧、修剪、编辑曲线参数和圆角等功能。单击对话框的"直线"按钮 ，弹出如图 2-93 所示的"跟踪条"，用户可在该跟踪条中输入点的三个坐标值来确定直线的起点和终点；也可采用对话框中提供的捕捉点的方法创建直线。

图 2-91　绘制空间直线（二）　　　　　　　图 2-92　"基本曲线"对话框

图 2-93　跟踪条

图 2-94 所示为采用捕捉点的方式绘制的空间直线（三）。

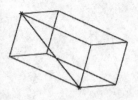

2．圆弧

圆弧的绘制可通过两种方法，一种是利用如图 2-92 所示"基本曲线"对话框中的"圆弧"命令；第二种是应用如图 2-90 所示的"直线和圆弧"工具条中的绘制圆弧的命令。

图 2-94　绘制空间直线

UG NX 8.0 中绘制圆弧有多种方法，与 AutoCAD 中绘制圆弧的方法类似，下面介绍几种常用绘制圆弧的方法。

1）起点，终点，弧上的点。依次指定三点，如图 2-95 所示。单击"直线和圆弧"工具条中的按钮，也可以同样的方法绘制圆弧。

2）中心，起点，终点。如图 2-96 所示，依次指定中心、起点和终点三点来绘制圆弧。

3）起点，终点，半径或直径。依次指定两点，第一点作为圆弧的起点，第二点作为圆弧的终点。在"跟踪栏"工具条中的 50.000 内输入圆弧半径或 100.000 内输入圆弧直径，以此来确定圆弧的位置和大小。

4）中心，半径或直径，开始圆心角，终止圆心角。指定圆弧中心，在"跟踪栏"工具条中的 50.000 内输入圆弧半径，或在 100.000 内输入圆弧的直径，在 0.000 内输入圆弧的开始圆心角，在 0.000 内输入圆弧的终止圆心角。

5）起点，终点，相切点。依次指定两点，作为圆弧的起点和圆弧的终点。选择一条已存在的曲线，则生成与指定曲线相切的圆弧。单击"直线和圆弧"工具条中的按钮，也可以同样的方法绘制圆弧。

6）相切，相切，相切。单击"直线和圆弧"工具条中的按钮，分别指定三条曲线作为相切线，绘制圆弧。

7）相切，相切，半径。单击"直线和圆弧"工具条中的按钮，分别指定两条曲线作为相切线，输入半径绘制圆弧，如图 2-97 所示。

图 2-95　绘制圆弧（一）　　图 2-96　绘制圆弧（二）　　图 2-97　绘制圆弧（三）

3．圆

单击"基本曲线"对话框中的按钮 ⊙ 或"直线和圆弧"工具条中的按钮 ，进入绘制圆模式。圆的绘制方法和圆弧类似。

4．矩形

单击"曲线"工具栏中的按钮 □，弹出"点"对话框，依次指定两点作为矩形对角线的两点即可绘制矩形。

5. 正多边形

单击"曲线"工具栏中的按钮 ，弹出如图 2-98 所示"多边形"对话框（一）。输入多边形的边数（侧面数），单击"确定"按钮，接着弹出如图 2-99 所示的"多边形"对话框（二）。该对话框中提供了三种确定正多边形半径的方式，即内接半径、多边形边数和外切圆半径。

图 2-98 "多边形"对话框（一）

图 2-99 "多边形"对话框（二）

1）内接半径。单击"内接半径"按钮，在如图 2-100 所示的"多边形"对话框（三）中输入多边形的"内接半径"和"方位角"，单击"确定"按钮，弹出"点"对话框，指定多边形中心后，其操作结果如图 2-101 所示。

图 2-100 "多边形"对话框（三）

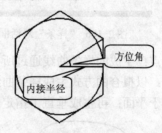

图 2-101 内接半径法

2）多边形边数。单击"多边形边数"按钮，在如图 2-102 所示的"多边形"对话框（四）中输入正多边形的"侧"（即边长）和"方位角"，单击"确定"按钮，弹出"点"对话框，指定多边形中心后，即生成多边形，如图 2-103 所示。

图 2-102 "多边形"对话框（四）

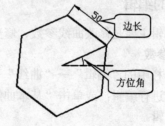

图 2-103 多边形边数法

3）外切圆半径。单击"外切圆半径"按钮，在如图 2-104 所示的"多边形"对话框（五）中输入多边形的"圆半径"、"方位角"。单击"确定"按钮，弹出"点"对话框，指定多边形中心后，即可生成多边形，如图 2-105 所示。

6. 样条曲线

选择菜单栏中的"插入"→"曲线"→"样条曲线"命令，或单击"曲线"工具条中的"样条"按钮~，弹出如图 2-106 所示的"样条"对话框。该对话框中提供了四种绘制样条曲线的方法。

图 2-104 "多边形"对话框（五）

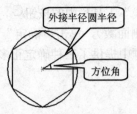

图 2-105 外切圆半径法

1）根据极点：以指定点为极点创建样条曲线，如图 2-107 所示。

图 2-106 "样条"对话框

图 2-107 "根据极点"创建样条曲线

2）通过点：生成的样条曲线通过所有指定点，如图 2-108 所示。

3）拟合：以拟合的方式生成样条曲线，如图 2-109 所示。

4）垂直于平面：可生成垂直于指定平面的样条曲线。

图 2-108 "通过点"创建样条曲线

图 2-109 "拟合"创建样条曲线

2.6.2 曲线的编辑

曲线的编辑主要是修改曲线参数、修剪曲线、倒圆角和倒斜角等操作。

1. 编辑参数

选择菜单栏中的"编辑"→"曲线"→"参数"命令，弹出"编辑曲线参数"对话框，选取曲线后可进行编辑；或单击"基本曲线"对话框中的"编辑曲线参数"按钮，也可实现对曲线的编辑。

可以直接选取已有的曲线重新调整其端点的位置，如图 2-110 所示。

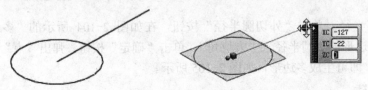

图 2-110 编辑曲线参数

2. 修剪

该功能是将曲线的多余部分修剪到指定的边界对象，或者延长曲线一端到指定的边界对象。该功能与草图中的修剪命令有区别，它必须指定边界对象后才能进行修剪，类似于AutoCAD 中的修剪和延伸。选择菜单栏中的"编辑"→"曲线"→"修剪"命令，或单击"基本曲线"对话框中的"修剪"按钮，弹出"修剪曲线"对话框。修剪曲线的操作步骤如图 2-111 所示（修剪两条直线的中间部分）。

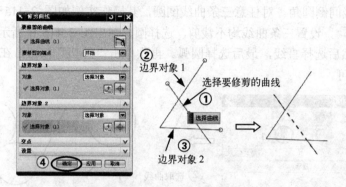

图 2-111　修剪曲线

3. 圆角

在两条或三条曲线的交点处建立圆角。在"基本曲线"对话框中单击"倒圆角"按钮，弹出如图 2-112 所示的"曲线倒圆"对话框。该对话框提供了三种倒圆角的方式。

1）两直线间倒圆角。对两条在同一平面内但不平行的直线倒圆。单击"简单圆角"按钮，在"半径"文本框中输入圆角半径值，移动鼠标，使鼠标选择球包围两条直线，再单击鼠标左键即可，如图 2-113 所示。

图 2-112　"曲线倒圆"对话框

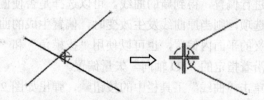

图 2-113　两直线间倒圆角

2）两条曲线间倒圆角。对任意两条曲线倒圆角。单击"曲线圆角"按钮，在"半径"文本框中输入圆角半径值（注意半径值要大于两条曲线间的距离），依次选择两条曲线，再在大约圆角中心处单击，对曲线进行倒圆角。操作结果依赖于是否修剪要倒圆角的曲线，如图 2-114 所示。

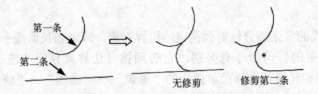

图 2-114 两条曲线间倒圆角

3）三条曲线间倒圆角。对任意三条曲线倒圆，其操作实例如图 2-115 所示。单击"三曲线圆角"按钮，设置三条曲线均不裁剪，选择圆，弹出图 2-115 中所示的对话框，单击"外切"按钮，然后选择直线，最后选择圆弧。再次单击"外切"按钮，在大约圆角中心处单击鼠标左键即可。

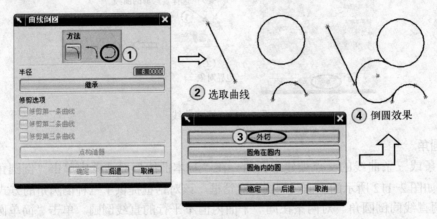

图 2-115 三条曲线间倒圆角

2.6.3 曲线的操作

曲线的操作是指对已创建的曲线进行偏置、桥接、投影、合并、镜像等操作，以便快速创建较复杂的曲线。

1. 偏置曲线

偏置曲线是指对已有的二维曲线（如直线、弧、二次曲线、样条线以及实体的边缘线等）进行偏置，得到新的曲线。可以选择是否使偏置曲线与原曲线保持关联，如果选择"关联"选项，则当原曲线发生改变时，偏置生成的曲线也会随之改变。曲线可以在选定几何体所定义的平面内偏置，也可以使用"拔模角"和"拔模高度"选项偏置到一个平行平面上，或者沿着指定的"3D 轴向"矢量偏置。

单击"曲线"工具栏中的按钮，弹出如图 2-116 所示的"偏置曲线"对话框，选择需要偏置的曲线后，设置偏置"类型"为"距离"方式，设置偏置"距离"为 10，单击对话框中的"确定"按钮，生成偏置曲线。

2. 投影曲线

投影曲线是指将曲线或点沿某一个方向投影到已有的曲面、平面或参考平面上。如果投影曲线与投影面上的孔或边缘相交，则投影曲线会被面上的孔和边缘所修剪。

选择菜单栏中的"插入"→"来自曲线集的曲线"→"投影"命令，或单击"曲线"工具栏中的"投影曲线"按钮 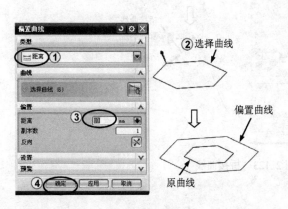 ，弹出如图 2-117 所示的"投影曲线"对话框。该对话框的"投影方向"列表区域中提供了五种投影方式，即沿面的法向、朝向点、朝向直线、沿矢量和与矢量成角度，其投影效果如图 2-118～图 2-122 所示。

图 2-116 偏置曲线　　　　　　　　　　图 2-117 "投影曲线"对话框

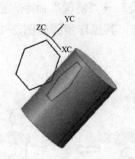　　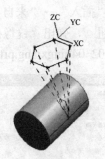

图 2-118 "沿面的法向"投影　　图 2-119 "朝向点"投影

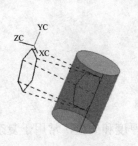　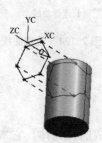　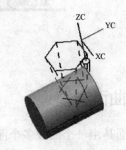

图 2-120 "朝向直线"投影　　图 2-121 "沿矢量"投影　　图 2-122 "与矢量成角度"投影

3. 桥接曲线

桥接曲线是指在现有几何体之间创建桥接曲线并对其进行约束，可用于光顺连接两条分离的曲线（包括实体、曲面的边缘线）。

单击"曲线"工具栏中的"桥接曲线"按钮 ，弹出如图 2-123 所示的"桥接曲线"对话框，选择要桥接的曲线，在对话框的"形状控制"列表区域中设置桥接的"类型"后，即生成桥接曲线。

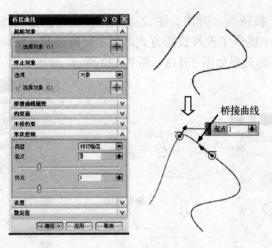

图 2-123 桥接曲线

4. 镜像曲线

镜像曲线是指通过选定的平面、基准平面或实体表面对曲线进行镜像操作。

选择菜单栏中"插入"→"来自曲线集的曲线"→"镜像"命令，或单击"曲线"工具栏中的"镜像"按钮，弹出"镜像曲线"对话框，其操作步骤如图 2-124 所示（操作文件见附带光盘 ch02\ch02-04\jingxiang.prt）。

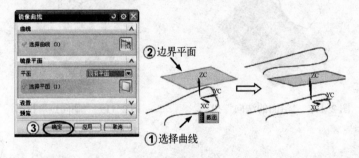

图 2-124 镜像曲线

2.7 曲面建模

曲面是由一个面或多个面组合而成的几何体，它本身没有厚度和质量，常用于复杂的模型设计中。

2.7.1 曲面概述

1. 曲面的有关术语

- 自由曲面：由自由形状特征创建的曲面即是"自由曲面"，自由曲面可以由"点"、"线"和"面"创建或延伸得到。
- B 样条曲面：在 UG 中，利用"直纹面"、"通过曲线组曲面"、"通过曲线网格曲面"、"扫掠曲面"以及"自由曲面成型"等命令构建的曲面都是 B 样条曲面。

- 片体：一种 UG 术语，片体和实体对应，片体和实体都是由一个或多个表面组成的几何体，厚度为"0"的是片体，不为"0"的是实体。在模具设计中，工件的分型曲面常成为分型片体，它是由多个分型片体组成的。
- 补片类型：片体是由补片组成的，根据片体中的补片数量，可将其分为单补片片体和多补片片体。只含有一个补片的片体称为单补片片体；而多补片片体由一系列单补片阵列组成。在模具设计中，模型破孔的修补曲面常成为修补片体或补片面。
- U 向和 V 向：曲面的参数方程有 U、V 两个变量，相应地，曲面的模型也用 U、V 两个方向来表示。U 向是曲面的行所在的方向，V 向是曲面的列所在的方向。
- 阶次：阶次是曲面方程的一个重要参数，每个片体都包含 U、V 两个方向的阶数，每个方向的阶次必须为 2～24，如果没有要求，建议采用 3～5 阶来创建曲面，这样的曲面易于控制形状。

2. 曲面的构造方法

UG 的曲面建模功能强大，可以通过点、线或曲面等多种方法来构造曲面，图 2-125 所示为有关"曲面"和"曲面编辑"的工具栏。

1）使用点构造曲面。在 UG 中用户可以使用"通过点"、"从极点"或"从点云"等方式来创建曲面。

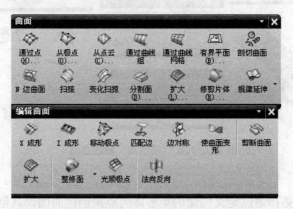

图 2-125 "曲面"和"编辑曲面"工具栏

2）使用曲线构造曲面。用户可以选取曲线作为截面线串或引导线串来创建曲面，主要包括"直纹面"、"通过曲线组"、"通过曲线网格"、"扫掠"等创建方式。

3）使用已有的曲面构造曲面。该方法是通过使用相关的曲面操作和编辑命令，对已有曲面进行诸如延伸、偏置、桥接和修剪等操作来创建曲面。

2.7.2 由点构造曲面

在 UG NX 8.0 中由点构造曲面有"通过点"、"从极点"和"从点云"三种方法。由于由点构造的曲面光顺性较差，因此，该方法尽量少用。

1. 通过点

通过点创建曲面是指通过指定一系列的矩形阵列点来创建曲面，所创建的曲面通过所有指定的点。

选择菜单栏中的"插入"→"曲面"→"通过点"命令，或单击"曲面"工具栏中的按钮◈，弹出"通过点"对话框。

【例2-6】 "通过点"创建曲面。

1）打开附带光盘 ch02\eg\eg_07\tonguodian.prt 文件。操作步骤如图 2-126 所示。

2）单击"通过点"按钮◈，弹出"通过点"对话框。接受默认选项，单击"确定"按钮，弹出"过点"对话框，此时状态栏提示"确定行 1 的选点方式"。

3）单击"点构造器"按钮，弹出"点"对话框，单击"现有点"按钮➕，按序选择行 1 的点。选择完毕后，单击"点"对话框的"确定"按钮。

4）弹出"指定点"对话框，单击"是"按钮，重新回到"点"对话框，选取行 2 的点。直至选取点符合"阶次"选项设置时（默认阶次为 3，必须选择 4 行点），会弹出"过点"对话框，单击"所有指定的点"按钮完成点的选取，完成通过指定点创建曲面。

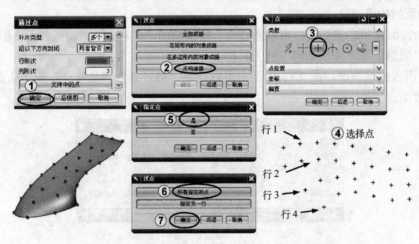

图 2-126 "通过点"创建曲面

2. 从极点

从极点创建曲面是指通过定义曲面的矩形阵列点来创建曲面，其创建方法与"通过点"相似。该方法选取的点作为曲面的控制点，曲面不一定均通过这些点，效果如图 2-127 所示。

3. 从点云

从点云创建曲面是指通过一组无序排列的点集来创建曲面，所创建的曲面将尽量逼近于所选的点，效果如图 2-128 所示。该方法可直接框选所有点，鼠标框选的起始位置及点云的视图方向不同，生成的曲面亦不同。

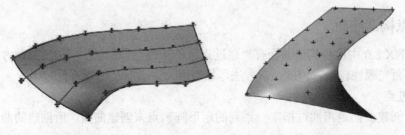

图 2-127 "从极点"创建曲面　　　　图 2-128 "从点云"创建曲面

2.7.3 由曲线构造曲面

1. 直纹面

直纹面是指通过一组假想的直线，将两组截面线串之间的对应点连接起来而形成的曲面。创建直纹面时只能使用两组线串，这两组线串可以封闭，也可不封闭。

【例2-7】 创建直纹面。

1）打开附带光盘 ch02\eg\eg_08\zhiwen.prt 文件。操作步骤如图 2-129 所示。

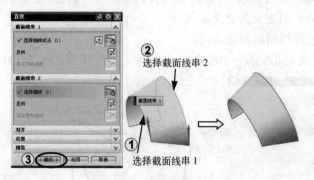

图 2-129　创建直纹面

2）单击"直纹"按钮，弹出"直纹"对话框，选择截面线串 1，单击鼠标中键确认；继续选择截面线串 2，单击鼠标中键确认。单击"确定"按钮生成直纹面。

提示： 选取截面对象的时候，应注意鼠标的选取位置。UG 是根据鼠标选取位置来判断起始位置的，通常比较靠近鼠标单击位置的曲线一端是起始位置。

2. 通过曲线组

通过曲线组是指通过选取一系列的截面线串来创建曲面，作为截面线串的对象可以是曲线也可以是实体或片体的边。

【例2-8】 通过曲线组创建曲面。

1）打开附带光盘 ch02\eg\eg_09\quxianzu.prt 文件。操作步骤如图 2-130 所示。

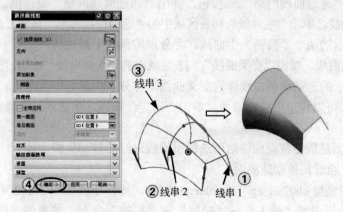

图 2-130　"通过曲线组"创建曲面

2）单击"曲面"工具栏中的"通过曲线组"按钮，弹出"通过曲线组"对话框，然后依次选择线串 1（可框选）、线串 2、线串 3，每次选取线串后按鼠标中键确认。单击"确定"按钮生成曲面。

提示：选取截面线串后，图形区显示的箭头矢量应处于截面线串的同侧（图 2-130），否则生成的曲面被扭曲。后面介绍的"通过曲线网格"创建曲面时也应注意同类问题。

3．通过曲线网格

通过曲线网格是指通过选取不同方向上的两组线串作为截面线串来创建曲面。一组线串定义为主曲线，另外一组定义为交叉曲线。

【例2-9】 通过曲线网格创建曲面。

1）打开附带光盘 ch02\eg\eg_10\qxwg.prt 文件。操作步骤如图 2-131 所示。

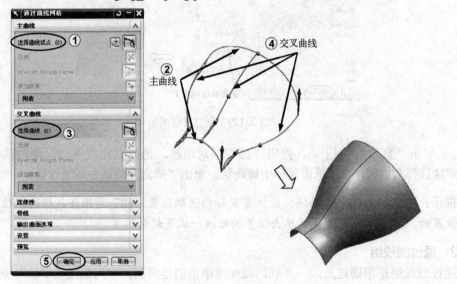

图 2-131 "通过曲线网格"创建曲面

2）选择菜单栏中的"插入"→"网格曲面"→"通过曲线网络"命令，或单击"曲面"工具栏中的"通过曲线网络" 按钮，弹出"通过曲线网络"对话框。

3）选择主曲线。单击"主曲线"列表区域中的"选择曲线或点"按钮，分别选择图 2-131 中步骤②箭头所示的两个半圆弧为主曲线，并分别按鼠标中键确认。

4）选择交叉曲线。单击"交叉曲线"列表区域中的"选择曲线"按钮，分别选择图 2-131 中步骤④箭头所示的三条样条曲线作为交叉曲线，并分别按鼠标中键确认。

5）在工作区可以预览生成的曲面，单击"确定"按钮，生成通过曲线网格的曲面。

4．扫掠

扫掠创建曲面是指使截面曲线沿所选的引导线进行扫掠而生成曲面。

【例2-10】 通过扫掠创建曲面。

1）打开附带光盘 ch02\eg\eg_11\saolue.prt 文件。操作步骤如图 2-132 所示。

2）选择菜单栏中的"插入"→"扫掠"→"扫掠"命令，或单击"曲面"工具栏中的按钮 ，弹出"扫掠"对话框。

3）单击"截面"列表区域中的"选择曲线"按钮 ，选择图 2-132 中步骤②箭头所示的截面线串，单击中键确认；单击"引导线"列表区域中的"选择曲线"按钮 ，然后依次选择步骤④箭头所示的两条引导线，并分别按中键确认。单击"确定"按钮，完成扫掠曲面的创建。

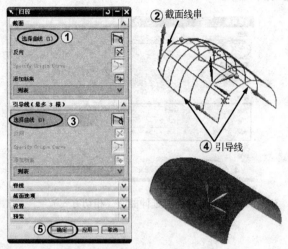

图 2-132 "扫掠"创建曲面

2.7.4 由曲面构造曲面

由曲面构造曲面是指在已有的曲面上，通过偏置、延伸、桥接、N 边曲面等方法生成新的曲面。

1. 偏置曲面

选择菜单栏中的"插入"→"偏置/缩放"→"偏置曲面"命令，或单击"曲面"工具栏中的"偏置曲面"按钮 ，弹出"偏置曲面"对话框，选择曲面并设置偏置量，单击"确定"按钮即可生成偏置曲面。操作过程如图 2-133 所示。

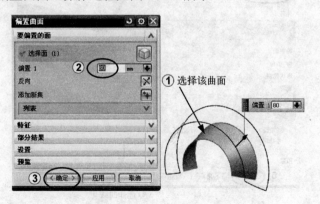

图 2-133 创建偏置曲面

2. 延伸曲面

采用延伸曲面可对已存在曲面的边界或曲线进行切向、法向或角度的延伸。选择菜单栏中的"插入"→"曲面"→"延伸"命令，或单击"曲面"工具栏中的"延伸"按钮 ，弹出如图 2-134 所示的"延伸曲面"对话框。选择延伸类型为"边",然后选取步骤②所示的曲面的边线;在"延伸"列表区域中设置相关参数后,单击"确定"按钮,完成曲面的延伸操作。操作步骤如图 2-134 所示。

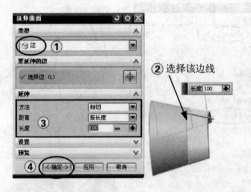

图 2-134　创建延伸曲面(相切方式)

3. N 边曲面

使用"N 边曲面"命令,可以通过曲线、实体或片体的边来创建曲面。在模具设计中可以使用 N 边曲面对模型进行修补。

【例 2-11】　创建 N 边曲面。

1)打开附带光盘 ch02\eg\eg_12\N_bian.prt 文件。操作步骤如图 2-135 所示。

2)单击"曲面"工具栏中的"N 边曲面"按钮 ,打开"N 边曲面"对话框,选择该对话框"类型"下拉列表中的"已修剪"选项,依次选择图 2-135 中步骤②③④所示的模型开放区域的三条边线,单击"确定"按钮创建 N 边曲面。

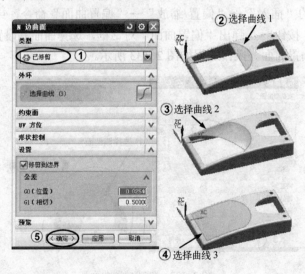

图 2-135　创建 N 边曲面

2.7.5　修剪片体

修剪片体工具可以选取曲线、面或基准平面作为修剪边界,可对一个或多个片体进行修剪。修剪边界可以在将要修剪的曲面上，也可在曲面之外通过投影方向来确定修剪的边界。

【例2-12】 修剪片体。

1）打开附带光盘 ch02\eg\eg_13\xiujian.prt 文件。

2）选择菜单栏中"插入"→"修剪"→"修剪片体"命令，打开"修剪片体"对话框。选择曲面为目标体，选择圆为边界对象，在"投影方向"下拉列表中选择"垂直于面"选项，单击"确定"按钮，完成修剪。操作步骤如图 2-136 所示。

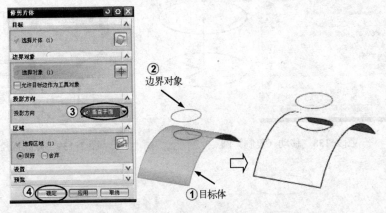

图 2-136　修剪片体

2.8　曲面建模实例——咖啡壶造型

设计如图 2-137 所示的咖啡壶模型。

（1）创建曲线网格

1）新建一个名为 CUP.prt 的模型文件，按〈Ctrl+M〉键进入建模环境。

2）单击"基本曲线"按钮 ，选择绘制"圆"命令，在弹出的跟踪条中输入"XC"=0、"YC"=0、"ZC"=0，"半径"为 80，绘制一个圆心在坐标原点，直径为φ160 的圆。

3）选择菜单栏中"编辑"→"移动对象"命令，系统弹出如图 2-138 所示的"移动对象"对话框。在对话框"变换"列表区域中的"运动"下拉列表中选择"距离"，移动方向为

图 2-137　咖啡壶模型

"+ZC"，移动的"距离"设为 100；在"结果"列表区域中选中"复制原先的"单选项。单击对话框的"确定"按钮，移动并复制φ160 的圆。

4）在窗口中双击刚移动复制的φ160 圆，修改其直径为φ200，如图 2-139 所示。

5）按照步骤 3）和 4）的操作，将φ160 的圆沿"+ZC"方向移动 200，并修改其直径为140；将φ160 的圆沿"+ZC"方向移动 300，并修改其直径为 180。绘制的四个圆如图 2-140 所示。

6）单击"基本曲线"按钮 ，选择绘制"圆"命令，在弹出的跟踪条中输入"XC"=120、"YC"=0、"ZC"=300，"半径"为 20，绘制一个直径为φ40 的圆，如图 2-141

所示。

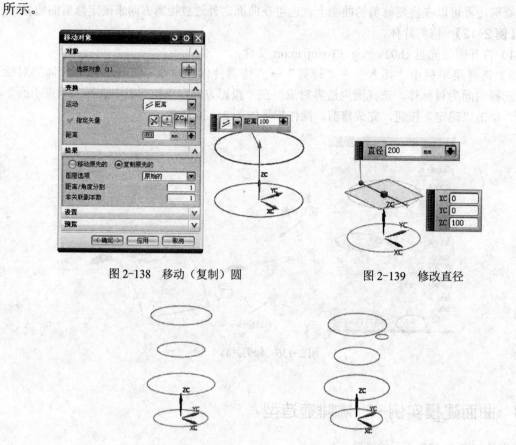

图 2-138　移动（复制）圆　　　　　　　图 2-139　修改直径

图 2-140　绘制四个圆　　　　　　　图 2-141　绘制ϕ40 的圆

7）选择菜单栏中"编辑"→"曲线"→"分割"命令，系统弹出如图 2-142 所示的"分割曲线"对话框。在对话框"类型"下拉列表中选择"等分段"选项；在"分段长度"下拉列表中选择"等弧长"选项；"段数"为 4。选取ϕ160 的圆，单击"应用"按钮，将其分割为等弧长的四段。

按照同样操作，分别将ϕ200 和ϕ140 的圆分割成四段等弧长的圆弧。

8）倒圆角。单击"基本曲线"按钮 ，弹出"基本曲线"对话框，在对话框中单击"倒圆角"按钮 ，系统弹出"曲线倒圆"对话框，选择"两曲线倒圆"方式，输入倒圆半径为 30，创建如图 2-143 所示的两段圆弧。

图 2-142　"分割曲线"对话框

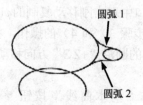

图 2-143　倒圆角

9）绘制样条曲线。单击"曲线"工具栏的"样条"按钮～，弹出"样条"对话框，按照图 2-144 的操作步骤绘制四条样条曲线。

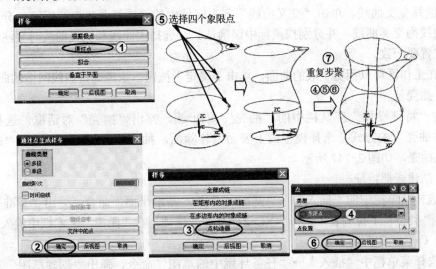

图 2-144　绘制样条曲线

10）选择菜单栏中"编辑"→"曲线"→"修剪"命令，弹出"修剪曲线"对话框，对如图 2-143 所示的两段圆弧进行修剪，完成修剪后的图形如图 2-145 所示。

（2）创建网格曲面

操作步骤如图 2-146 所示。

1）单击"曲面"工具栏中的"通过曲线网格"按钮，弹出"通过曲线网格"对话框。

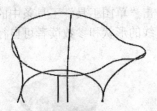

图 2-145　修剪曲线

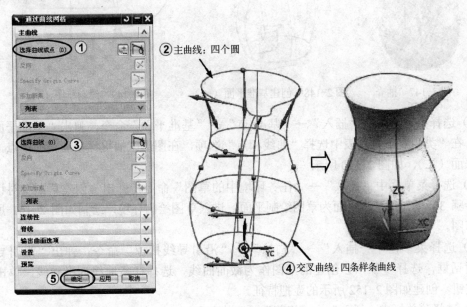

图 2-146　创建网格曲面

2）选择主曲线。单击"主曲线"列表区域中的"选择曲线或点"按钮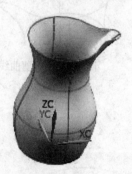，分别选择四个圆为主曲线，并分别按鼠标中键确认。

3）选择交叉曲线。单击"交叉曲线"列表区域中的"选择曲线"按钮，分别选择四条样条曲线为交叉曲线，并分别按鼠标中键确认。在选择主曲线和交叉曲线时要注意其矢量方向及位置要一致。

4）在工作区可以预览生成的曲面，单击"确定"按钮，生成通过曲线网格的曲面。

（3）抽壳

单击"特征操作"工具栏中的"抽壳"按钮，弹出"抽壳"对话框，选择"移除面，然后抽壳"的方式；选择模型的上表面为移除面，抽壳厚度设为 2；单击"确定"按钮，完成抽壳，如图 2-147 所示。

（4）创建壶把特征

1）选择菜单栏中的"插入"→"基准/点"→"基准平面"命令，弹出"基准平面"对话框，在"类型"下拉列表中选择"XC-ZC 平面"选项，在"距离"文本框中输入 0，创建基准平面（一），如图 2-148 所示。

2）选择菜单栏中"插入"→"任务环境中的草图"命令，弹出"创建草图"对话框，选择刚创建的基准平面为草图绘制平面，进入草图绘制环境；将视图转换为"前视图"，单击"草图工具"工具条中的"艺术样条"按钮，绘制如图 2-149 所示的样条曲线（样条曲线的形状和参数读者可自行设计）。

 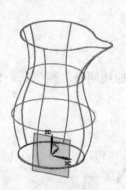 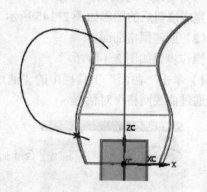

图 2-147 抽壳　　图 2-148 创建基准平面（一）　　图 2-149 绘制草图（一）

3）选择菜单栏中的"插入"→"基准/点"→"基准平面"命令，弹出"基准平面"对话框，在"类型"下拉列表中选择"曲线和点"选项，在图形区捕捉样条曲线的端点，创建基准平面（二），如图 2-150 所示。

4）选择菜单栏中"插入"→"任务环境中的草图"命令，弹出"创建草图"对话框，选择步骤 3）创建的基准平面为草图绘制平面，进入草图绘制环境，绘制如图 2-151 所示的截面草图。

5）选择菜单栏中"插入"→"扫掠"→"沿引导线扫掠"命令，弹出"沿引导线扫掠"对话框，选择步骤 4）创建的草图作为截面曲线，选择样条曲线为引导线，单击"确定"按钮，创建如图 2-152 所示的壶把特征。

6）选择菜单栏中"插入"→"修剪"→"修剪和延伸"命令，弹出"修剪和延伸"对话框，在"类型"下拉列表中选择"直至选定对象"选项；选择壶把为目标体，选择壶身内表面为工具体；确定修剪方向正确后，单击"确定"按钮，完成壶把的修剪，如图 2-153 所示。

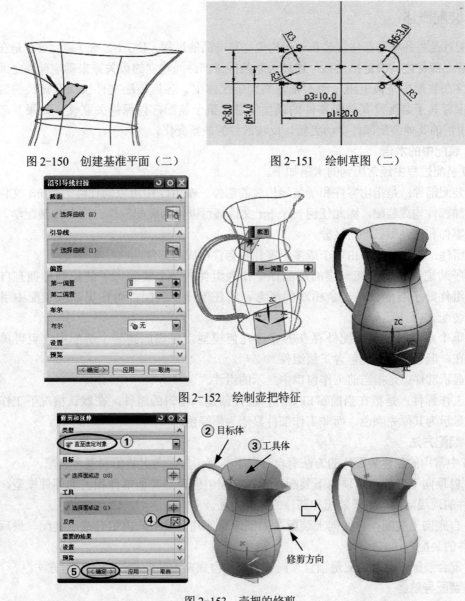

图 2-150　创建基准平面（二）　　　　　　图 2-151　绘制草图（二）

图 2-152　绘制壶把特征

图 2-153　壶把的修剪

（5）保存文件

单击"文件"→"保存"，保存所做的工作。创建完成的模型见附带光盘 ch02\eg\eg_14\cup.prt。

2.9　装配设计

装配模块是 UG NX 8.0 集成环境中的一个应用模块，它可以将产品中的各个零部件快速组合起来，从而形成产品的装配结构。装配设计过程就是在装配中建立部件之间的链接关系，即通过关联条件在部件间建立约束关系，以确定部件在产品中的位置。

2.9.1 装配概述

装配就是将各种零部件组装在一起构成完整产品的过程。UG NX 8.0 装配过程是在装配环境中建立部件之间的链接关系，通过关联条件在部件间建立约束关系来确定部件之间的位置。零件在装配中是被引用，而不是复制到装配体中。各级装配文件仅保存该级的装配信息，不保存其子装配及其装配零件的模型信息。整个装配部件保持关联性，如果某部件修改，则引用的其他装配部件自动更新，反映部件的最新变化。

1．装配中的术语

UG 装配过程中经常用到的术语如下。

- 装配部件：是指由零件和子装配构成的部件。在 UG 中可以向任何一个 prt 文件中添加部件构成装配，因此任何一个 prt 文件都可以作为装配部件。在 UG 装配学习中，零件和部件不必严格区分。
- 组件：是在装配中由单个或多个零件和套件构成的部件。
- 子装配：是在更高一层的装配件中作为组件的一个装配，子装配同样拥有自己的组件。子装配只是一个相对的概念，即任何一个装配件可在更高级装配中用作子装配。
- 单个零件：是指装配外存在的零件几何模型，可添加到一个装配中，也可单独存在，但它本身不能包含下级组件
- 显示部件：是指当前工作窗口中显示的组件。
- 工作部件：是指在当前窗口中可以进行创建和编辑的组件，在默认情况下工作部件显示为其原先颜色，而非工作部件显示为墨绿色。

2．装配方法

UG 中常用的创建装配体的方法有自顶向下装配、自底向上装配和混合装配。

1）自顶向下装配：自顶向下装配是指在装配中创建与其他部件相关的部件模型，是从装配部件的顶级向下产生子装配和部件的装配方法。

2）自底向上装配：自底向上装配是先创建部件几何模型，再组合成子装配，最后生成装配部件的装配方法。

3）混合装配：混合装配是指自顶向下装配和自底向上装配相结合的装配方法。

3．装配导航器

装配导航器是一种装配结构的图形显示界面，又被称为装配树，如图 2-154 所示。在装配树形结构中，每个组件作为一个节点显示。它能清楚反映装配中各个组件的装配关系，而且能让用户快速便捷地选取和编辑各个部件。例如，用户可以在装配导航器中改变显示部件和工作部件、隐藏和显示组件。

在装配导航器窗口中，第一个节点表示基本装配部件，其下方的每一个节点均表示装配中的一个组件部件，显示的信息有部件名称、文件属性、位置、数量和引用集名称等。

1）编辑组件。在装配导航器窗口中双击要编辑的组件，使其成为当前工作部件，并以高亮颜色显示。此时可以编辑相应的组件，编辑结果将保存到部件文件中。

2）组件操作快捷菜单。在组件节点上单击鼠标右键，将弹出组件操作快捷菜单，如图 2-155 所示。利用该快捷菜单可以很方便地管理组件。

3）立即菜单。在装配导航器内的空白区域单击鼠标右键，将弹出立即菜单，如图 2-156 所示。利用该立即菜单可以对装配导航器进行管理。

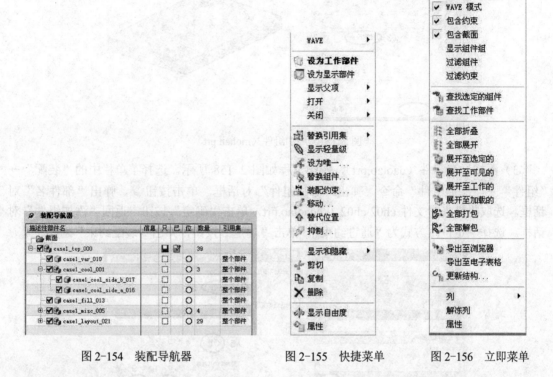

图 2-154　装配导航器　　　　　　　图 2-155　快捷菜单　　　　图 2-156　立即菜单

2.9.2　装配过程

本节通过实例介绍 UG 装配的一般过程，采用自底向上的装配方法。

1．组件的添加与配对

组件的添加与配对是指通过"添加组件"命令将设计好的零件模型导入装配中，然后对导入的组件使用配对条件对其施加约束。配对条件是指组件的装配关系，用于确定组件在装配中的相对位置。

1）选择菜单栏中的"文件"→"新建"命令，弹出"新建"对话框。选择"模板"列表区域类型为"装配"，输入"名称"为"asm1.prt"，单击"确定"按钮，自动弹出"添加组件"对话框。

2）添加模板零件（moban.prt），操作过程如图 2-157 所示。在"添加组件"对话框中单击"打开"按钮，弹出"部件名"对话框，选取附带光盘文件 ch02\ch02_06\moban.prt，单击"确定"按钮，返回"添加组件"对话框。在对话框"放置"列表区域的"定位"下拉列表中选择"绝对原点"选项，单击"确定"按钮，即可添加模板部件。

75

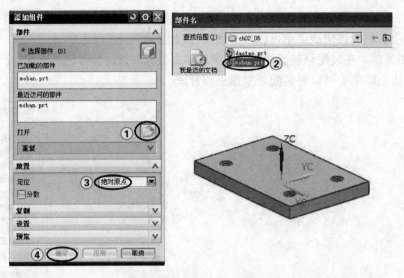

图 2-157　添加组件（moban.prt）

3）添加导套零件（daotao.prt），操作过程如图 2-158 所示。选择菜单栏中的"装配"→"组件"→"添加组件"命令，弹出"添加组件"对话框。单击按钮▨，弹出"部件名"对话框。选取附带光盘文件 ch02\ch02_06\daotao.prt，单击"确定"按钮，返回"添加组件"对话框。选择"定位"方式为"通过约束"，单击"确定"按钮，弹出"装配约束"对话框。

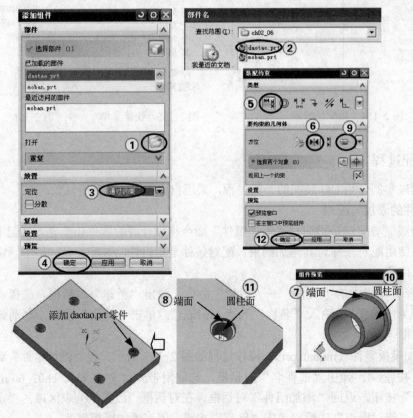

图 2-158　通过约束定位添加组件 daotao.prt

4）配对约束。单击"类型"列表区域中的"接触对齐"按钮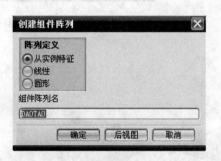，再单击"要约束的几何体"列表区域中的"接触"按钮，依次选择图 2-158 中步骤⑦⑧箭头所示平面为约束平面。再次单击"要约束的几何体"列表区域中的"自动判断中心/轴"按钮，依次选择图 2-158 中步骤⑩⑪箭头所示的圆柱面为约束面，单击"装配约束"对话框的"确定"按钮，即可完成组件 daotao.prt 的添加。

2．创建组件阵列

在装配设计中，组件阵列是一种对应装配约束条件快速生成多个组件的方法。

继续以上述实例介绍组件阵列的操作。

选择菜单栏中的"装配"→"组件"→"创建组件阵列"命令，弹出"类"选择对话框，选择添加的"daotao"组件，单击"确定"按钮，弹出如图 2-159 所示的"创建组件阵列"对话框。选择"从实例特征"，单击"确定"按钮，完成组件阵列操作，如图 2-160 所示。

图 2-159 "创建组件阵列"对话框

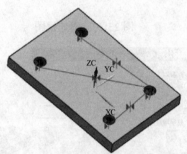

图 2-160 阵列组件

3．爆炸视图

装配爆炸图是指在装配环境下，将装配体中的组件拆分开来，目的是为了更好地显示整个装配的组成情况。同时可以通过对视图的创建和编辑，将组件按照装配关系偏离原来的位置，以便观察产品内部结构以及组件的装配顺序。

继续以上述实例介绍爆炸视图的操作。

1）新建爆炸视图。选择菜单栏中的"装配"→"爆炸图"→"新建爆炸图"命令，弹出如图 2-161 所示的"新建爆炸图"对话框。接受系统默认名称，单击"确定"按钮，完成爆炸图的新建。

2）创建自动爆炸视图。选择菜单栏中的"装配"→"爆炸图"→"自动爆炸组件"命令，系统弹出"类"选择对话框，选取所有组件。单击"类"选择对话框的"确定"按钮，系统弹出如图 2-162 所示的"自动爆炸组件"对话框，输入"距离"值为 40，单击"确定"按钮，自动爆炸视图如图 2-163 所示。

图 2-161 "新建爆炸图"对话框

图 2-162 "自动爆炸组件"对话框

3）编辑爆炸视图。选择菜单栏中的"装配"→"爆炸图"→"编辑爆炸图"命令，系统弹出如图 2-164 所示的"编辑爆炸图"对话框（一）。选择要移动的组件后，在如图 2-165 所示的"编辑爆炸图"对话框（二）中选中"移动对象"单选项，系统显示如图 2-165 所示的移动手柄；单击 Y 方向的手柄，对话框中的"距离"文本框被激活，输入距离值为 40，单击"确定"按钮，结果如图 2-166 所示。

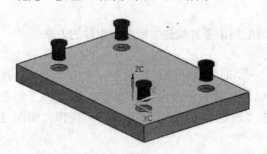

图 2-163　爆炸视图

图 2-164　"编辑爆炸图"对话框（一）

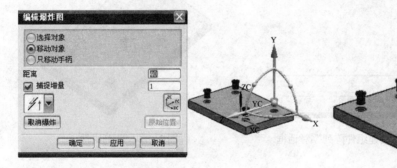

图 2-165　"编辑爆炸图"对话框（二）　　　　图 2-166　移动组件

2.10　建模综合实例——充电器下盖造型设计

设计如图 2-167 所示电瓶车充电器下盖的实体模型。

（1）进入建模环境

选择菜单栏中的"文件"→"新建"命令，新建一个名称为"chdianqi.prt"的实体模型文件。按〈Ctrl+M〉键进入建模环境。

（2）创建充电器下盖壳体

1）单击"特征"工具栏中的"拉伸"按钮
，弹出"拉伸"对话框。单击对话框中的"绘

图 2-167　充电器下盖模型

制截面"按钮，弹出"创建草图"对话框，采用系统默认的绘图平面，单击"确定"按钮进入草图绘制环境。

2）绘制截面草图。绘制如图 2-168 所示的截面草图（一）。单击"草图生成器"工具条中的按钮，完成草图绘制，并返回"拉伸"对话框。

3）设置拉伸距离。在"拉伸"对话框的"极限"列表区域中设置"结束"距离值为27，确保拉伸方向正确，单击"确定"按钮，完成充电器盖轮廓的创建，如图 2-169 所示。

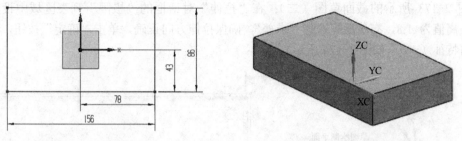

图 2-168　截面草图（一）　　　　　　　　　　图 2-169　拉伸创建轮廓

4）创建拔模特征。单击"特征操作"工具栏中的"拔模"按钮 🔧，选择如图 2-170 所示长方体上表面为固定面，选择侧面为拔模面，单击"应用"按钮，完成一个侧面的拔模。按照同样方法，对长方体的其他三个面进行拔模。

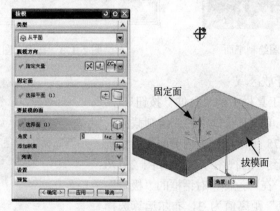

图 2-170　创建拔模特征

5）抽壳。单击"特征操作"工具栏中的"抽壳"按钮 🔲，弹出"抽壳"对话框，在"类型"列表区域下拉列表中选择"移除面，然后抽壳"的选项，选择如图 2-171 中箭头所示的面为移除面，抽壳厚度设为 2.6，单击"确定"按钮，完成抽壳。

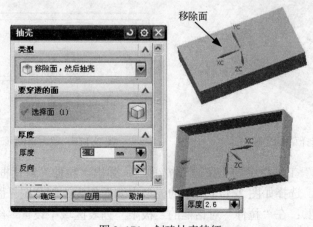

图 2-171　创建抽壳特征

6）选择菜单栏中"插入"→"设计特征"→"拉伸"命令，弹出"拉伸"对话框。单击对话框中的"绘制截面"按钮，选择如图 2-172 所示的模型底面作为绘制草图平面；绘制如图 2-173 所示的截面草图（二）；在"拉伸"对话框的"极限"列表区域中设置"结束"距离值为 1.8，布尔运算选择"求差"，确保拉伸方向正确，单击"确定"按钮，创建拉伸修剪特征（一），如图 2-174 所示。

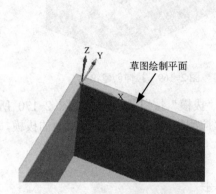

图 2-172 选择草图绘制平面

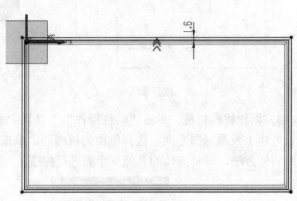

图 2-173 截面草图（二）

（3）创建模型的开放区域

1）单击"特征"工具栏中的"拉伸"按钮，弹出"拉伸"对话框。单击对话框中的"绘制截面"按钮，选择如图 2-175 所示的模型内侧面作为绘制草图平面；将视图切换到"右视图"，绘制如图 2-176 所示的截面草图（三）；在"拉伸"对话框的"极限"列表区域中设置"结束"距离值为 3，布尔运算选择"求差"，确保拉伸方向正确，单击"确定"按钮，创建拉伸修剪特征（二），如图 2-177 所示。

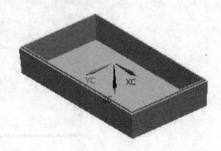

图 2-174 创建拉伸修剪特征（一）

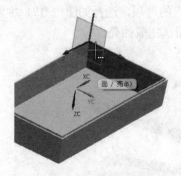

图 2-175 选择草图绘制平面

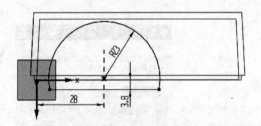

图 2-176 截面草图（三）

2）单击"特征"工具栏中的"拉伸"按钮，弹出"拉伸"对话框。单击对话框中的"绘制截面"按钮，选择如图 2-178 所示的模型内侧面作为绘制草图平面；绘制如图 2-179 所示的截面草图（四）；在"拉伸"对话框的"极限"列表区域中设置"结束"距离值为 3，布尔运算选择"求差"，确保拉伸方向正确，单击"确定"按钮，创建拉伸修剪特征

（三），如图 2-180 所示。

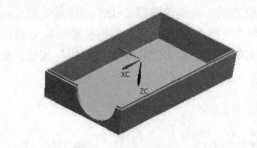

图 2-177　创建拉伸修剪特征（二）

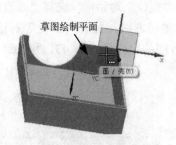

图 2-178　选择草图绘制平面

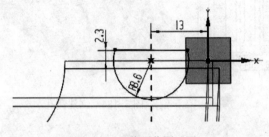

图 2-179　截面草图（四）

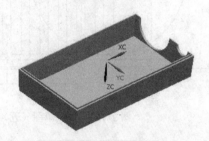

图 2-180　创建拉伸修剪特征（三）

3）参照步骤 2）创建模型另一侧的开放区域，如图 2-181 所示。

（4）创建侧孔

1）选择菜单栏中"插入"→"基准/点"→"基准平面"命令，弹出"基准平面"对话框。在"类型"下拉列表中选择"ZC-YC 平面"选项，"距离"值设为 90，创建如图 2-182 所示基准平面（一）。

图 2-181　创建拉伸修剪特征（四）

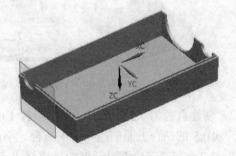

图 2-182　创建基准平面（一）

2）单击"特征"工具栏中的"拉伸"按钮 🔲，弹出"拉伸"对话框。单击对话框中的"绘制截面"按钮 🔁，选择图 2-182 中的基准平面作为绘制草图平面；绘制如图 2-183 所示的截面草图（五）（绘制一个矩形并添加约束，其余通过镜像获得）；在"拉伸"对话框的"极限"列表区域中设置"结束"距离值为 3，布尔运算选择"求差"，确保拉伸方向正确，单击"确定"按钮，创建侧孔，如图 2-184 所示。

（5）创建凸台

1）创建直径为 10.5 的凸台。单击"特征"工具栏中的"凸台"按钮 🔳，弹出"凸台"

对话框。设置凸台的参数后，选择凸台的放置平面。单击"凸台"对话框的"确定"按钮后，弹出"定位"对话框，选择"垂直"定位方式。分别选取图 2-185 中步骤⑤箭头所示的模型的内侧边界线，此时"定位"对话框中"当前表达式"的文本框被激活，修改凸台在"+YC"方向的定位尺寸为 43，"+XC"方向的定位尺寸为 28，单击"应用"按钮，完成创建凸台（一）。按照同样操作，创建另一凸台。

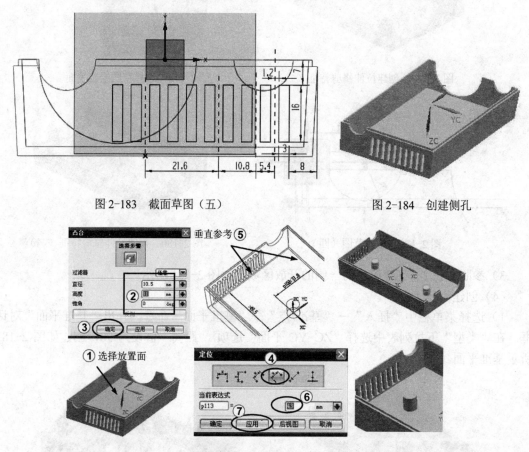

图 2-183 截面草图（五）　　　　　　　　图 2-184 创建侧孔

图 2-185 创建凸台（一）

2）创建直径为 5.5 的凸台。参照步骤 1）的操作，在刚创建的两个φ10.5 的凸台上面创建两个小凸台。小凸台的直径为 5.5，高度为 1.2。在"定位"对话框中，选择"点到点"定位方式。创建的小凸台如图 2-186 所示。

（6）创建孔特征

1）单击"特征"工具栏中的"孔"按钮，弹出"孔"对话框。选择孔的"类型"为"常规孔"，在对话框的"位置"列表区域中单击"点"按钮，然后选取凸台端面的圆心作为孔的定位点。如图 2-187 步骤④⑤所示设置孔的参数后，单击"确定"按钮，创建孔特征（一）。按照同样操作，在另一凸台上创建相同的孔特征。

图 2-186 创建凸台（二）

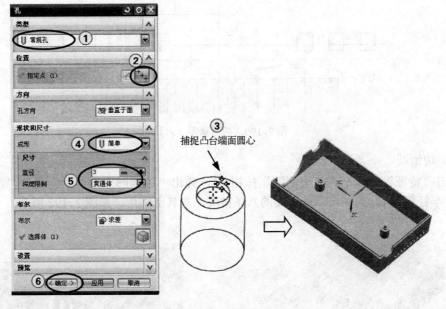

图 2-187　创建孔特征（一）

2）单击"特征"工具栏的"拉伸"按钮，弹出"拉伸"对话框。选择如图 2-188 所示的平面作为草图绘制平面，绘制截面草图，在"拉伸"对话框的"极限"列表区域中设置"结束"距离值为 5，确保拉伸方向正确，单击"确定"按钮，创建孔的特征（二）。

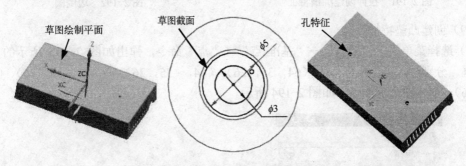

图 2-188　创建孔特征（二）

（7）创建模型表面的沉槽特征

1）选择菜单栏中"插入"→"基准/点"→"基准平面"命令，弹出"基准平面"对话框。在"类型"下拉列表中选择"ZC-YC 平面"选项，"距离"值设为 0，创建如图 2-189 所示基准平面（二）。

2）单击"特征"工具栏中的"拉伸"按钮，弹出"拉伸"对话框。单击对话框中的"绘制截面"按钮，选择图 2-189 的基准平面（二）作为绘制草图平面；绘制如

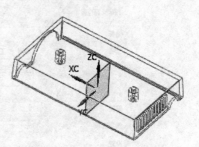

图 2-189　创建基准平面（二）

图 2-190 所示的截面草图（六）；采用对称拉伸方式，"距离"值为 90，布尔运算选择"求差"。单击"确定"按钮，创建沉槽特征，如图 2-191 所示。

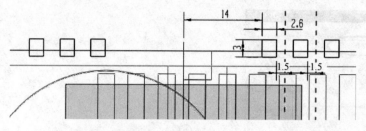

图 2-190　截面草图（六）

（8）边倒圆

单击"特征"工具栏的"边倒圆"按钮 ，弹出"边倒圆"对话框，设置"形状"为圆形，"半径"为1。选择模型外表面的八条棱线，对其倒圆角，如图 2-192 所示。

图 2-191　拉伸创建沉槽特征

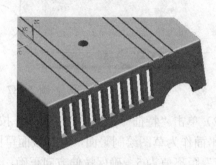

图 2-192　边倒圆

（9）创建凸垫特征

1）选择菜单栏中"插入"→"基准/点"→"点"命令，弹出如图 2-193 所示的"点"对话框。分别输入点的坐标值为（64，35，26）、（64，-35，26）、（-64，-35，26）、（-64，35，26），创建四个基准点，如图 2-194 所示。

图 2-193　"点"对话框

图 2-194　创建点

2）单击"特征"工具栏的"球"按钮，弹出如图 2-195 所示的"球"对话框，选择

"类型"下拉列表的"中心点和直径"选项,设置球的"直径"为6。用鼠标依次捕捉创建的四个基准点,创建四个球,如图2-196所示。

图2-195 "球"对话框

图2-196 创建四个球

3)选择菜单栏中"插入"→"基准/点"→"基准平面"命令,弹出"基准平面"对话框。在"类型"下拉列表中选择"按某一距离"选项,设置"偏置"距离值设为0,然后选择模型上表面,创建如图2-197所示基准平面(三)。

4)选择菜单栏中"插入"→"修剪"→"修剪体"命令,弹出"修剪体"对话框。选择创建的四个球为目标体,选择基准平面为工具体,确认修剪方向正确,单击对话框的"确定"按钮,完成球的修剪,如图2-198所示。

图2-197 创建基准平面(三)

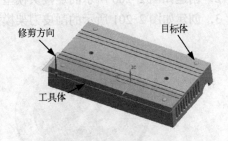

图2-198 修剪球特征

5)选择菜单栏中"插入"→"组合"→"求和"命令,选择实体模型为目标体,选择修剪后的球为工具体,进行布尔求和运算。

(10)保存文件

单击"文件"→"保存"命令,保存所做的工作。完成的模型文件见本书附带光盘ch02\eg\eg_15\chdianqi.prt。

2.11　本章小结

草图是二维平面上的截面曲线，草图的约束是正确绘制准确草图的关键；曲线功能绘制的曲线一般视为三维空间中的曲线，因此，在绘制曲线时，要注意坐标系的平移和旋转。实体建模中的拉伸命令是最为常用的特征构造方法，应重点掌握。在塑件设计过程中，经常用到抽壳、拔模、边倒圆等特征操作命令；曲面造型是塑件产品常用的造型方法，UG NX 8.0的曲面功能强大，也是学习中的难点，灵活运用曲面功能可构造复杂的模型。

2.12　思考与练习

1. 绘制如图2-199所示的草图（素材见附带光盘文件ch02\ex\caotu1.prt）。

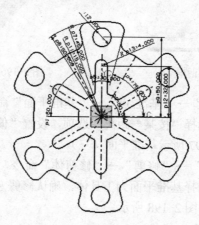

图2-199　草图练习

2. 创建如图2-200所示的连接头模型（素材见附带光盘文件ch02\ex\lianjietou.prt）。
3. 创建如图2-201所示的削皮刀架模型（素材见附带光盘文件ch02\ex\daojia.prt）。

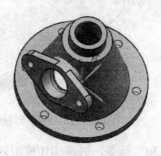

图2-200　连接头模型

图2-201　削皮刀架模型

86

第3章   UG NX 8.0 模具设计概述

应用 UG NX 8.0 的注塑模向导模块 Mold Wizard，可方便、高效地完成模具设计。本章主要介绍注射模具和 UG NX 8.0 模具设计的基础知识，内容包括注射模具的基本结构、UG NX 8.0 注塑模向导模块简介及应用 Mold Wizard 进行模具设计的一般流程。最后，通过一个入门引例介绍 UG NX 8.0 模具设计的过程，使读者对其工作流程有一个大致的了解。

本章重点
● 熟悉 Mold Wizard 8.0 的工作界面和各种工具按钮
● 掌握注射模具的基本结构
● 掌握利用 UG NX 8.0/Mold Wizard 进行模具设计的一般流程

3.1   注射模具的基本结构

目前，塑料制品广泛应用于日用品、汽车、电动车、家电、电子产品等领域，由此带动了塑料模具产业的跨越式发展。其中，塑料注射模具是成型塑料制品的主要工艺装备。注射模具由定模和动模组成，定模部分安装在注塑机的固定模板上；动模部分安装在注塑机的移动模板上，在注射成型过程中，随注塑机的合模系统运动；在注射成型时动模与定模闭合构成浇注系统和型腔，开模时动模与定模分离以便取出塑料制品。注射模的基本结构主要由成型部件、浇注系统、冷却系统、模架及标准件等组成。

1. 成型部件

成型部件是注射模具的关键部分，主要包括型腔和型芯。型芯形成制品的内表面形状，型腔形成制品的外表面形状，如图 3-1 所示；如果塑件较复杂，则模具中还需要有滑块、销等成型零件，如图 3-2 所示。

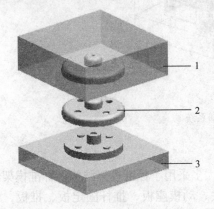

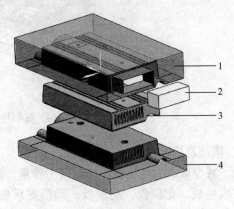

图 3-1   注射模的成型部件图   图 3-2   注射模的成型部件（带滑块）

1—型腔 2—塑件 3—型芯   1—型腔 2—滑块 3—塑件 4—型芯

2．浇注系统

浇注系统又称为流道系统，它是将塑料熔体由注塑机喷嘴引向型腔的一组进料通道，通常由主流道、分流道、浇口和冷料穴组成。主流道是熔融塑料由注塑机进入模具的入口，浇口是塑料熔体进入模具型腔进行充型的入口，分流道则是主流道和浇口之间的通道。冷料穴的作用是储存注射间隔期间喷嘴产生的冷凝料头和塑料熔体流动的前锋冷料，以防止这些冷料进入型腔，既影响塑料熔体充填的速度，又影响成型塑件的质量。注射模具的浇注系统如图 3-3 所示。

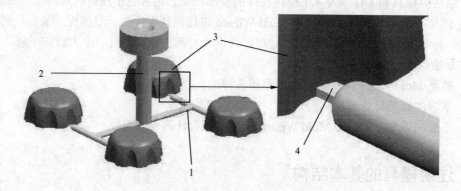

图 3-3　注射模具的浇注系统

1—分流道　2—主流道　3—塑件　4—浇口

3．冷却系统

在注射成型周期中，注射模具的冷却时间约占三分之二，因此，常在模具型腔、型芯及模板上开设冷却水道进行冷却，如图 3-4 所示。

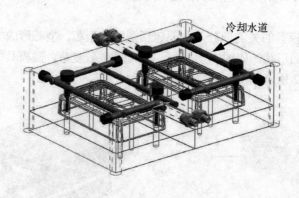

冷却水道

图 3-4　注射模具的冷却系统

4．模架及标准件

为了减少繁重的模具设计与制造工作量，注射模大多采用了标准模架结构，标准模架一般由定模座板、定模板、动模板、动模支承板、垫块、动模座板、推杆固定板、推板、导柱、导套及复位杆等组成，如图 3-5 所示。利用 UG NX 8.0/Mold Wizard 可方便地加载模架及标准件，并进行定位。

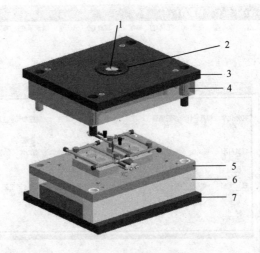

图 3-5 标准模架结构

1—浇口套 2—定位圈 3—定模座板 4—定模板 5—动模板 6—垫板 7—动模座板

3.2 UG NX 8.0/Mold Wizard 工作界面

Mold Wizard（注塑模向导）是集成于 UG NX 8.0 中的专门用于注射模具设计的应用模块。该模块配有常用的模架和标准件库，用户可方便地在模具设计中调用。Mold Wizard 具有强大的模具自动分型功能，显著提高了模具设计效率。另外，Mold Wizard 还具有强大的镶块及电极设计功能，用户可应用它进行快速的镶块及电极设计。

UG NX 8.0 软件启动后，用户可单击"标准"工具栏中如图 3-6 所示的"注塑模向导"工具按钮进入到如图 3-7 所示的模具设计工作界面。在模具设计过程中或建模环境中，用户也可选择 "标准"工具栏中的"开始"→"所有应用模块"→"注塑模向导"命令，弹出如图 3-7 中线框所示的"注塑模向导"工具栏。

图 3-6 "标准"工具栏

提示：UG NX 8.0 软件第一次启动后，工具栏中如未出现如图 3-6 所示的 "应用模块"工具条，用户可在工具栏任意处单击鼠标右键，在出现的快捷菜单中勾选"应用模块"，此时"应用模块"工具条便可出现在 UG NX 8.0 的工具栏中，然后单击"注塑模向导"工具按钮即可。

UG NX 8.0 模具设计工作界面主要包括标题栏、菜单栏、工具栏、消息区、绘图区、装配导航器及资源条。应用 UG NX 8.0 进行模具设计，主要是通过图 3-7 中线框内的"注塑模向导"工具栏进行。表 3-1 列出了"注塑模向导"工具栏中的各种工具按钮的功能。

图 3-7 Mold Wizard 模具设计工作界面

表 3-1 "注塑模向导"工具栏中各按钮的功能

按 钮	名 称	功 能
	初始化项目	装载产品零件并生成用于存放布局、型腔、型芯等数据的一系列文件,是模具设计的第一步
	模具设计验证	用于验证喷射产品模型和模具设计详细信息
	多腔模设计	用于一模多腔(不同零件)模具的设计,可在一副模具中生成多个不同的塑件
	模具 CSYS	用于指定(锁定)模具的开模方向
	收缩率	设定收缩率用于补偿液态塑料凝固为固态塑料而产生的收缩
	工件	用于定义生成模具型腔和型芯的工件(毛坯),并确定其形状及尺寸
	型腔布局	用于完成产品模型在毛坯中的布局,使用该按钮可定义一副模具中放置多个零件产品的位置
	注塑模工具	提供各种修补工具,用以修补制件中的各种孔、槽,以及修剪修补块。该命令可以启动"注塑模工具"工具条
	模具分型工具	此命令用于模具的分型,包括区域分析、创建分型线和分型面以及生成型腔、型芯。是模具设计的关键步骤之一
	模架库	用于加载标准模架
	标准部件库	从标准件库中调用标准件,包括螺钉、定位圈、浇口套、推杆等
	顶杆后处理	用于处理推杆的长度及修剪推杆头部
	滑块和浮升销	用于创建侧向抽芯机构
	子镶块库	创建镶块。模具具有较长的形状或难以加工的位置,从而使模具的制造加难度及成本时,一般采用镶块的方法来解决
	浇口库	创建模具浇口。浇口是用于液态塑料进入零件成型区域的入口,它直接影响到液态塑料的流动速度、方向等
	流道	创建模具流道。分流道是主浇道末端到浇口的流动通道,它影响熔融塑料进入模腔后的热学和力学性能,从而对成品的质量产生客观的影响

按　钮	名　称	功　能
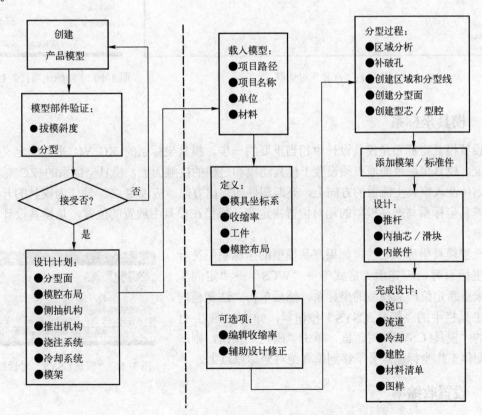 模具冷却工具		创建模具冷却系统。构建冷却系统用来消除模具因受热而产生的精度损失和变形，以及缩短制品的生产周期
电极		生成电极组件。具有复杂特征的型芯、型腔，采用一般的方法很难加工，需要使用电火花等特殊加工方法。电极就是用于加工合理的型芯、型腔外形轮廓的构件
修边模具组件		用于修剪型芯或型腔上多余的部分，包括对浮升销、标准件和电极的修剪
腔体		在型芯或型腔上需要安装标准件的区域建立空腔并留出间隙
物料清单		基于模具的装配状态产生的与装配信息相关的模具零件列表
装配图纸		根据实际的工艺要求创建模具工程图
视图管理器		视图管理器为组件提供了可见性控制、颜色编辑、更新控制、打开或关闭文件功能
概念设计		按照已定义的信息配置并安装模架和标准件

3.3　UG NX 8.0 模具设计流程

利用 UG NX 8.0/Mold Wizard 进行模具设计时，首先需要将 UG 的三维产品模型载入到 Mold Wizard 中，然后按照步骤依次进行。图 3-8 所示为使用 Mold Wizard 进行模具设计的流程。

图 3-8　利用 Mold Wizard 进行模具设计的流程

3.3.1　初始化项目

初始化项目是应用 UG NX8.0/Mold Wizard 模块进行模具设计的第一步，其功能是完成产品模型的加载，并设置项目的名称及保存路径。

单击"注塑模向导"工具栏的"初始化项目"按钮 ，弹出如图 3-9 所示的"打开"对话框，从中选择一个产品模型，单击"OK"按钮，弹出如图 3-10 所示的"初始化项目"对话框，设置好参数后单击"确定"按钮，便可把该产品的三维实体模型加载到模具装配结构中。

图 3-9　"打开"对话框　　　　　　　　　　　　图 3-10　"初始化项目"对话框

3.3.2　模具坐标系

设置模具坐标系是模具设计中相当重要的一步，模具坐标系的 XC-YC 平面须定义在分型面上，模具坐标系的原点须设置于模具动模和定模的接触面上，模具坐标系的+ZC 轴指向塑料熔体注入模具主流道的方向上，亦即塑件的顶出方向。应锁定 ZC 轴作为模具的开模方向。模具坐标系与产品模型的相对位置决定产品模型在模具中放置的位置，是模具设计成败的关键。

设置模具坐标系之前，如果产品模型的坐标系不符合模具坐标系时，应先用"格式"→"WCS"→"定向"命令来重新定位产品模型的坐标系。然后单击"注塑模向导"工具栏中的"模具 CSYS"按钮 ，弹出如图 3-11所示的"模具 CSYS"对话框，单击"确定"按钮，则产品装配体工作坐标原点会平移到模具绝对坐标原点上。

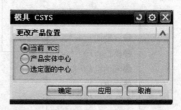

图 3-11　"模具 CSYS"对话框

3.3.3　设置收缩率

塑件从模具中取出冷却后会产生收缩现象，所以在设计模具时，必须把塑件的收缩量补偿到模具的相应尺寸中去，这样才可以得到符合尺寸要求的塑件。设置收缩率实际上是适当放大了参照模型，以纠正注射成品塑件体积收缩上的偏差。

　　单击"注塑模向导"工具栏中的按钮，弹出如图3-12 所示的"缩放体"对话框，同时产品模型会高亮显示。选择合适的收缩率类型和数值即可。

3.3.4　创建模具工件

　　Mold Wizard 中的工件（毛坯）是外形尺寸大于产品尺寸的用来生成模具型腔和型芯的毛坯实体。单击"注塑模向导"工具栏中的"工件"按钮，弹出如图3-13 所示的"工件"对话框，可以在其中设置所选毛坯的尺寸。

图 3-12　"缩放体"对话框

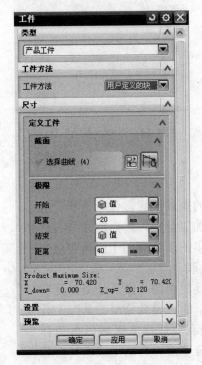

图 3-13　"工件"对话框

3.3.5　型腔布局

　　模具型腔布局即通常所说的"一模几腔"，其功能是确定模具中型腔的个数和型腔在模具中的排列。

　　单击"注塑模向导"工具栏中的"型腔布局"按钮，弹出如图 3-14 所示的"型腔布局"对话框，用来设置型腔排列方式、型腔数目，并可进行型腔定位等编辑操作。

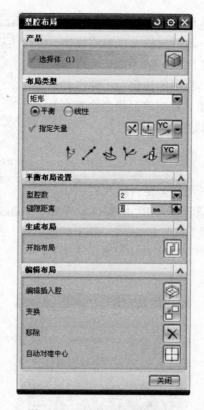

图 3-14　"型腔布局"对话框

3.3.6　模具分型

模具分型是模具设计中的关键步骤。分型是基于塑料产品模型对毛坯工件进行加工分模，进而创建型芯和型腔的过程。分型功能所提供的工具有助于快速实现分型及保持产品与型芯和型腔关联。

单击"注塑模向导"工具栏中的"模具分型工具"按钮![图标]，弹出如图 3-15 所示的"模具分型工具"工具条，利用分型功能，可以顺利完成提取区域、自动补孔、自动搜索分型线、创建分型面、自动生成模具型芯和型腔等操作，可以方便、快捷、准确地完成模具分型工作。

图 3-15　"模具分型工具"工具条

3.3.7　模架的设置

模架是实现型芯和型腔的固定、顶出和分离的机构，其结构、形状和尺寸都已标准化和系列化，也可对模架库进行扩展以满足特殊需要。

单击"注塑模向导"工具栏中的"模架设计"按钮![图标]，弹出如图 3-16 所示的"模架设计"对话框，利用该对话框可以实现标准模架的加载及模架中各模板参数的编辑和修改。

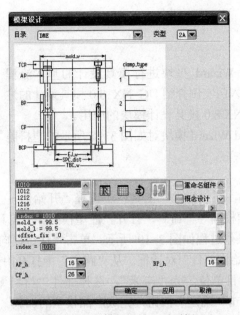

图 3-16 "模架设计"对话框

3.3.8 标准件管理

注塑模向导模块将模具中经常使用的标准组件（如螺钉、顶杆、浇口套等标准件）组成标准件库，用来进行标准件管理安装和配置。也可以自定义标准件库来匹配用户的标准件设计，并扩展到库中以包含所有的组件或装配。

单击"注塑模向导"工具栏中的"标准件库"按钮，弹出如图 3-17 所示的"标准件管理"对话框。利用该对话框用户可方便地调用系统提供的定位圈、浇口套、顶杆、复位杆等标准件，并进行定位和修改标准件的参数。

图 3-17 "标准件管理"对话框

3.4 入门引例

了解上述利用 Mold Wizard 模块进行模具设计的基本流程后，本节通过一个简单的入门实例介绍 UG NX 8.0 模具设计的过程，使读者加深理解 UG NX 8.0 模具设计模块的应用。

利用 UG NX 8.0/Mold Wizard 模块对如图 3-18 所示的塑料盖零件进行模具设计。

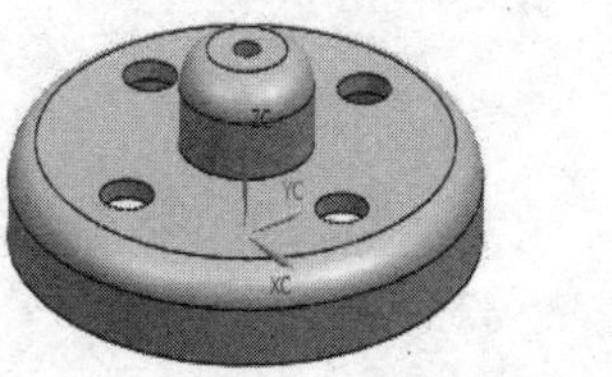

（1）初始化项目

1）启动 UG NX 8.0，在"标准"工具栏中选择"开始"→

图 3-18　塑料盖零件

"所有应用模块"→"注塑模向导"命令，打开"注塑模向导"工具栏。

2）载入产品模型，操作过程如图 3-19 所示。单击"注塑模向导"工具栏中的"初始化项目"按钮 ，弹出"初始化项目"对话框。从"路径"中打开附带光盘的 ch03\gaizi.prt 文件，设置对话框中的"项目单位"为"毫米"，选择部件"材料"为"ABS"，相应的材料"收缩率"设为 1.006，单击"确定"按钮，完成产品模型的加载。激活"装配导航器"可检查新创建的项目装配结构，如图 3-20 所示。

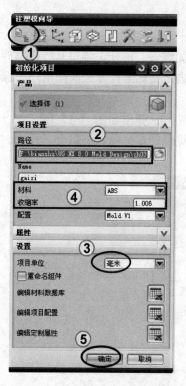

图 3-19　载入产品模型

图 3-20　模具装配结构

（2）定义模具坐标系

单击"注塑模向导"工具栏中的"模具 CSYS"按钮 ，弹出如图 3-21 所示的"模具 CSYS"对话框。本例中的 XC-YC 所在面即产品最大面，+ZC 方向即顶出方向，因此不必变换坐标系。在对话框中选择"当前 WCS"单选按钮,单击"确定"按钮,即完成模具坐标系的设置。

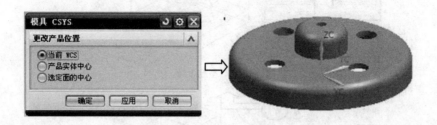

图 3-21   定义模具坐标系

（3）定义工件

单击"注塑模向导"工具栏中的"工件"按钮 ，弹出"工件"对话框,选择"工件方法"为"用户定义的块",其他设置采用系统默认的参数,单击"确定"按钮,生成工件,如图 3-22 所示。

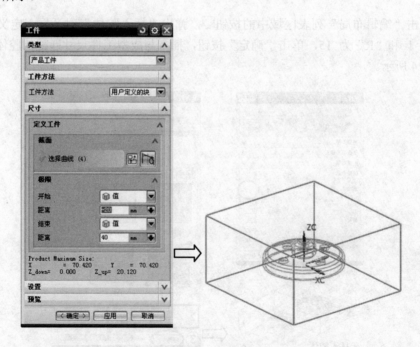

图 3-22   定义工件

（4）型腔布局

1）单击"注塑模向导"工具栏中的"型腔布局"按钮 ，弹出"型腔布局"对话框,选择"布局类型"为"矩形、平衡",指定"型腔数"为 2,选择 XC 方向为第一布局方向,单击按钮 ，则生成型腔布局;单击按钮 ，坐标系移动至整个分型面中心,其操作过程如图 3-23 所示。

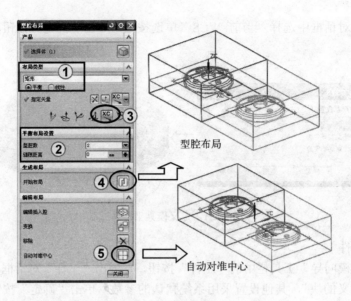

图 3-23　型腔布局

2）单击"编辑布局"列表区域中的按钮，弹出"插入腔体"对话框，定义插入圆角"类型"为 1 和"R"为 15，单击"确定"按钮，插入与成型工件尺寸匹配的腔体。操作过程如图 3-24 所示。

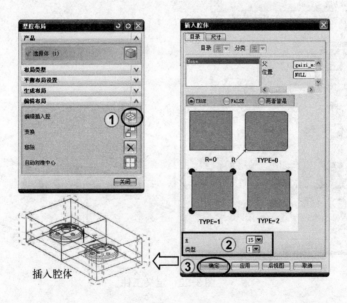

图 3-24　插入腔体

（5）模具分型

针对本实例模型，模具分型操作主要包括设计区域、创建区域和分型线、创建分型面、创建型腔和型芯。

单击"注塑模向导"工具栏中的"模具分型工具"按钮，弹出如图 3-25 所示的"模具分型工具"工具条。

图 3-25   "模具分型工具"工具条

1）设计区域。其操作步骤如图 3-26 所示。

● 在"模具分型工具"工具条中单击"区域分析"按钮 🔲，系统弹出"检查区域"对话框，同时模型被加亮，并显示开模方向。在"计算"列表区域中选择"保持现有的"单选项，并单击"计算"按钮 🔲，系统开始对产品模型进行分析计算。

● 设置区域颜色。在"检查区域"对话框中单击"区域"选项卡，在该选项卡"设置"列表区域中取消勾选的"内环"、"分型边"、和"不完整的环"三个复选框，然后单击"设置区域颜色"按钮 🔲。模型表面以不同的颜色显示，且有五个未定义区域。

● 定义型腔区域和型芯区域。激活"检查区域"对话框中的"选择区域面"按钮 🔲 激活，在"指派到区域"列表区域中选择"型腔区域"，然后用鼠标选择图 3-26 中步骤⑦箭头指示的区域，单击"应用"按钮，系统将该区域指定到型腔区域；以同样的方法，将图 3-26 中箭头指示的模型四个孔的内表面指定为型芯区域，然后单击"确定"按钮，完成型腔区域和型芯区域的定义。

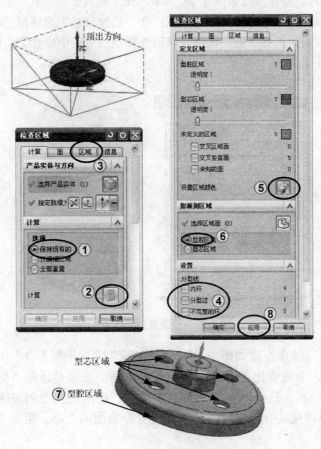

图 3-26   设计区域

99

2）创建区域和分型线。在"模具分型工具"工具条中单击"定义区域"按钮![图标]，系统弹出如图 3-27 所示的"定义区域"对话框。在"设置"列表区域中勾选"创建区域"和"创建分型线"两个复选框，完成型腔区域、型芯区域及分型线的创建。

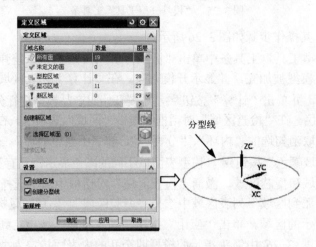

图 3-27　创建区域和分型线

3）创建曲面补片。操作步骤如图 3-28 所示，在"模具分型工具"工具条中单击"曲面补片"按钮![图标]，系统弹出"边缘修补"对话框；在"边缘修补"对话框"环选择"列表区域中的"类型"下拉列表中选择"面"选项，然后选择图 3-28 中步骤②箭头指示的面，零件的四个破孔自动修补完成。

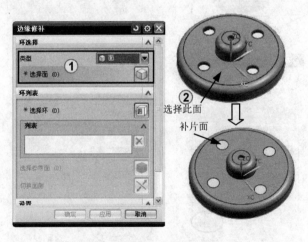

图 3-28　模型破孔的修补

4）创建分型面。操作步骤如图 3-29 所示，在"模具分型工具"工具条中单击"设计分型面"按钮![图标]，系统弹出"设计分型面"对话框，在该对话框"创建分型面"列表区域中的"方法"一栏，选择"有界平面"按钮![图标]，在"设置"列表区域中输入"分型面长度"为 60，亦可拖动分型面四周的圆球改变分型面的大小。单击"应用"按钮，即可创建分型面。

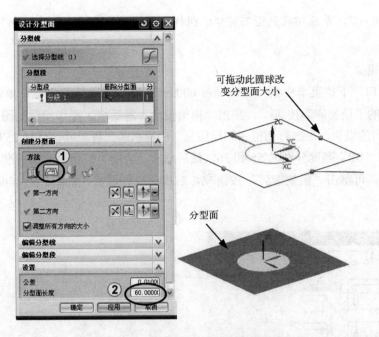

图 3-29 "设计分型面"对话框

5）创建型腔和型芯。操作步骤如图 3-30 所示，在"模具分型工具"工具条中单击"定义型腔和型芯"按钮🔲，系统弹出"定义型腔和型芯"对话框，在该对话框的"选择片体"列表区域中选中"型腔区域"，单击"应用"按钮，在弹出的"查看分型结果"对话框中单击"确定"按钮，接受系统默认的方向，即可创建型腔零件。同样，在"选择片体"列表区域中选中"型芯区域"，单击"应用"按钮，即可创建型芯零件。

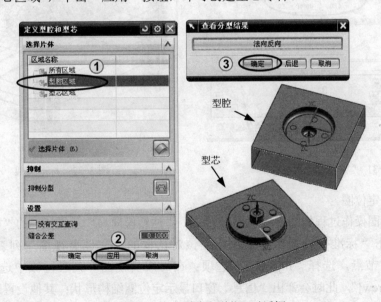

图 3-30 "定义型腔和型芯"对话框

提示：查看型腔和型芯零件，可单击菜单栏中的"窗口"，在弹出的下拉菜单中选择

"gaizi_core_006.prt"，系统切换到型芯窗口；同样，选择"gaizi_cavity_002.prt"，系统切换到型腔窗口。

（6）加载模架

选择"窗口"下拉菜单中的"gaizi_top_000.prt"模具顶层装配文件，单击"注塑模向导"工具栏中的"模架库"按钮 ▦，弹出"模架设计"对话框，操作步骤如图 3-31 所示。选择 DME 公司的模架，根据对话框"布局信息"中提供的工件尺寸，选择 2535 型模架，并设定"AP"和"BP"高度分别为 56 和 36，然后单击"应用"按钮，添加标准模架。如果模架方位不合适，可单击"模架旋转"按钮 ⬰，对模架进行调整，加载的标准模架如图 3-32 所示。

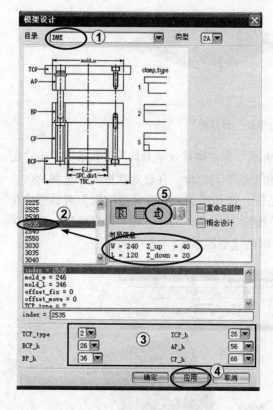

图 3-31　"模架设计"对话框

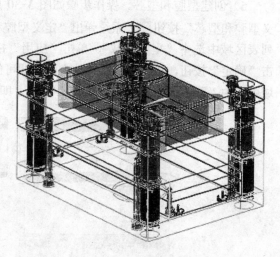

图 3-32　标准模架

（7）添加定位圈

添加定位圈操作过程如图 3-33 所示。单击 "注塑模向导"工具栏中的"标准部件库"按钮 ▦，弹出"标准件管理"对话框，在该对话框的"文件夹视图"列表区域中展开"DME_MM"节点，选择"Injection"选项；在"成员视图"列表区域中选择"Locating Ring [With Screw]"，此时会弹出"信息"窗口显示定位圈结构形状；其他设置采用系统默认参数，单击"应用"按钮，弹出"部件名管理"对话框，采用默认设置，单击"部件名管理"对话框的"确定"按钮，自动添加定位圈，如图 3-34 所示。

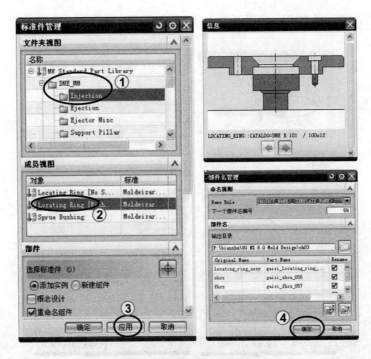

图 3-33　添加定位圈操作过程

图 3-34　添加定位圈

（8）添加浇口套

　　添加浇口套操作过程如图 3-35 所示。单击"注塑模向导"工具栏中的"标准部件库"按钮 ，弹出"标准件管理"对话框，在该对话框的"文件夹视图"列表区域中展开"DME_MM"节点，选择"Injection"选项；在"成员视图"列表区域中选择"Sprue Bushing"，此时系统会弹出"信息"窗口显示浇口套的结构及尺寸参数。在"标准件管理"对话框的"详细信息"列表区域中设置"CATALOG_DIA"为 18；设置"CATALOG_LENGTH"为 56，按〈Enter〉键确认；"HEAD_LENGTH"下拉列表中选择 26；"O"为 3.5；"R"设为 15.5；其他参数采用默认设置，单击"应用"按钮，弹出"部件名管理"对话框，采用默认设置，单击"部件名管理"对话框的"确定"按钮，自动添加浇口套，如图 3-36 所示。

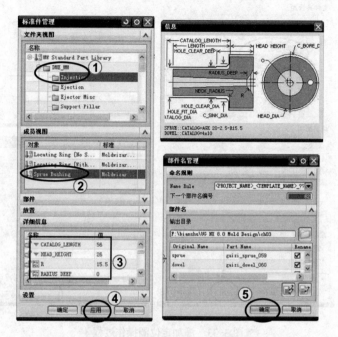

图 3-35　添加浇口套操作过程

图 3-36　添加浇口套

（9）添加顶杆

添加顶杆操作过程如图 3-37 所示。单击"注塑模向导"工具栏中的"标准部件库"按钮 $\blacksquare$ ，弹出"标准件管理"对话框，在该对话框的"文件夹视图"列表区域中展开"DME_MM"节点，选择"Ejection"选项；在"成员视图"列表区域中选择"Ejection Pin [Straight]"。在"详细信息"列表区域中设置"CATALOG_DIA"为 5；设置"CATALOG_LENGTH"为 125，按〈Enter〉键确认；"HEAD_TYPE"设为 1；其他参数采用默认设置，单击"应用"按钮，弹出"点"对话框，在"点"对话框的"类型"下拉列表中选择点的类型为"光标位置"。将模具装配体的视图方向转为"仰视图"，在图 3-37 中步骤⑥箭头所示的四个部位用鼠标依次单击添加四根顶杆。由于"父"节点是"prod"，因此在一模两腔的另外一侧相应的位置上也同时添加顶杆。最后单击"点"对话框的"确定"按钮，完成顶杆的添加，如图3-38所示。

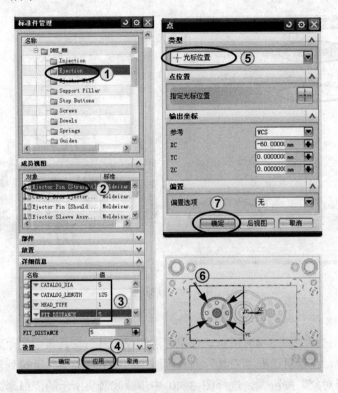

图3-37　添加顶杆操作过程

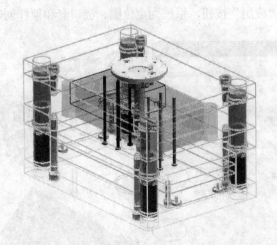

图3-38　添加顶杆

（10）修剪顶杆

修剪顶杆操作过程如图 3-39 所示。单击"注塑模向导"工具栏中的"顶杆后处理"按钮 ，弹出"顶杆后处理"对话框，在"类型"下拉列表中选择"修剪"选项，在"刀具"列表区域中选择"修边曲面"下拉列表中的"CORE_TRIM_SHEET"选项，即型芯的修剪片体，然后选择"目标"列表区域中的"gaizi-ej_pin_062"，八根顶杆即被选中，单击"确定"按钮，系统自动将顶杆修剪到型芯片体。

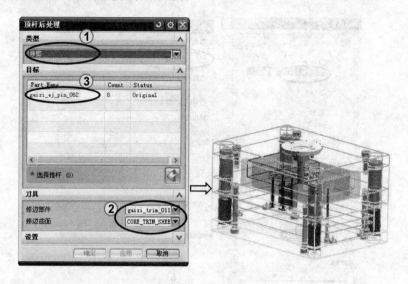

图 3-39　修剪顶杆

（11）创建腔体

创建腔体操作过程如图 3-40 所示。单击"注塑模工具"工具条中的"腔体"按钮，弹出"腔体"对话框，在该对话框"刀具"列表区域中的"工具类型"下拉列表中选择"组件"选项，单击"选择对象"按钮，选择图 3-40 中步骤③箭头所示的浇口套、定位圈和顶杆作为工具体。在"工具"列表区域中单击"查找相交"按钮，系统自动搜索与工具体相交的组件，并高亮显示，单击"应用"按钮，系统为定位圈、浇口套和顶杆创建安装使用的腔。

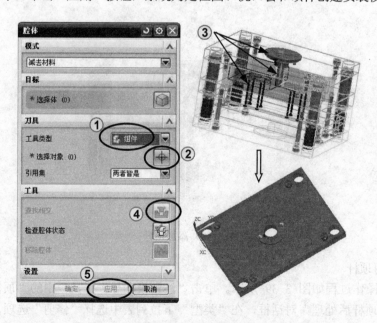

图 3-40　创建腔体

（12）保存文件

选择"文件"→"全部保存"命令，保存所做的工作。

3.5 本章小结

本章首先介绍了注射模具的基本结构组成，接着介绍了利用 UG NX 8.0/Mold Wizard 模块进行模具设计的基本流程，最后用一个简单典型的实例，为读者讲述了 UG NX 8.0 模具设计的大致过程。在设计中未提到的功能将在后续章节中详细介绍。

UG NX 8.0/Mold Wizard 模块与以前版本相比，在对话框及操作步骤等方面做了改动，特别是"模具分型"工具的使用，改动较大，读者需注意与以前版本的异同点。UG NX 8.0 版本中，在"初始化项目"加载模型时，可在"初始化项目"对话框中直接加载，而不用事先打开产品模型。

3.6 思考与练习

1. 简述 UG NX 8.0/Mold Wizard 模具设计的大致流程。

2. 简述 UG NX 8.0/Mold Wizard 模具分型步骤。

3. 根据本章 3.4 节中入门引例的步骤，完成如图 3-41 所示的壳体零件（素材见附带光盘文件 ch03\exercise\case_1.prt）的模具设计过程。

图 3-41　壳体零件

第4章 模具设计准备

模具设计准备工作包括初始化项目、设置模具 CSYS、设置收缩率、生成工件和型腔布局等，它为后续的模具分型提供了实体平台。本章通过实例介绍 Mold Wizard 工具栏中模具准备相关工具命令的使用，使读者熟悉 UG NX 8.0 模具设计方案初期的准备步骤。

本章重点

- 初始化项目的设置和产品模型加载
- 模具坐标系的设置
- 工件的设置方法
- 型腔布局方法

4.1 入门引例

本节通过一个入门引例介绍 UG NX 8.0 模具设计准备过程的一般思路。该实例为一个塑料壳体零件，如图 4-1 所示，材料为 ABS，一模四腔。

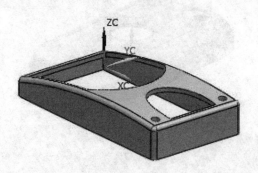

图 4-1 塑料壳体零件

（1）初始化项目

1）启动 UG NX 8.0，在"标准"工具栏中选择"开始"→"所有应用模块"→"注塑模向导"命令，打开"注塑模向导"工具栏。

2）载入产品模型，操作过程如图 4-2 所示。单击"注塑模向导"工具栏中的"初始化项目"按钮，系统弹出"打开"对话框，选择附带光盘的 ch04\ch04_01\waike.prt 文件，单击"OK"按钮，弹出如图 4-2 所示的"初始化项目"对话框。确定对话框中的"项目单位"为"毫米"，选择"材料"为 ABS，相应的材料的"收缩率"设为 1.006，单击"确定"按钮，完成产品模型的加载。

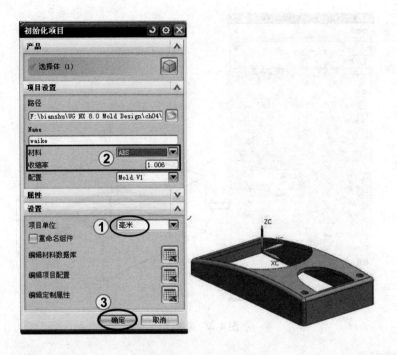

图 4-2　载入产品模型

（2）定义模具坐标系

单击"注塑模向导"工具栏中的"模具 CSYS"按钮 ，弹出"模具 CSYS"对话框，如图 4-3 所示。由图 4-2 可知，坐标系不在产品中心，故在"模具 CSYS"对话框的 "更改产品位置"列表区域中选择"产品实体中心"单选按钮，在"锁定 XYZ 位置"列表区域中勾选"锁定 Z 位置"复选框，单击"确定"按钮，坐标系即定义到产品实体中心，且 XC-YC 平面位于分型面上。

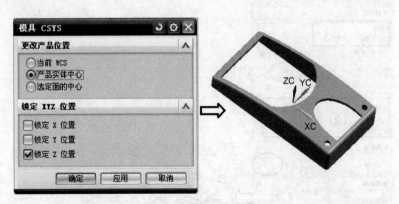

图 4-3　定义模具坐标系

（3）定义工件

单击"注塑模向导"工具栏中的"工件"按钮 ，弹出"工件"对话框，选择"工件方法"下拉列表中的"用户定义的块"选项，其他设置采用系统默认的参数，单击"确定"按钮，生成工件，如图 4-4 所示。

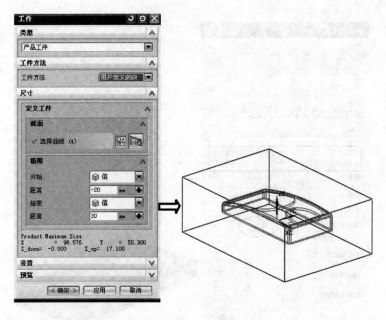

图 4-4　定义工件

（4）型腔布局

1）单击"注塑模向导"工具栏中的"型腔布局"按钮，弹出"型腔布局"对话框，选择"布局类型"为"矩形、平衡"，指定"型腔数"为 4，选择 XC 方向为第一布局方向，单击按钮，则生成型腔布局。单击按钮，坐标系移动至整个分型面中心，其操作过程如图 4-5 所示。

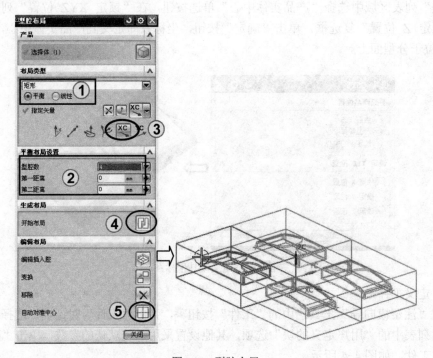

图 4-5　型腔布局

2）单击"编辑布局"列表区域中的按钮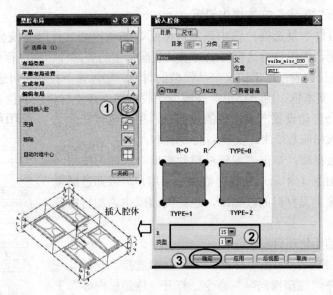，弹出"插入腔体"对话框，定义插入圆角"类型"为 1 和"R"为 15，单击"确定"按钮，插入与成型工件尺寸匹配的腔体。操作过程如图 4-6 所示。

图 4-6　插入腔体

（5）保存文件

选择"文件"→"全部保存"命令，保存所做的工作。

4.2　初始化项目

UG NX 8.0 模具设计中产品模型的加载是通过"注塑模向导"工具栏的"初始化项目"工具按钮来完成的，并可设置项目的名称及保存路径。

单击"注塑模向导"工具栏中的"初始化项目"按钮，系统弹出"打开"对话框，从中选择一个产品模型后，单击"ok"按钮，弹出如图 4-7 所示的"初始化项目"对话框，设置好参数后单击"确定"按钮，便可完成产品模型的加载。

图 4-7　"初始化项目"对话框

图 4-7 所示"初始化项目"对话框的各个选项说明如下。

● 项目单位："项目单位"栏用来设置模具装配零件的单位，产品模型的项目单位可以是英制或米制，并自动调用英制或米制单位的模架及组件库。而加载产品时，默认的项目单位为产品的单位，因此，初始化时应留意状态栏的提示并检查产品单位。

● 项目路径和名称：项目路径是放置模具项目文件的子目录，默认的项目路径是所加载的产品模型文件所处的路径。可在"路径"文本框中输入新的项目路径，或单击右侧的按钮 ，修改项目路径。若指定的文件路径不存在，则会创建该文件路径，且生成的模具装配零件都会在该路径下。

项目名称用于定义当前创建的模型项目名称，系统默认的项目名称为产品模型文件的名称。项目名称可在"Name"文本框中设置。

- "重命名组件"复选框：选中该复选框后，加载模型文件时系统会弹出"部件名管理"对话框，编辑该对话框可以对模具装配体中的各部件名称进行更改。
- "材料"下拉列表：用于定义产品模型的材料。通过该下拉列表可选择不同的材料。
- "收缩率"文本框：用于指定产品模型的收缩率。在"材料"下拉列表中定义了材料后，系统会自动设置产品模型的收缩率。用户也可在此文本框中输入相应数值来定义模型的收缩率。
- 编辑材料数据库：单击"编辑材料数据库"右侧的按钮，系统弹出如图 4-8 所示的材料数据库。用户可以通过编辑该数据库来定义材料的收缩率，也可向该库中添加材料及其收缩率。

MATERIAL	SHRINKAGE
NONE	1.000
NYLON	1.016
ABS	1.006
PPO	1.010
PS	1.006
PC+ABS	1.0045
ABS+PC	1.0055
PC	1.0045
PC	1.006
PMMA	1.002
PA+60%GF	1.001
PC+10%GF	1.0035

图 4-8　材料数据库

【例 4-1】　初始化项目实例。

1）启动 UG NX 8.0，在"标准"工具栏中选择"开始"→"所有应用模块"→"注塑模向导"命令，打开"注塑模向导"工具栏。

2）载入产品模型，操作过程如图 4-9 所示。单击"注塑模向导"工具栏中的"初始化项目"按钮 ，系统弹出"打开"对话框，选择附带光盘的 ch04\ch04_02_01\shiduyi.prt 文件，单击"ok"按钮，弹出如图 4-9 所示的"初始化项目"对话框。确定对话框中的"项目单位"为"毫米"，选择"材料"为"ABS"，相应的材料的"收缩率"设为 1.006，单击"确定"按钮，完成产品模型的加载。

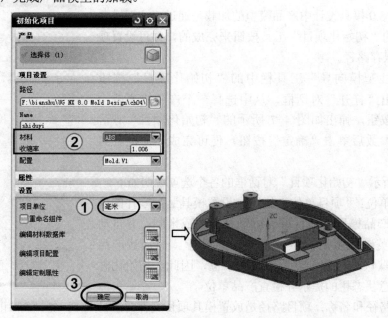

图 4-9　"初始化项目"对话框

3）完成产品模型加载后，系统会自动载入一些装配文件，并自动保存在项目路径下。打开"装配导航器"，可以看到如图 4-10 所示的模具装配树。方案初始化的过程复制了两个装配结构，即方案装配结构和产品装配结构。方案装配结构后缀为 top、cool、fill、misc、layout，产品装配结构包含在 layout 分支下，后缀为 prod、cavity、core、shrink、parting。

图 4-10　装配导航器

提示：该实例项目装配名称为"shiduyi_top_050"，且为顶层装配文件，其中"shiduyi"为该模具项目名称，"top"为项目总文件，"050"为系统自动生成的模具编号。

对"装配导航器"中系统自动生成的文件说明如下。

- top：方案的总文件，包含并控制装配组件和模具设计的一些相关数据。
- cool：用于创建冷却几何实体，该实体用来在镶块或模板上挖槽，放置冷却系统部件。
- fill：用于创建流道和浇口的实体，该实体用来在镶块或模板上挖槽，放置流道和浇口组件。
- misc：用来排列非独立的标准件部件，如定位环、锁模块等，放置通用标准件。
- layout：用于排列 prod 节点的位置，多腔和多件模有多个分支来排列各个 prod 节点的位置。
- prod：把多个特定的文件组成独立的文件作为装配的下一级部件。
- shrink：保存一个链接原来产品的、放出了收缩率的几何体。
- parting：保存一个已给定比例的、原来产品的链接体，一个用来创建型腔和型芯块的镶块。用这个部件创建分型面。
- core：包含产品模型的型芯部分，要与 parting 文件中的基体保持曲面链接。
- cavity：包含产品模型的型腔部分，要与 parting 文件中的基体保持曲面链接。
- trim：调用 trim 组件中的链接片体用于修剪标准件。
- molding：保存原来产品模型的链接体，模具的成型特征被加在该部件中的产品链接体上，使产品模型有利于制模。
- prod_side_a 和 prod_side_b：分别是模具 a 侧和 b 侧组件的子装配结构。这样允许两个设计师同时设计一个项目。

4.3 模具坐标系

模具坐标系是所有模具装配部件的参考基准，它的正确设置与否直接关系到模具的结构设计。在定义模具坐标系之前，首先要分析产品结构，弄清产品的开模方向及分型面所处的位置；然后通过坐标系的移动及旋转操作将模型的工作坐标系调整到产品模型的正确位置，再通过"注塑模向导"工具栏中的 "模具CSYS"工具按钮定义模具坐标系。定义模具坐标的过程就是将产品子装配从工作坐标系统转移到模具装配的绝对坐标系统，并以绝对坐标系作为模具坐标系。

"注塑模向导"规定，模具坐标系的XC-YC平面须定义在分型面上，模具坐标系的原点须设置于模具动模和定模的接触面上，模具坐标系的+ZC轴指向塑料熔体注入模具主流道的方向上，亦即塑件的顶出方向。应锁定+ZC轴作为模具的开模方向。

单击"注塑模向导"工具栏中的"模具CSYS"按钮，弹出如图 4-11a 所示的"模具CSYS"对话框（一），设定模具坐标系由下面的操作步骤组成。

1）单击"模具坐标系"按钮。

2）选择菜单栏中"格式"→"WCS"→"定向"命令，使用构造坐标系来定位工作坐标系（WCS），使顶出方向指向+Z轴。

3）定位工作坐标系，使X-Y面位于分型面的中心。

4）通过 "模具CSYS"对话框改变WCS在分型面的位置，使之与模架相匹配。

对"模具CSYS"对话框中各选项的意义说明如下。

● 当前WCS：设置模具坐标与当前工作坐标相匹配。

● 产品实体中心：设置模具坐标位于产品实体中心。选中该单选按钮时，对话框变为如图 4-11b 所示的形式，即增加了三个选项。

➢ 锁定X位置：允许重新放置模具坐标而保持被锁定的YC-ZC平面的位置不变。

➢ 锁定Y位置：允许重新放置模具坐标而保持被锁定的ZC-XC平面的位置不变。

➢ 锁定Z位置：允许重新放置模具坐标而保持被锁定的XC-YC平面的位置不变。

● 选定面的中心：设置模具坐标位于所选面的中心。选中该单选按钮时，对话框变为如图 4-11c 所示的形式，即增加了"选择对象"步骤，这时需选择边界面以定位模具坐标。

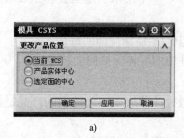

a)   b)   c)

图4-11 "模具CSYS"对话框

a) "当前WCS"单选按钮　b) "产品体中心"单选按钮　c) "选定面的中心"单选按钮

【例 4-2】 定义模具坐标系

首先打开附带光盘 ch04\ch04_02_02 中的顶层装配文件 "shiduyi_top_050"，操作步骤
如图 4-12 所示。

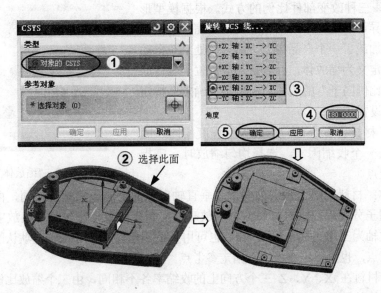

图 4-12   定义模具坐标系

1）定向模具坐标系。选择菜单栏中"格式"→"WCS"→"定向"命令，打开
"CSYS"对话框；在该对话框的"类型"下拉列表中选择"对象的 CSYS"选项；选择产品
模型的底面，单击"确定"按钮，完成模具坐标系的定向操作。

2）旋转模具坐标系。选择菜单栏中"格式"→"WCS"→"旋转"命令，打开"旋转
WCS 绕"对话框；在该对话框中选择"+YC 轴"单选按钮，在"角度"右面的文本框中输
入"180"，单击"确定"按钮，定义后的模具坐标系如图 4-12 所示。

3）锁定模具坐标系。单击"注塑模向导"工具栏中的按钮，弹出"CSYS"对话框，
在该对话框中选择"当前 WCS"单选按钮，单击"确定"按钮，完成坐标系的锁定。

4.4 设置收缩率

收缩率是影响塑件制品尺寸精度的主要因素，在模具设计时是确定模具成型部件尺寸
的主要参数。塑件收缩率的准确度将直接影响到产品的最终精度，而且不同的塑料有不同
的收缩率，因此在设计收缩率之前，必须了解材料的属性，依据厂家提供的收缩比例来设
定收缩率。

塑件成型冷却后会发生收缩，为了得到准确尺寸的部件，必须在模具上进行相应的补
偿，即把塑料产品的收缩尺寸补偿到模具的相应尺寸中，模具的尺寸为实际成品尺寸加上收
缩尺寸。收缩率的设置可以在初始化项目过程中进行，也可通过"缩放体"对话框进行设置
和修改。

单击"注塑模向导"工具栏中的"缩放体"按钮

，弹出如图 4-13 所示的"缩放体"对话框，在对话框"类型"下拉列表中分别有"均匀" 、"轴对称"、"常规" 三种改变部件比例的方式。根据模型形状、材料的差异可以选择不同的收缩类型和缩放因子。由于本实例只加载了一个产品模型，所以此处系统自动将该产品模型定义为缩放体，并默认缩放点位于坐标原点。设定好"比例因子"的数值后，单击"确定"按钮完成收缩率的设置。

图 4-13 "缩放体"对话框

- 均匀：材料在各个方向上的收缩程度相同，因而只需一个收缩因子。选择均匀缩放时，需指定缩放点。

- 轴对称：材料在指定轴向方向上和垂直轴向方向上的收缩程度不同，由轴向和径向比例因子分别设定。选择轴对称缩放时，需指定缩放轴和轴对称缩放中心点。默认的缩放轴为工作坐标系的 Z 轴，也可用矢量构造器指定参考轴，默认的缩放点为坐标系原点，也可以用点构造器指定参考点。

- 常规：材料在 X、Y、Z 三个方向上的收缩率各不相同，由三个缩放比例因子分别设定。默认的缩放参考坐标系为当前坐标系，也可定义坐标系指定缩放方向。

4.5 创建工件

工件也称为毛坯或模仁，用于生成模具的型腔和型芯零件。在模具设计中应综合产品模型的边界尺寸大小、结构特征、模腔数量及企业实际经验等因素来确定工件尺寸。应用 UG NX 8.0/Mold Wizard 进行工件设计主要有两种思路：一是在产品模型的外形尺寸上加上 X、-X、Y、-Y、Z、-Z 六个方向上的增量尺寸来定义工件大小；二是以模具坐标系为参考点，向 X、-X、Y、-Y、Z、-Z 六个方向上延伸一定的尺寸来定义工件大小。

单击"注塑模向导"工具栏中的"工件"按钮 ，弹出如图 4-14 所示的"工件"对话框，该对话框包括"类型"、"工件方法"、"尺寸"等选项。

4.5.1 工件类型

工件类型有"产品工件"和"组合工件"两种定义方法。"产品工件"有四种定义方法，下面将详细介绍。"组合工件"类型只能通过进入草图环境去定义工件的截面尺寸，在定义工件的截面尺寸时以系统默认的工件尺寸为参照。

图 4-14 "工件"对话框

4.5.2 工件方法

工件方法包括"用户定义的块"、"型腔-型芯"、"仅型腔"及"仅型芯"四种方法，且只有选择"产品工件"选项时才可用。

1. 用户定义的块

"用户定义的块"工件方法是通过进入草图环境来定义工件的截面形状的。单击图 4-14 "定义工件"列表区域中的"绘制截面"按钮，系统进入草图环境，截面草图如图 4-15 所示。用户可通过双击图 4-15 中的尺寸表达式，在弹出的尺寸文本框中单击按钮，在弹出的快捷菜单中选择"设为常量"选项，此时便可在尺寸文本框中输入数值进行修改了。设置好截面草图的各项参数后，单击"完成草图"按钮，然后在"极限"列表区域中设置"开始"的距离值和"结束"的距离值，单击"确定"按钮即可完成工件的定义。

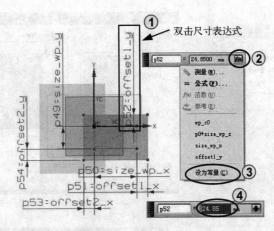

图 4-15　修改截面草图

"用户定义的块"工件方法是系统通过链接预先定义的种子块来生成工件，该种子块是一个长方体，该长方体的尺寸根据产品模型的最大轮廓来确定。如图 4-15 所示的工件截面草图中，"offset"值为相对产品的增量尺寸，"size"值为产品模型在 X 向和 Y 向的最大尺寸。如图 4-14 所示的"工件"对话框中，"极限"列表区域中的"开始"和"结束"值分别为 Z 负向和 Z 正向值，也就是分型面以下和以上的尺寸。

2. 型腔-型芯、仅型腔、仅型芯

用 Parting 文件下的创建的实体作为生成型腔和型芯的工件。当工件方法定义为型腔-型芯、仅型腔或仅型芯三者之一时，弹出如图 4-16 所示的"工件"对话框，单击"工件库"按钮，弹出如图 4-17a 所示的"工件镶块设计"对话框（一），该对话框主要包括"文件夹视图"、"成员视图"、"部件"和"详细信息"四个列表区域。

1）"文件夹视图"列表区域。该列表区域中显示工件库中的文件，只有选中该库的文件之后，在其他

图 4-16　"工件"对话框

列表区域中才可以进行设置。

2)"成员视图"列表区域。该区域包括工件的三种类型，分别为 SINGLE WORKPIECE（型腔和型芯毛坯）、CAVITY WORKPIECE（型腔毛坯）、CORE WORKPIECE（型芯毛坯）。单击其中的一个选项，如单击"SINGLE WORKPIECE"，则弹出如图 4-17b 所示的"信息"窗口，同时在图 4-17c 所示的"工件镶块设计"对话框（二）的"详细信息"列表区域中显示毛坯的参数尺寸，以供用户编辑。

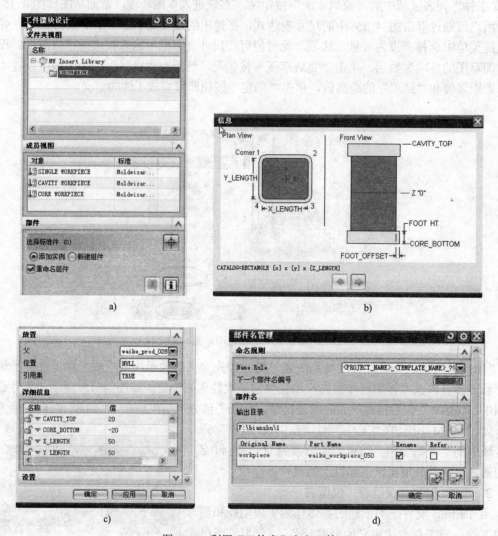

图 4-17 利用"工件库"定义工件

a)"工件镶块设计"对话框（一） b)"信息"窗口 c)"工件镶块设计"对话框（二） d)"部件名管理"对话框

3)"详细信息"列表区域。该列表区域显示毛坯的参数尺寸，用户也可通过此列表区域进行自定义，输入参数后按〈Enter〉键确认。该区域各参数说明如下。

- SHAPE：表示毛坯形状，有矩形和圆形两种。
- FOOT：表示毛坯脚，通常情况选用"OFF"设置，若选择"ON"设置，则需定义与其有关尺寸。

- CORNER：表示倒圆角，在其下拉列表中有三种类型：NO_RADIUS 无圆角；SAME_RADIUS 各个圆角半径相等；INDIVIDUAL_RADIUS 各个圆角半径不相等。
- CAVITY_TOP：表示型腔板的厚度。
- CORE_BOTTOM：表示型芯板的厚度。
- X_LENGTH：毛坯在 X 方向的尺寸。
- Y_LENGTH：毛坯在 Y 方向的尺寸。
- MATERIAL：毛坯材料，用户可以在毛坯库中选用。

4）"部件"列表区域。该区域用于设置添加和修改标准件。

设置好所选工件参数后，单击图 4-17c "工件镶块设计"对话框（二）的"应用"按钮，弹出如图 4-17d 所示的"部件名管理"对话框，采用默认参数，单击该对话框的"确定"按钮，系统返回到"工件"对话框。用鼠标选择绘图区中刚添加的工件，单击"工件"对话框的"确定"按钮，完成毛坯的定义。

【例4-3】 定义工件。

操作步骤如图 4-18 所示。

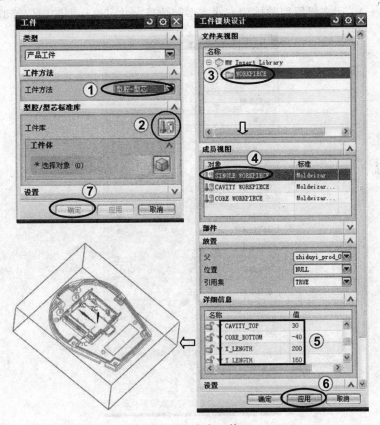

图 4-18 定义工件

1）打开附带光盘 ch04\ch04_02_03 中的顶层装配文件"shiduyi_top_050"。

2）单击"注塑模向导"工具栏中的"工件"按钮，弹出"工件"对话框，选择"工件方法"为"型腔-型芯"，单击"工件库"按钮，弹出"工件镶块设计"对话框，在该对话框"文件夹视图"列表区域中选择"WORKPIECE"选项,在"成员视图"列表区域中选择"SINGLE WORKPIECE"选项,在"详细信息"列表区域中设置工件毛坯的参数:CAVITY_TOP 为 30,CORE_BOTTOM 为-40,X_LENGTH 为 200,Y_LENGTH 为 160。

3)单击"工件镶块设计"对话框的"应用"按钮,弹出"部件名管理"对话框,采用默认参数,单击该对话框的"确定"按钮,系统返回到"工件"对话框。用鼠标选择绘图区中刚添加的工件,单击"工件"对话框的"确定"按钮,完成毛坯的定义。

4.6 型腔布局

型腔布局的功能是设置相同产品在模具中的布局,可以实现一模多腔的注射方案。该命令可以设置型腔以矩形、圆周等方式排列,并对型腔进行定位。布局的零件在一些后续的操作(例如,分型、设置顶杆等)中,只会显示其中一个零件实体的操作,腔体布局产生的零件实体会相应地进行相同的操作,但在工作区不显示。但设置模架、流道时会显示所有型体。

单击"注塑模向导"工具栏中的"型腔布局"按钮 ,弹出如图 4-19 所示的"型腔布局"对话框(一),用来设置型腔排列方式、型腔数目,并可进行型腔定位等编辑操作。

图 4-19 "型腔布局"对话框(一)

4.6.1 矩形布局

矩形布局有平衡和线性两种布局方式,平衡布局方式是中心对称的布局,线性布局是相对于轴对称布局。两种布局形式的差异如图4-20所示。

1. 平衡布局

选择"平衡布局"方式时使用到的"型腔布局"对话框如图 4-19 所示。"平衡布局设置"列表区域中各选项说明如下。

- 型腔数：在"型腔数"下拉列表中有两个选项，可以选择"2"或"4"个型腔。型腔数是高亮型腔的布局数目。例如，如果要创建一个 16 个型腔的平衡布局，可以先由一个单型腔创建一个四个型腔的布局，然后选择全部四个型腔，再用相同的方法作一个四个型腔的布局，这样就创建了一个总共有16 个型腔的布局。
- 第一距离：显示两个工件在第一个选择方向上的距离。
- 第二距离：显示垂直于第一个选择方向的两个工件间的距离。

在设置了型腔数目和工件之间的距离之后，可以单击 指定矢量 右侧的按钮 ，在工作区直接选择矢量来设定第一距离和第二距离的布局方向，单击按钮 ，生成型腔布局。在"编辑布局"列表区域中单击按钮 ，使模具坐标系自动对中。

2. 线性布局

通过"线性布局"可以完成在 X 和 Y 方向上不同型腔数目和型腔距离的布局，该种布局类型不需要给定布局方法，具有较强的灵活性。选择"线性"单选按钮时，弹出图 4-21 所示的"型腔布局"对话框—线性布局。该对话框中有关选项的说明如下：

- X 向型腔数：X 方向的型腔数目。
- X 移动参考：可以选择"长方体"或"移动"两种方式。长方体是指各型腔间在 X 方向上的相互距离；移动是指各型腔的绝对移动距离。
- X 距离：X 方向上的各型腔之间的距离。
- Y 向型腔数：Y 方向的型腔数目。
- Y 距离：Y 方向上的各型腔之间的距离。同样可选择"长方体"或"移动"两种方式。

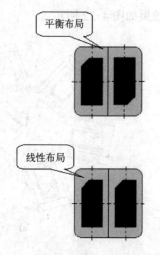

图 4-20　矩形布局

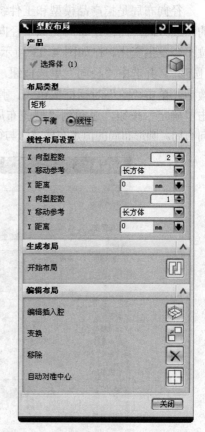

图 4-21　"型腔布局"对话框—线性布局

4.6.2　圆形布局

圆形布局是指用户在进行型腔布局时通过给出相应的型腔数目、起始角度，旋转角度、布局半径及参考点来完成型腔的布局。圆形布局有径向布局和恒定布局两种方法，二者的布局效果如图 4-22 所示。

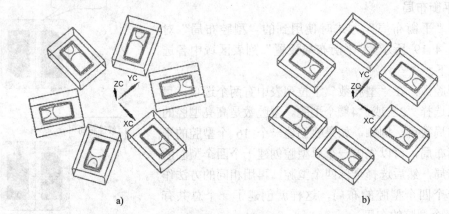

图 4-22　圆形布局

a) 径向布局　b) 恒定布局

　　径向布局是指产品模型和工件绕着某一点进行旋转，并且产品模型和工件始终垂直于圆的切线方向；而恒定布局类似于径向布局，不同点是在生成恒定布局时产品模型和工件的方位不会发生变化。在如图 4-23 所示的"型腔布局"对话框（三）中，选择"布局类型"为"圆形"，并选中"径向"单选按钮，在该对话框的"圆形布局设置"列表区域中设置布局参数后，单击"点"对话框按钮 ，弹出"点"对话框，在该对话框中设置参考点的坐标后单击"确定"按钮，返回到"型腔布局"对话框（三），单击"开始布局"按钮 ，则生成径向布局。圆形布局的恒定布局方法与径向布局的操作相同。

图 4-23　"型腔布局"对话框（三）

4.6.3　编辑布局

如图 4-19 所示的"型腔布局"对话框（一）的"编辑布局"列表区域中有"编辑插入腔"、"变换"、"移除"及"自动对准中心"四个命令，通过这些命令可以对生成的型腔布局进行编辑。

1. 编辑插入腔

编辑插入腔是指对布局的产品模型添加统一的腔体（旧版本为插入刀槽功能）。单击"编辑插入腔"按钮，弹出如图 4-24 所示的"插入腔体"对话框。在该对话框的"目录"选项卡中，可选择插入腔体的圆角类型与尺寸；在"尺寸"选项卡中，可修改系统设定的标准毛坯的某些尺寸。

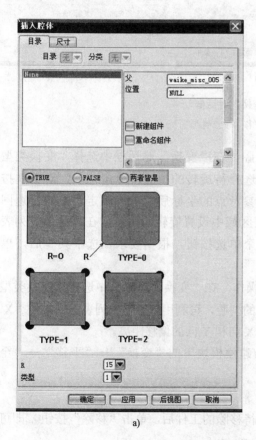
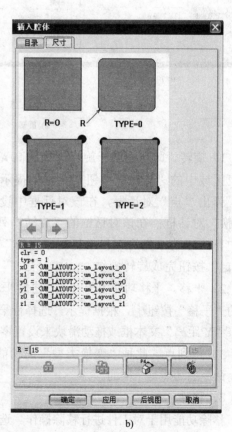

a)　　　　　　　　　　　　　　　b)

图 4-24　"插入腔体"对话框

a) "目录"选项卡　b) "尺寸"选项卡

2. 变换

变换是指对布局的产品模型进行旋转或平移操作。单击"变换"按钮，弹出如图 4-25 所示的"变换"对话框，该对话框中的"变换类型"有"旋转"、"平移"和"点到点"三个选项。

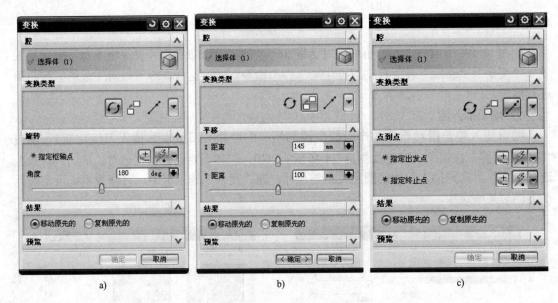

图 4-25 "变换"对话框

a) 旋转　　b) 平移　　c) 点到点

1）旋转。此功能用于旋转选择的高亮型腔。在"变换"对话框中选择"变换类型"列表区域中的"旋转"按钮⚙。根据提示，选择待旋转的型腔，单击"点"对话框按钮⊞，弹出"点"对话框，在该对话框中设置参考点的坐标后单击"确定"按钮，返回到"变换"对话框；在该对话框的"旋转"列表区域中设置旋转的角度，在"结果"列表区域中有"移动原先的"和"复制原先的"两个单选按钮，根据要求，选中其一后，单击"确定"按钮完成旋转操作。

2）平移。平移功能用于对工件进行平移操作。在"变换"对话框中选择"变换类型"中的"平移"按钮⚙，根据提示，选择待平移的型腔，可利用"平移"列表区域中的"X距离"、"Y距离"文本框或拖动滑块来设置零件X向和Y向的偏移距离。

3）点到点。此种"变换类型"的功能与建模模块下的"变换"→"平移"→"至一点"命令的功能是一样的。

3. 移除

移除功能用于对工件进行移除操作。选择待移除的工件后，单击"移除"按钮❌即可，但至少应留下一个型腔。

4. 自动对准中心

自动对准中心的功能是将模具坐标系自动移动到模具布局的中心位置，该中心位置将作为模架的调入中心。单击"编辑布局"列表区域中的"自动对准中心"按钮⊞，即可执行模具坐标系对中操作。

【例4-4】 型腔布局。

操作步骤如图4-26所示。

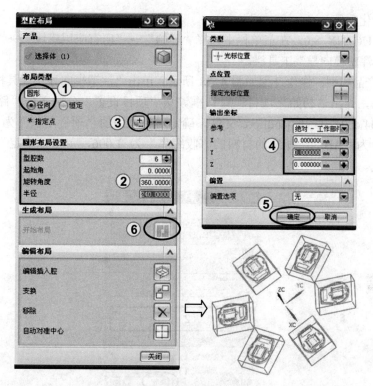

图 4-26 型腔布局

1）打开附带光盘 ch04/ch04_02_04 中的顶层装配文件"shiduyi_top_050"。

2）创建圆形布局。单击"注塑模向导"工具栏中的"型腔布局"按钮，弹出"型腔布局"对话框。设置"布局类型"为"圆形"，选中"径向"单选按钮，在"圆形布局设置"列表区域中设置布局参数，然后单击"点"对话框按钮，通过"点"对话框设置参考点（0，0，0）为旋转中心。单击"点"对话框的"确定"按钮，返回到"型腔布局"对话框，单击按钮，生成型腔圆形布局。

4.7 综合实例——电动车充电器下盖模具设计准备

完成如图 4-27 所示电动车充电器下盖零件的模具设计准备。

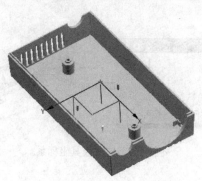

图 4-27 电动车充电器下盖零件

（1）初始化项目

1）启动 UG NX 8.0，在菜单栏中选择"开始"→"所有应用模块"→"注塑模向导"命令，打开"注塑模向导"工具栏。

2）载入产品模型，操作过程如图 4-28 所示。单击"注塑模向导"工具栏中的"初始化项目"按钮，弹出"初始化项目"对话框。从"项目设置"分组下的"路径"中打开附带光盘的 ch04\ch04_03\chdianqi.prt 文件，确定对话框中的"项目单位"为"毫米"，选择部件"材料"为"ABS"，相应的材料的"收缩率"为 1.006，单击"确定"按钮，完成产品模型的加载。

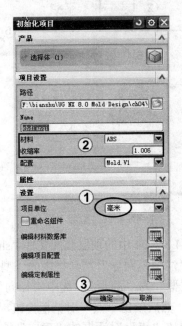

图 4-28　载入产品模型

（2）定义模具坐标系

单击"注塑模向导"工具栏中的"模具 CSYS"按钮，弹出"模具 CSYS"对话框，如图 4-29 所示。本例中的 XC-YC 所在面即产品最大面，+ZC 方向即顶出方向，因此不需重新定义模具坐标系。在对话框中直接选择"当前 WCS"单选按钮，单击"确定"按钮，即完成模具坐标系的定义。

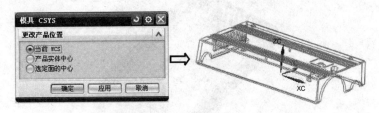

图 4-29　定义模具坐标系

（3）定义工件

单击"注塑模向导"工具栏中的"工件"按钮，弹出"工件"对话框，选择"工件方法"为"用户定义的块"选项，其他设置采用系统默认的参数，单击"确定"按钮，生成工件，如图 4-30 所示。

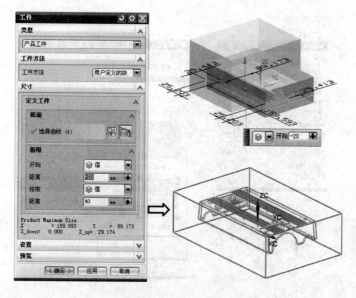

图 4-30　定义工件

提示：采用"用户定义的块"方法定义工件时，系统默认值是在模具坐标系六个方向上比产品外形尺寸大 25 mm。

（4）型腔布局

1）单击"注塑模向导"工具栏中的按钮，弹出"型腔布局"对话框，选择"布局类型"为"矩形"、"平衡"，指定"型腔数"为 2，选择 YC 方向为第一布局方向，单击按钮，则生成型腔布局。单击按钮，坐标系移动至整个分型面中心，其操作过程如图 4-31 所示。

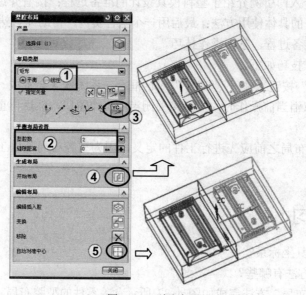

图 4-31　型腔布局

2）单击"编辑布局"列表区域中的按钮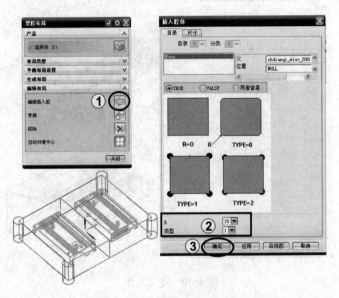，弹出"插入腔体"对话框，定义插入圆角
"类型"为 1 和"R"为 15，单击"确定"按钮，插入与成型工件尺寸匹配的腔体。操作过
程如图 4-32 所示。

图 4-32　插入腔体

（5）保存文件

选择"文件"→"全部保存"命令，保存所做的工作。

4.8　本章小结

本章首先以一个入门引例介绍了塑料模具设计的准备过程；接着介绍了模具设计准备过
程所用到的工具命令的具体使用方法；最后用一个综合实例，帮助读者熟悉 UG NX 8.0 注塑
模向导模具设计的准备过程，掌握操作技巧。

需要注意的操作技巧如下。

1）单击"工件"按钮打开"工件"对话框后，系统默认会生成一个工件，当用户要
放弃工件的定义或取消当前操作时，可直接关闭当前工作窗口，然后再重新进行工件的定义
即可。

2）在进行型腔布局之前应先进行工件的定义，因为型腔布局是以工件毛坯作为参照模
型的。

4.9　思考与练习

1. 怎样定义模具坐标系？
2. 工件的定义方法有哪些？
3. 采用"圆形布局"方法完成如图 4-33 所示盒盖零件的型腔布局（素材见附带光盘文

件 ch04\ex\hegai.prt）。

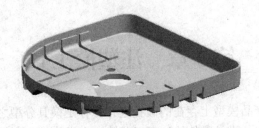

图 4-33　盒盖零件

4. 完成如图 4-34 所示刀架零件的模具设计准备过程（素材见附带光盘文件 ch04\ex\daojia.prt）。

图 4-34　刀架零件

第5章 注塑模工具

应用注塑模工具对产品模型上存在的破孔进行修补是模具分型之前的重要步骤，它将直接影响模具结构是否合理及模具零件的加工工艺性。本章将结合实例介绍注塑模工具中常用的实体修补、片体修补和一些实用工具命令的使用方法及模型破孔修补的操作步骤，并对常用修补工具的应用场合作了对比分析。

本章重点

- 掌握实体修补工具（创建方块、分割实体、实体补片）
- 掌握片体修补工具（边缘修补、修剪区域补片、编辑分型面和曲面补片）
- 掌握片体的编辑工具（拆分面、扩大曲面补片）

5.1 注塑模工具概述

在模具分型设计之前，必须对产品模型上存在的破孔进行修补，通过 UG NX 8.0/Mold Wizard 模块提供的注塑模工具可以完成破孔的修补。单击"注塑模向导"工具栏中的"注塑模工具"按钮，弹出如图 5-1 所示的"注塑模工具"工具条。

图 5-1 "注塑模工具"工具条

如图 5-1 所示的"注塑模工具"工具条中命令较多，读者在学习时主要是掌握常用修补命令的使用。产品模型上的破孔主要采用实体修补和片体修补两种方法，其中实体修补用于填充多个封闭面，它可以通过填充开口区域来简化产品模型，在滑块、镶块等零件设计中经常使用；而片体修补多用于封闭产品模型的某一开口区域。

5.2 入门引例——接线盒零件模型修补

为了使读者对 Mold Wizard 模块的模型修补有初步认识，本节以如图 5-2 所示的接线盒零件为引例，介绍应用注塑模工具对模型进行修补的基本操作思路。

1）打开附带光盘的 ch05\ch05_01\case1_top_000.prt 文件，即接线盒模具的顶层装配文件；单击"注塑模向导"工具栏中的"注塑模工具"按钮![图标]，弹出"注塑模工具"工具条。

2）边缘修补的操作步骤如图 5-3 所示。在"注塑模工具"工具条中单击"边缘修补"按钮![图标]，系统弹出"边缘修补"对话框，在该对话框的"类型"下拉列表中选择"面"选项，然后选择图 5-3 中步骤②箭头所示的面，单击"确定"按钮，完成该面上五个圆孔的修补。

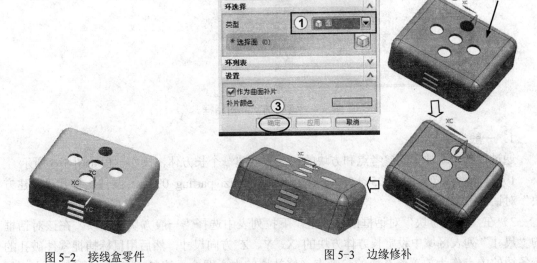

图 5-2　接线盒零件　　　　　　　　　　　图 5-3　边缘修补

3）重复步骤 2）的操作，完成零件侧面上三个矩形孔的修补。

5.3　实体修补工具

实体修补是利用创建的实体去修补产品模型上的开放区域，且设计的修补实体将自动链接到型腔和型芯组件，然后再添加到需要封闭的位置。实体修补工具包括"创建方块"、"分割实体"、"实体补片"和"参考圆角"等命令。一般通过以下步骤来创建产品模型上的修补实体。

1）利用"创建方块"工具创建一个长方体对模型的开放区域进行填充。

2）利用"分割实体"工具根据产品形状修剪创建的实体修补块，使其与产品轮廓相匹配。

3）利用"实体补片"工具创建修补实体的复制模型，将实体修补块合并到型腔或型芯体中。

5.3.1　创建方块

创建方块是指创建一个长方体对模型的开放区域进行填充，也可快速创建滑块或斜顶的实体，一般用于不适合使用曲面修补方法进行补片的区域。单击"注塑模工具"工具条中的

"创建方块"按钮 ，弹出如图 5-4 所示的"创建方块"对话框。该对话框提供了"一般方块"和"包容块"两种创建方块的方法。下面结合实例对这两种方法进行介绍。

图 5-4 "创建方块"对话框

1. 一般方块

通过设置方块放置的参考点和方块的尺寸来创建一个长方体，操作过程如图 5-5 所示。

1）打开附带光盘的 ch05\ch05_02\ch05_02_01\gaizi_parting_097.prt 文件，打开"创建方块"对话框。

2）在"创建方块"对话框的"类型"下拉列表中选择"一般方块"选项，在该对话框的"尺寸"列表区域中设定长方体方块的 X、Y、Z 方向尺寸，然后用鼠标捕捉零件破孔的一条边的中点作为放置修补块的参考点（修补块的中心即位于该参考点处），最后单击"创建方块"对话框的"确定"按钮，即可创建修补块。

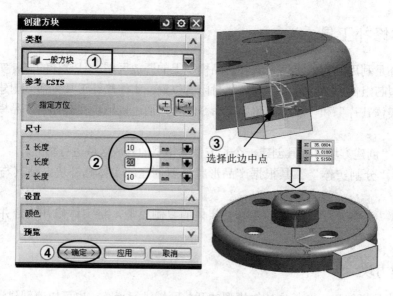

图 5-5 "一般方块"法创建方块

2. 包容块

通过指定需要修补的孔或槽的边界面来定义方块大小，继续以前面的模型为例进行介绍，操作过程如图 5-6 所示。

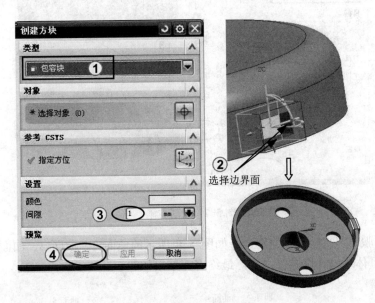

图 5-6 "包容块"法创建方块

1）打开附带光盘的 ch05\ch05_02\ch05_02_01\gaizi_parting_097.prt 文件，打开"创建方块"对话框。

2）在"创建方块"对话框的"类型"下拉列表中选择"包容块"选项，然后用鼠标选取零件破孔的三个平面，接受系统默认的"间隙"值 1，单击"创建方块"对话框的"确定"按钮，即可创建修补块。

"创建方块"对话框中"间隙"值的作用在于，当选取多个面后，UG NX 8.0 系统会自动计算出最小包络体（长方体），在"间隙"文本框中输入某个数值后，最终形成的长方体比最小包络体要大一个"间隙"值。一般情况下，若选择的参考面为不规则曲面，可适当增加"间隙"值，当设计规则的镶块、电极和侧抽芯特征时，可将"间隙"值设为 0。

5.3.2 分割实体

使用"分割实体"命令可以对实体或创建的修补块进行修剪，常用于从型腔或型芯中分割出一个镶块或滑块。继续以前面的模型为例进行介绍，其操作步骤如图 5-7 所示。

1）打开附带光盘的 ch05\ch05_02\ch05_02_02\gaizi_parting_097.prt 文件，打开"分割实体"对话框。

2）单击"注塑模工具"工具条中的"分割实体"按钮，弹出"分割实体"对话框。在该对话框的"类型"下拉列表中选择"修剪"选项，选择前面创建的方块体作为目标体，选择图 5-7 中的曲面 1 作为工具体，单击"反向"按钮，然后单击"应用"按钮，修剪结果如图 5-7 所示。

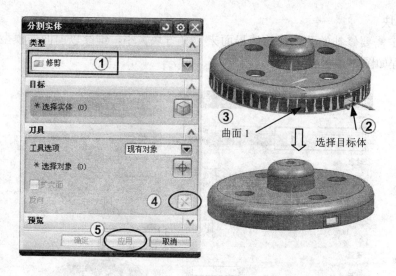

图 5-7　分割实体

3）参照步骤 2）的操作，分别选择如图 5-8 所示的曲面 2、曲面 3、曲面 4、曲面 5、曲面 6 作为工具体对修补块进行修剪，最终修剪结果如图 5-9 所示。

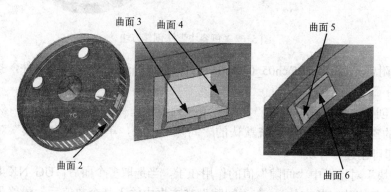

图 5-8　定义工具体

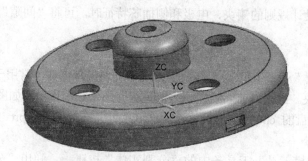

图 5-9　修剪结果

提示：①选择工具体后，如果系统弹出"工具体完全在目标体之外"的警示，可在"分割实体"对话框的"刀具"列表区域中勾选"扩大面"复选框；②在选择曲面 3～曲面 6 的工具体时，如果光标难以捕捉到所选的面，可将光标移至待选择的面附近，稍作停留，此时光标形状变为十字形，然后单击鼠标左键，打开如图 5-10 所示的"快速拾取"对话框，然后在列表中用鼠标依次浏览拾取所需的面即可。

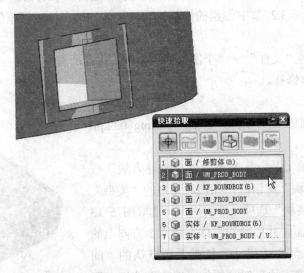

图 5-10 面的"快速拾取"对话框

5.3.3 实体补片

实体补片是指当产品模型上有破孔特征时，创建一个实体来封闭产品上的破孔特征，然后将这个实体特征定义为 Mold Wizard 模式下默认的补片。在后续操作中，该修补实体可并到型腔或型芯体中，也可作为抽芯滑块或成型的小镶块。继续以前面的模型为例进行介绍，其操作步骤如图 5-11 所示。

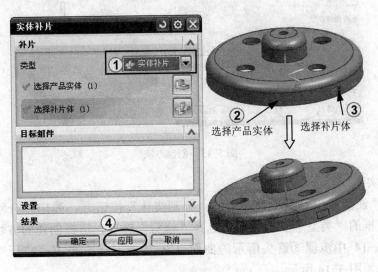

图 5-11 实体补片

1）打开附带光盘的 ch05\ch05_02\ch05_02_03\gaizi_parting_097.prt 文件，单击"注塑模工具"工具条中的"实体补片"按钮 🦈，打开"实体补片"对话框。

2）在"实体补片"对话框的"类型"下拉列表中选择"实体补片"选项，选择产品模型为产品实体，选择 5.3.2 节中创建的修补块为补片体，单击该对话框的"应用"按钮，完成实体补片的操作。

3）选择菜单栏中"文件"→"全部保存"命令，保存所有文件。

【例5-1】 实体修补。

（1）创建方块

1）打开附带光盘的 ch05\eg\eg_01\eg1_parting_022.prt 文件，如图 5-12 所示。

2）单击"注塑模工具"工具条中的"创建方块"按钮 📦，弹出"创建方块"对话框，在该对话框的"类型"下拉列表中选择"包容块"选项，然后用鼠标选取图 5-13 中步骤②箭头所示的面，并拖动长方体方块六个方向上的箭头，改变方块大小至合适尺寸，接受系统默认的"间隙"值 1，单击"创建方块"对话框的"确定"按钮，即可创建修补块，操作过程如图 5-13 所示。

图 5-12 实体零件

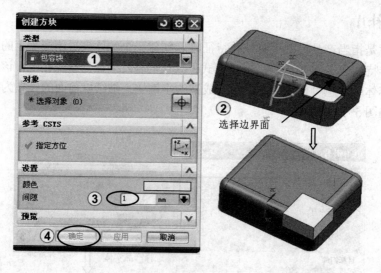

图 5-13 创建方块

（2）分割实体

1）单击"注塑模工具"工具条中的"分割实体"按钮 📦，弹出"分割实体"对话框。在该对话框的"类型"下拉列表中选择"修剪"选项，选择创建的方块体作为目标体，选择图 5-14 中步骤③箭头所示的曲面 1 作为工具体，单击"应用"按钮完成修剪，操作步骤如图 5-14 所示。

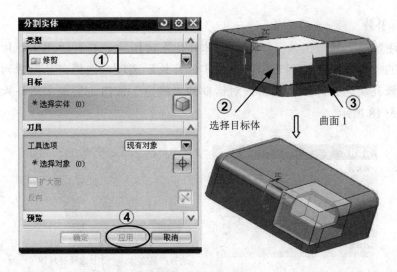

图 5-14　分割实体

2）参照步骤 1）的操作，分别选择图 5-15 所示的曲面 2、曲面 3、曲面 4、曲面 5、曲面 6 作为工具体对修补块进行修剪，最终修剪结果如图 5-16 所示。

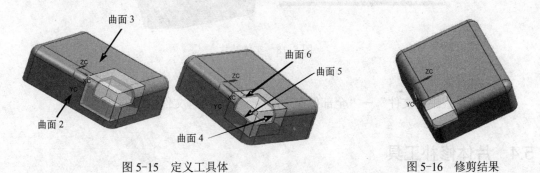

图 5-15　定义工具体　　　　　　　　　　　　　　　图 5-16　修剪结果

（3）参考圆角

单击"注塑模工具"工具条中的"参考圆角"按钮 ，弹出"参考圆角"对话框；单击"选择面"右边的按钮 ，选择图 5-17 中步骤①箭头所示的圆角作为参考对象；单击"选择边"右侧的按钮 ，选择图 5-17 中步骤②箭头所指的三条边线；然后单击"确定"按钮完成操作，操作过程如图 5-17 所示。

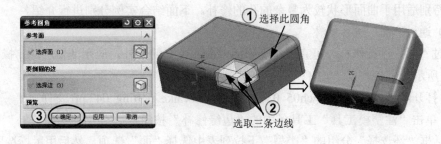

图 5-17　参考圆角

（4）实体补片

单击"注塑模工具"工具条中的"实体补片"按钮 ，打开"实体补片"对话框；在该对话框的"类型"下拉列表中选择"实体补片"选项，选择产品模型为产品实体，选择创建的修补块为补片体；单击该对话框的"确定"按钮，完成实体补片的操作，操作过程如图5-18所示。

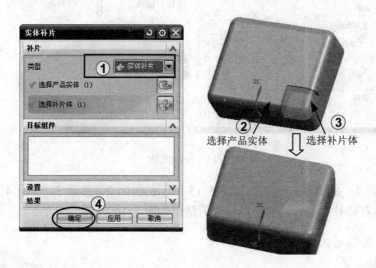

图 5-18　实体补片

（5）保存文件

选择菜单栏中"文件"→"全部保存"命令，保存所有文件。

5.4　片体修补工具

片体修补工具是用来修补模型的开放区域（靠破孔）的，包括"边缘修补"、"修剪区域补片"、"编辑分型面和曲面"等命令，下面对片体修补工具的功能作详细介绍。

5.4.1　边缘修补

"边缘修补"命令可以通过"面"、"体"、"移刀"三种方式完成孔的修补，其应用范围较广，特别适用于曲面形状较为复杂的孔的修补。下面结合实例分别进行介绍。

（1）通过"面"进行修补

通过"面"进行修补，可完成单个平面或曲面上孔的修补，应用非常广泛，操作步骤如图5-19所示。

1）打开附带光盘的 ch05\ch05_03\ch05_03_01\waike_parting_047.prt 文件。

2）单击"注塑模工具"工具条中的"边缘修补"按钮 ，弹出"边缘修补"对话框，在该对话框"环选择"分组的"类型"下拉列表中选择"面"选项，然后用鼠标选取图5-19中步骤②箭头所示的面，单击"确定"按钮，完成零件上四个孔的修补。

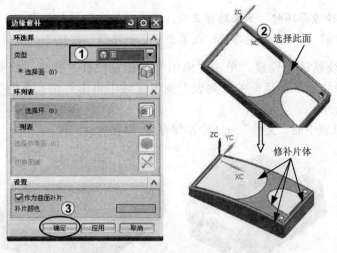

图 5-19　通过"面"进行边缘修补

3）选择菜单栏中的"文件"→"全部保存",保存所有文件。

（2）通过"移刀"进行修补

通过"移刀"进行修补是指通过选择产品模型上的一个闭合的曲线或边界环来修补一个开口区域,常用于破孔或开放区域横跨两个或多个曲面的情况。其操作步骤如图 5-20 所示。

1）打开附带光盘的 ch05\ch05_03\ch05_03_02\case3_parting_022.prt 文件。

2）单击"注塑模工具"工具条中的"边缘修补"按钮◻,弹出"边缘修补"对话框,在该对话框"环选择"分组的"类型"下拉列表中选择"移刀"选项,然后用鼠标选取图 5-20 中步骤②箭头所示的一条边线,单击"循环候选项"按钮◻,查看下一路径是否正确,如果路径正确,单击"接受"按钮◻,完成下一条边线的选择。选择完成的边界环如图 5-20 所示。

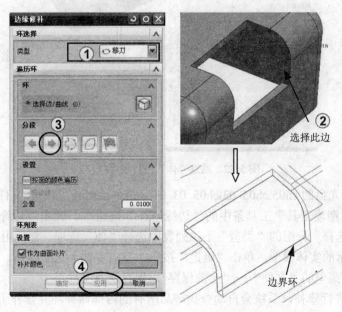

图 5-20　通过"移刀"进行边缘修补

提示： 在选择边界环时，如果路径正确，单击"接受"按钮⏩即可；如果路径不正确可单击"循环候选项"按钮⟲改变路径，或单击"上一路径"按钮◀，重新选择边界。

3）接受系统默认的设置，单击"应用"按钮完成补片操作，修补效果如图 5-21a 所示。在"边缘修补"对话框的"列表"列表区域中单击"切换面侧"按钮⊠，修补效果如图 5-21b 所示。

4）选择菜单栏中的"文件"→"全部保存"，保存所有文件。

a)   b)

图 5-21　边缘修补效果

a) 默认设置　b) 切换面侧

（3）通过"体"进行修补

通过"体"进行修补，可完成型腔侧面、型芯侧面或指定的某个面上孔的修补，其功能类似旧版本的"自动孔修补"命令，操作步骤如图 5-22 所示。

图 5-22　通过"体"进行边缘修补

1）打开附带光盘的 ch05\ch05_03\ch05_03_01\waike_parting_047.prt 文件。

2）单击"注塑模工具"工具条中的"边缘修补"按钮▣，弹出"边缘修补"对话框，在该对话框"环选择"分组的"类型"下拉列表中选择"体"选项，然后用鼠标选取图 5-22 中步骤②箭头所示的实体模型，单击"确定"按钮，完成零件上孔的修补。

3）选择下拉菜单的"文件"→"全部保存"，保存所有文件。

通过"体"进行修补，系统会自动查找产品所有的内部修补环并修补所有的通孔。该命令并不要求内部修补环必须位于单个曲面上，当内部修补环跨越多个曲面时，系统会自动选用合适的曲面创建方式来修补孔；当内部修补环位于单个平面上时，则采用平面和边界来修补孔；当内部修补环位于单个曲面上时，则采用扩大曲面来修补孔。

5.4.2 修剪区域补片

"修剪区域补片"命令是通过在产品模型开口区域中选择封闭曲线来完成修补片体的创建。在使用此命令前，必须先创建一个大小合适的修补块，且要保证该修补块能够完全覆盖住开口边界。下面结合实例介绍该命令的使用。其操作步骤如图 5-23 所示。

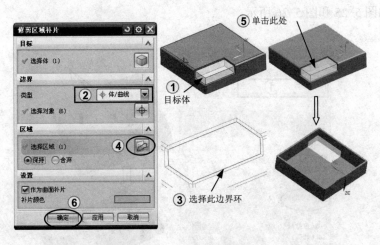

图 5-23 修剪区域补片

1）打开附带光盘的 ch05\ch05_04\cover_parting_022.prt 文件。

2）单击"注塑模工具"工具条中的"修剪区域补片"按钮，弹出"修剪区域补片"对话框，系统提示选择"目标体"，选择方块体为"目标体"；在"边界"分组的"类型"下拉列表中选择"体/曲线"选项，选择图 5-23 中步骤③箭头所示的边界环；在"区域"列表区域中单击"选择区域"右边的按钮，激活该选项，然后用鼠标单击图 5-23 中步骤⑤箭头所示位置；单击选中"区域"列表区域中的"保持"单选按钮，单击对话框的"确定"按钮，完成修剪区域补片的操作。如果单击选中"区域"列表区域中的"舍弃"单选按钮，修剪效果如图 5-24 所示。

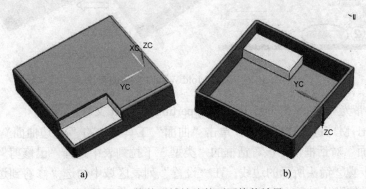

图 5-24 修剪区域补片的不同修剪效果

a) 模型外表面（选择"保持"单选按钮） b) 模型内表面（选择"舍弃"单选按钮）

3）选择菜单栏中"文件"→"全部保存"命令，保存所有文件。

5.4.3 编辑分型面和曲面

当使用注塑模工具提供的常规方法不能成功进行修补时，可以使用在产品建模中单独创建的曲面作为分型片体补片，"编辑分型面和曲面补片"命令的功能就是，将建模模式下创建的曲面转化成 Mold Wizard 模块中自动分型时所默认的分型曲面补片，并用来修剪型芯和型腔。该命令类似于旧版本的"现有曲面"命令的功能。下面结合实例介绍该命令的使用。其操作步骤如图 5-25 和图 5-26 所示。

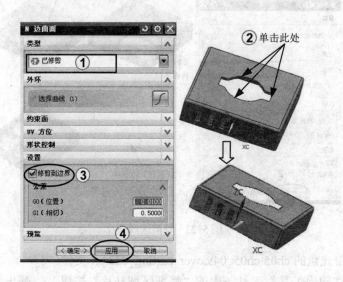

图 5-25　生成 N 边曲面

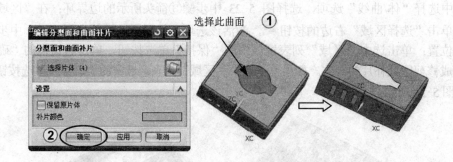

图 5-26　生成 Mold Wizard 默认的补片

1）打开附带光盘的 ch05\ch05_05\cover_parting_022.prt 文件。

2）按〈Ctrl+M〉进入建模环境，单击"曲面"工具条中的"N 边曲面"按钮，系统弹出"N 边曲面"对话框，在该对话框的"类型"下拉列表中选择"已修剪"选项，然后单击图 5-25 中步骤②箭头所示的边线；在"设置"列表区域中勾选"修剪到边界"复选框，其他参数采用系统默认，单击"应用"按钮，完成 N 边曲面的创建。

3）单击"注塑模工具"工具条中的"编辑分型面和曲面"按钮，弹出"编辑分型面和曲面补片"对话框，此时的图形编辑区中，如果是在 Mold Wizard 中创建的补片，则为高亮显示，建模模式下创建的修补曲面则为正常显示。选择图 5-26 中步骤①箭头所示的 N 边曲面，单击"确定"按钮，则建模模式下创建的 N 边曲面变成 Mold Wizard 模式下默认的分型补片。

4）选择菜单栏中"文件"→"全部保存"命令，保存所有文件。

5.4.4　扩大曲面补片

"扩大曲面补片"命令的功能是提取产品模型上已有的面，并通过控制所选的面在 U 和 V 两个方向上的尺寸进行扩展。该命令生成的扩大曲面可以作为工具体来修剪实体，也可作为分型面使用。下面结合实例介绍该命令的使用，其操作步骤如图 5-27 所示。

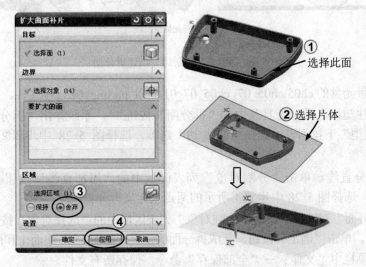

图 5-27　创建扩大曲面补片

1）打开附带光盘的 ch05\ch05_06\Case4_parting_072.prt 文件。

2）单击"注塑模工具"工具条中的"扩大曲面补片"按钮，系统弹出"扩大曲面补片"对话框，并提示选取"目标面"，选择图 5-27 中步骤①箭头所示的面；根据系统提示，单击图 5-27 中步骤②箭头所指的片体，然后在对话框的"区域"列表区域中选中"舍弃"单选按钮，最后单击"应用"按钮，生成扩大曲面。

3）选择菜单栏中"文件"→"全部保存"命令，保存所有文件。

5.4.5　拆分面

"拆分面"命令的功能是用来分割模型上的跨越区域面。跨越区域面是指一部分在型腔区域，而另一部分在型芯区域。对于产品模型上的跨越区域面，首先要将其分割为两个或多个面，然后将分割出来的面分别定义为型腔区域和型芯区域，为模具分型作准备。"拆分面"功能主要是通过"曲线/边"、"平面/面"、"等斜度"三种方式对模型上需要拆分的面进行拆分，下面结合实例介绍上述三种拆分面方式的使用。

1. 通过"曲线/边"进行拆分

其操作步骤如图 5-28 所示。

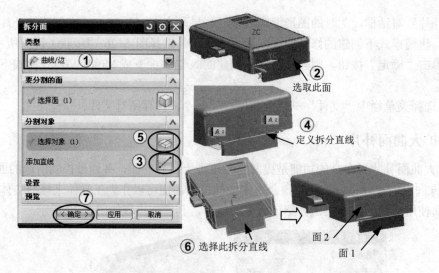

图 5-28   通过"曲线/边"创建拆分面

1）打开附带光盘的 ch05\ch05_07\ ch05_07_01\shell_parting_022.prt 文件。

2）单击"注塑模工具"工具条中的"拆分面"按钮 ，系统弹出"拆分面"对话框；在对话框的"类型"下拉列表中选择"曲线/边"选项，选择图 5-28 中步骤②箭头所示的面作为拆分对象。

3）定义拆分直线。单击"分割对象"列表区域中的"添加直线"按钮 ，系统弹出"直线"对话框，选择图 5-28 中步骤④所示的两点来定义拆分直线。

4）在"拆分面"对话框中激活"分割对象"列表区域中的"选择对象"按钮 ，选取刚创建的拆分直线，单击"确定"按钮，完成拆分面的创建。如图 5-28 中面 1 和面 2 所示。

5）选择菜单栏中"文件"→"全部保存"命令，保存所有文件。

2．通过"平面/面"进行拆分

继续以前面的模型为例，其操作步骤如图 5-29 所示。

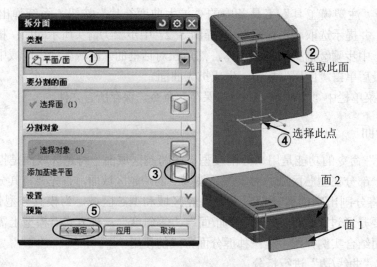

图 5-29   通过"平面/面"创建拆分面

1）打开附带光盘的 ch05\ch05_07\ch05_07_02\shell_parting_022.prt 文件。

2）单击"注塑模工具"工具条中的"拆分面"按钮 ，系统弹出"拆分面"对话框；在对话框的"类型"下拉列表中选择"平面/面"选项，选择图 5-29 中步骤②箭头所示的面作为拆分对象。

3）创建基准平面。单击"分割对象"列表区域中的"添加基准平面"按钮 ，系统弹出"基准平面"对话框，在该对话框"类型"下拉列表中选择"点和方向"选项，然后选择图 5-29 中步骤④箭头所示的点作为放置点，设置+Z 方向为矢量方向，单击"确定"按钮，完成基准平面的创建。

4）单击"拆分面"对话框中的"确定"按钮，完成拆分面的创建。如图 5-29 中面 1 和面 2 所示。

5）选择菜单栏中"文件"→"全部保存"命令，保存所有文件。

3．通过"等斜度"进行拆分

通过"等斜度"方式可以拆分不在水平面上或垂直于投影方向上的曲面，它的拆分工具是虚拟的投影边界曲线。继续以前面的模型为例，其操作步骤如图 5-30 所示。

1）打开附带光盘的 ch05\ch05_07\ch05_07_03\shell_parting_022.prt 文件。

2）单击"注塑模工具"工具条中的"拆分面"按钮 ，系统弹出"拆分面"对话框；在对话框的"类型"下拉列表中选择"等斜度"选项，选择图 5-30 中步骤②箭头所示的面作为拆分对象；单击"确定"按钮，完成拆分面的创建。

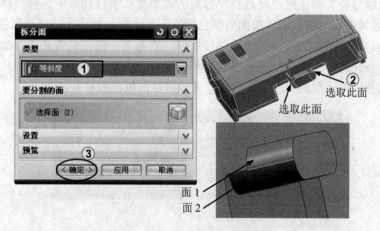

图 5-30　通过"等斜度"创建拆分面

3）选择菜单栏中"文件"→"全部保存"命令，保存所有文件。

【例 5-2】 片体修补。

1）打开附带光盘的 ch05\eg\eg_02\MDP_CONNHSG_parting_072.prt 文件，如图 5-31 所示。

2）单击"注塑模工具"工具条中的"边缘修补"按钮，弹出"边缘修补"对话框，在该对话框"环选择"分组的"类型"下拉列表中选择"面"选项，然后用鼠标选取模

图 5-31　电话插板零件

型底面（即图 5-32 中步骤②所指的面），单击"确定"按钮，完成模型底面各孔的修补，操作过程如图 5-32 所示。

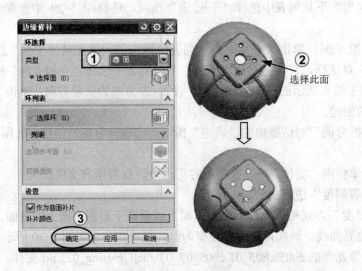

图 5-32　模型底面各孔的修补

3）通过"边缘修补"命令的"移刀"方式修补模型的跨越区域面。操作步骤如图 5-33 所示。在"边缘修补"对话框"环选择"分组的"类型"下拉列表中选择"移刀"选项，在"设置"列表区域中取消勾选的"按面的颜色遍历"复选框，然后用鼠标选取图 5-33 中步骤③所示的一条边线，单击"循环候选项"按钮，查看下一路径是否正确，如果路径正确，单击"接受"按钮，完成下一条边线的选择。选择完成的边界环如图 5-33 中箭头所示。单击"边缘修补"对话框的"应用"按钮，完成跨越区域面的修补。

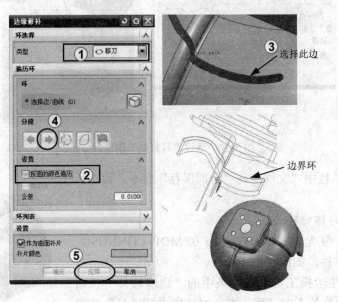

图 5-33　模型跨越区域面的修补

4）选择菜单栏中"文件"→"全部保存"命令，保存所有文件。

5.5　实体编辑工具

实体编辑工具主要包括替换实体、延伸实体、修剪实体和参考圆角等编辑操作。下面分别对这些命令的功能进行介绍。

5.5.1　替换实体

替换实体是指使用选定的面创建包容块，并使用选定的面替换包容块上的面，其作用是用来创建方块。下面结合实例介绍"替换实体"的操作过程。其操作过程如图 5-34 所示。

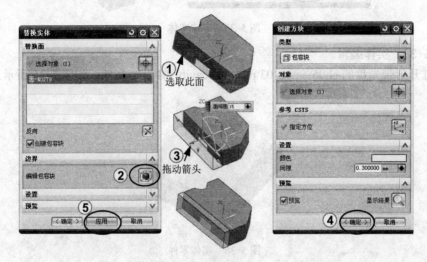

图 5-34　替换实体

1）打开附带光盘的 ch05\ch05_08\ch05_08_01/shell_1_parting_097.prt 文件。

2）单击"注塑模工具"工具条中的"替换实体"按钮，系统弹出"替换实体"对话框；选择图 5-34 中步骤①箭头所示的面作为替换面。

3）在"替换实体"对话框的"边界"列表区域中单击"编辑包容块"按钮，系统弹出"创建方块"对话框，同时在模型上显示六个方向的箭头和一个矢量坐标系，拖动图 5-34 中步骤③箭头所示的矢量，拖动到 "面间隙"文本框显示 15 为止，其他参数采用系统默认，单击"创建方块"对话框中的"确定"按钮。

4）在"替换实体"对话框中单击"应用"按钮，完成替换实体的创建。

5）选择菜单栏中"文件"→"全部保存"命令，保存所有文件。

5.5.2　延伸实体

延伸实体是指偏置实体上的面，创建出新的实体。下面结合实例介绍"延伸实体"命令的使用。其操作过程如图 5-35 所示。

1）打开附带光盘的 ch05\ch05_08\ch05_08_02\shell_1_parting_097.prt 文件。

2）单击"注塑模工具"工具条中的"延伸实体"按钮，系统弹出"延伸实体"对话框；选择图 5-35 中步骤①箭头所示的面作为延伸面，设置"偏置值"为 10，单击"确定"按钮，完成延伸实体的创建。

3) 选择菜单栏中"文件"→"全部保存"命令,保存所有文件。

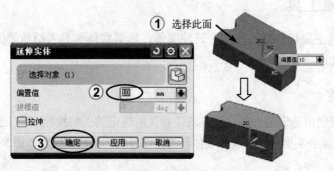

图 5-35　延伸实体

【例 5-3】 实体编辑。

1) 打开附带光盘的 ch05\eg\eg_03\patch01_cavity_011.prt 文件,如图 5-36 所示。

图 5-36　实体零件

2) 替换实体,操作步骤如图 5-37 所示。单击"注塑模工具"工具条中的"替换实体"按钮 ,系统弹出"替换实体"对话框;选择图 5-37 中步骤①箭头所示的两个面作为替换面,单击"应用"按钮,创建替换实体。

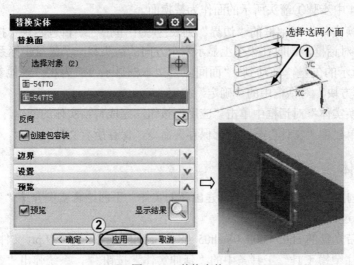

图 5-37　替换实体

3) 延伸实体,操作步骤如图 5-38 所示。单击"注塑模工具"工具条中的"延伸实体"

按钮 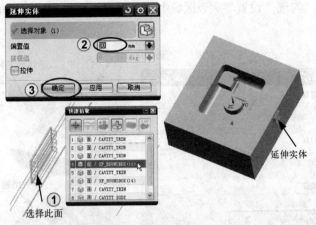，系统弹出"延伸实体"对话框；选择图 5-38 中步骤①箭头所示的面作为延伸面，输入"偏置值"为30，单击"确定"按钮，完成延伸实体（一）的创建。

图 5-38　延伸实体（一）

4）延伸实体，操作步骤如图 5-39 所示。选择图 5-39 中步骤①箭头所示的面作为延伸面，设置"偏置值"为 1.7120，单击"确定"按钮，完成延伸实体（二）的创建。

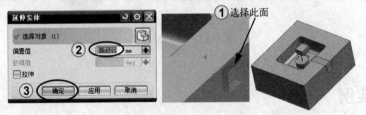

图 5-39　延伸实体（二）

5）布尔求交得到滑块头，操作步骤如图 5-40 所示。进入建模环境，单击"插入"→"组合"→"求交"命令，弹出"求交"对话框；选择型腔体为目标体，选择上述步骤 4）创建的延伸实体（二）为工具体，勾选"设置"列表区域中的"保存目标"复选框，单击"确定"按钮即可生成滑块头。

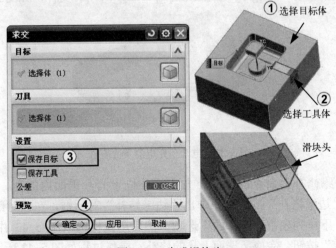

图 5-40　生成滑块头

6）布尔求差修剪型腔体，操作步骤如图 5-41 所示。进入建模环境单击"插入"→"组合"→"求差"命令，弹出"求差"对话框；选择型腔体为目标体，选择上述步骤 5）创建的滑块头为工具体，勾选"设置"列表区域中的"保存工具"复选框，单击"确定"按钮完成型腔体的修剪。

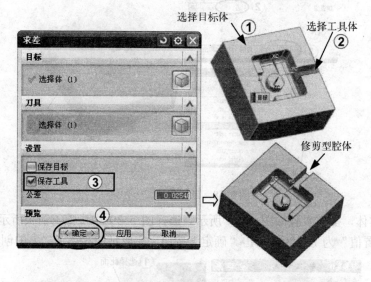

图 5-41　修剪型腔体

5.6　综合实例

本节以电动车充电器下盖模型修补和湿度仪下壳模型修补两个综合实例来介绍注塑模工具的使用。

5.6.1　电动车充电器下盖模型修补

1）打开附带光盘的 ch05\eg\eg_04\chdianqi_parting_047.prt 文件，如图 5-42 所示。

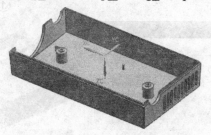

图 5-42　电动车充电器下壳零件

2）通过"边缘修补"命令的"面"方式修补位于同一平面内的孔。单击"注塑模工具"工具条中的"边缘修补"按钮 ，弹出"边缘修补"对话框，在该对话框"环选择"列表区域的"类型"下拉列表中选择"面"选项，然后用鼠标选取图 5-43 中步骤②箭头所示的面，单击"确定"按钮，完成所选面上孔的修补，操作过程如图 5-43 所示。

3）按照步骤2）的操作，完成另一圆孔的修补，如图5-44所示。

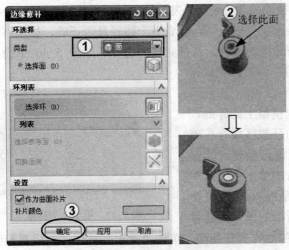

图 5-43　边缘修补（一）

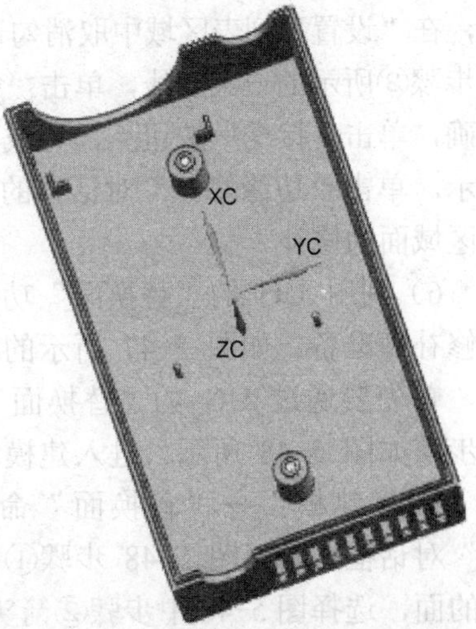

图 5-44　边缘修补（二）

4）按照步骤2）的操作，完成模型侧面10个矩形孔的修补，如图5-45所示。

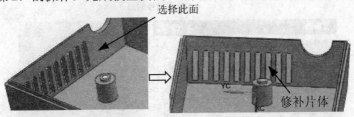

图 5-45　边缘修补（三）

5）通过"边缘修补"命令的"移刀"方式修补模型的跨越区域面。操作步骤如图5-46

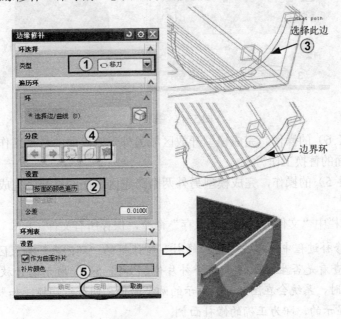

图 5-46　边缘修补（四）

所示。在"边缘修补"对话框"环选择"列表区域的"类型"下拉列表中选择"移刀"选项,在"设置"列表区域中取消勾选的"按面的颜色遍历"复选框,然后用鼠标选取图 5-46 中步骤③所示的一条边线,单击"循环候选项"按钮🔄,查看下一路径是否正确,如果路径正确,单击"接受"按钮☑,完成下一条边线的选择。选择完成的边界环如图 5-46 中箭头所示。单击"边缘修补"对话框的"应用"按钮,完成跨越区域面的修补。

6)利用 UG 的"替换面"功能整理模型上的碎面,为修补做准备。如图 5-47 所示的模型的开放区域存在碎面,首先要通过 UG 的"替换面"功能进行整理,其操作步骤如图 5-48 所示。进入建模环境后,单击"插入"→"同步建模"→"替换面"命令,系统弹出"替换面"对话框,选择图 5-48 步骤①箭头所指的面作为要替换的面,选择图 5-48 中步骤②箭头所示的面作为替换面,单击"确定"按钮,完成替换面的操作。

图 5-47 模型上的碎面

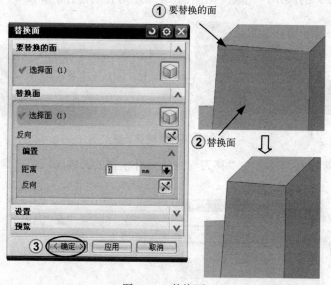

图 5-48 替换面

7)按照步骤 6)的操作,完成模型开放区域另外一侧碎面的替换工作及模型上另外一个开放区域上碎面的替换工作。

8)按照步骤 5)的操作,完成模型另外两个跨越区域面的修补。完成修补后的模型如图 5-49 所示。

9)选择菜单栏中"文件"→"全部保存"命令,保存所有文件。

提示:模型修补过程中,单击"边缘修补"对话框的"环列表"列表区域中的"切换面侧"按钮☒,可查看是否生成了正确的修补片体。如图 5-50 所示的开放区域修补,单击"切换面侧"按钮时,系统会在图 5-50 所示的两个面侧之间进行切换,如果图 5-50 中所示的面侧 2 是高亮显示的,即为正确的修补面侧。

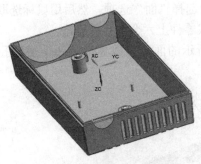

图 5-49　完成模型修补

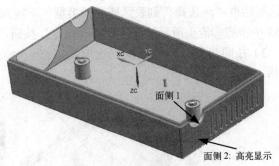

图 5-50　"切换面侧"按钮的应用

5.6.2　湿度仪下壳模型修补

　　湿度仪下壳零件模型如图 5-51 所示。产品模型中有多处开放区域需要修补，修补方法如图 5-52 所示。

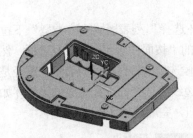

图 5-51　湿度仪下壳零件

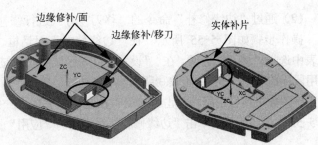

图 5-52　模型修补方法

　　（1）通过"边缘修补"命令的"面"方式进行修补

　　1）打开附带光盘的 ch05\eg\eg_05\shiduyi_parting_022.prt 文件，操作步骤如图 5-53 所示。

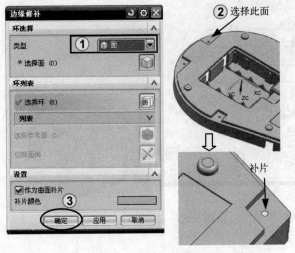

图 5-53　边缘修补（一）

　　2）单击"注塑模工具"工具条中的"边缘修补"按钮▣，弹出"边缘修补"对话框，在该对话框"环选择"列表区域的"类型"下拉列表中选择"面"选项,然后用鼠标选取图5-53中步骤②箭头所示的面,单击"确定"按钮,完成零件上六个圆孔的修补。

3)按照步骤 2)的操作,选取图 5-54 中箭头所示的面,完成零件上两个矩形孔的修补。

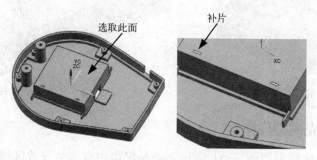

图 5-54 边缘修补(二)

(2)通过"边缘修补"命令的"移刀"方式进行修补

操作步骤如图 5-55 所示。在"边缘修补"对话框"环选择"列表区域的"类型"下拉列表中选择"移刀"选项,在 "设置"列表区域中取消勾选的"按面的颜色遍历"复选框,然后用鼠标选取图 5-55 中步骤③所示的一条边线,单击"循环候选项"按钮圆,查看下一路径是否正确,如果路径正确,单击"接受"按钮◆,完成下一条边线的选择。选择完成的边界环如图 5-55 中箭头所示。单击"边缘修补"对话框的"应用"按钮,完成跨越区域面的修补。

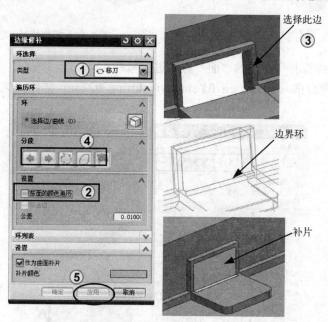

图 5-55 边缘修补(三)

(3)实体修补

1)创建方块,操作过程如图 5-56 所示。单击"注塑模工具"工具条中的"创建方块"按钮圆,弹出"创建方块"对话框;在该对话框的"类型"下拉列表中选择"一般方块"选项，然后用鼠标选取图 5-56 中步骤②箭头所示的放置点，在"创建方块"对话框的"尺寸"列表区域中输入 X、Y、Z 方向的长度分别为 10、20、30，单击该对话框的"应用"按钮，即可创建方块。

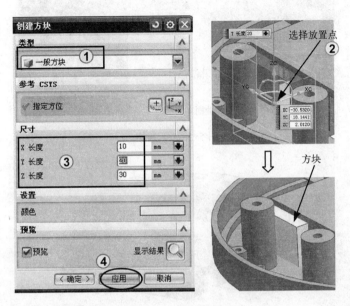

图 5-56 创建方块

2）分割实体，操作步骤如图 5-57 所示。单击"注塑模工具"工具条中的"分割实体"按钮，弹出"分割实体"对话框。在该对话框的"类型"下拉列表中选择"修剪"选项，选择图 5-27 中步骤②箭头所示的方块体作为目标体，选择图 5-57 中的曲面 1 作为工具体，单击"应用"按钮完成修剪。

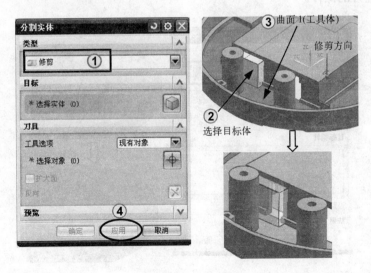

图 5-57 分割实体

3）参照步骤 2）的操作，分别选择如图 5-58 所示的曲面 2、曲面 3、曲面 4、曲面 5 作为工具体对修补块进行修剪，最终修剪结果如图 5-59 所示。

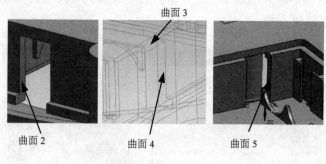

图 5-58　工具体

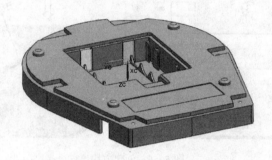

图 5-59　创建的方块体

4）实体补片，操作过程如图 5-60 所示。单击"注塑模工具"工具条中的"实体补片"按钮 ，打开"实体补片"对话框；在该对话框的"类型"下拉列表中选择"实体补片"选项，选择产品模型为产品实体，选择创建的修补块为补片体；单击该对话框的"应用"按钮，完成实体补片的操作。

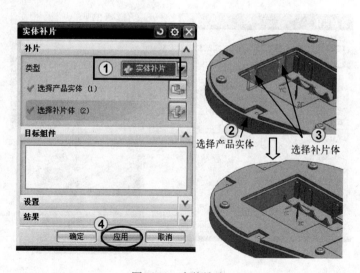

图 5-60　实体补片

5）选择菜单栏中"文件"→"全部保存"命令，保存所有文件。

156

5.7 本章小结

本章介绍了模型修补常用的命令功能及其使用方法。在对模型的开放区域进行修补时，应首先使用较简单的修补方法，如片体修补；对于复杂的破孔，片体修补不能奏效时可考虑采用实体修补。

"边缘修补"是广泛应用的破孔修补方法。其中通过"面"方式可修补位于同一平面或曲面内的孔；"移刀"方式适用于修补破孔横跨多个区域面的情况；通过"体"方式修补类似于旧版本的"自动孔修补"命令，该命令自动搜索模型上的破孔并自动进行修补。

5.8 思考与练习

1．简述对产品模型进行实体修补的过程。

2．"边缘修补"命令有"面"、"移刀"、"体"三种修补方法，简述其主要区别。

3．利用注塑模工具对图 5-61 所示的手机上盖零件进行修补（素材见附带光盘文件 ch05\ex\ex_01\phone_up.prt）。

4．利用注塑模工具对图 5-62 所示产品杯子零件进行修补（素材见附带光盘文件 ch05\ex\ex_02\CUP.prt）。

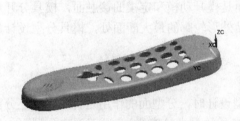

图 5-61 手机上盖零件

图 5-62 杯子零件

第6章 分型设计

分型是基于产品模型创建型芯和型腔的过程。分型设计是模具设计过程中的关键环节，分型的好坏，直接影响着模具结构复杂与否、加工的难易和产品质量。UG NX 8.0/Mold Wizard 提供了强大的分型设计功能，有助于快速实现分型及保持产品与型芯、型腔关联。本章将结合实例介绍 Mold Wizard 常用分型工具的使用方法，并通过综合实例介绍不同类型模具的分型方法。

本章重点
- 理解 Mold Wizard 模具分型的思想
- 掌握 Mold Wizard "模具分型工具"工具条中各个命令按钮的使用
- 掌握型芯区域和型腔区域的创建方法
- 掌握引导线的创建方法
- 掌握分型面的创建方法

6.1 模具分型概述

注塑模具设计的核心就是模具型芯、型腔的设计，型芯、型腔的设计关键在于产品的分型技术。其中，分型面的设计是模具分型中的关键。

6.1.1 分型面介绍

塑料在模具型腔凝固形成塑件，为了将塑件取出来，必须将模具型腔打开，也就是将模具分成两部分，即定模和动模两大部分。分型面是模具动模和定模的接触面，模具分开后由此可取出塑件或浇注系统。分型面一般位于产品外形轮廓的最大断面处，模具分型设计越简单，模具设计成本和加工成本就越低。

6.1.2 UG NX 8.0/Mold Wizard 分型过程

在 UG NX 8.0/Mold Wizard 模块中进行分型设计时，分型面的作用是将工件毛坯分割成型芯和型腔。模具分型时，首先搜索分型线（产品的最大轮廓线），进而创建分型面，然后用型芯修剪片体和型腔修剪片体分割工件毛坯，从而获得两个独立的型芯和型腔部件。模具分型过程如图 6-1 所示。

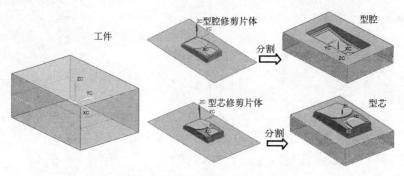

图 6-1　模具分型

6.1.3 分型工具介绍

利用 UG NX 8.0/Mold Wizard 进行分型设计，主要是通过如图 6-2 所示的"模具分型工具"工具条中的各种命令和图 6-3 所示的"分型导航器"窗口来进行的。"模具分型工具"工具条主要包括区域分析、曲面补片、定义区域、设计分型面、编辑分型面和曲面、定义型腔和型芯、交换模型、备份分型/补片片和分型导航器等工具按钮。分型导航器主要是对分型对象进行管理，以方便分型过程中的对象管理。

图6-2 "模具分型工具"工具条

图6-3 "分型导航器"窗口

6.2 入门引例

本节通过一个入门引例介绍 Mold Wizard 模具分型的一般过程，使读者初步熟悉模具分型的操作步骤。该实例为一个塑料壳体零件，如图 6-4 所示，模具设计准备工作在第 4 章已经完成，下面进行模具分型设计。

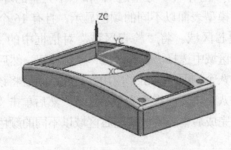

图6-4 塑料壳体零件

针对本实例模型，模具分型操作主要包括设计区域、创建区域和分型线、模型修补、创建分型面及创建型腔和型芯。

（1）设计区域

操作步骤如图 6-5 所示。

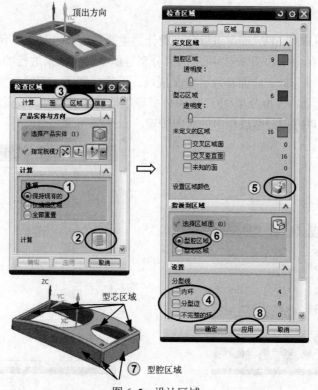

图 6-5　设计区域

1）打开附带光盘的 ch06\ch06_01\waike_top_025.prt 文件。单击"注塑模向导"工具栏中的"模具分型工具"按钮，系统弹出"模具分型工具"工具条；在"模具分型工具"工具条中单击"区域分析"按钮，系统弹出"检查区域"对话框，同时模型被加亮，并显示开模方向。在"计算"选项卡的"计算"列表区域中选择"保持现有的"单选按钮，并单击"计算"按钮，系统开始对产品模型进行分析计算。

2）设置区域颜色。在"检查区域"对话框中单击"区域"选项卡，在该对话框"设置"列表区域中取消勾选的"内环"、"分型边"、和"不完整的环"三个复选框，然后单击"设置区域颜色"按钮。模型表面以不同的颜色显示，且有 16 个未定义区域。

3）定义型腔区域和型芯区域。将"检查区域"对话框中的"选择区域面"按钮激活，在"指派到区域"列表区域中选择"型腔区域"单选按钮，然后用鼠标选择图 6-5 中步骤⑦箭头所示的模型外表面的八个侧面，单击"应用"按钮，系统将该区域指定到型腔区域；以同样的方法，将模型破孔的八个内表面指定为型芯区域，然后单击"确定"按钮，完成型腔区域和型芯区域的定义，定义完成后型腔区域和型芯区域以不同的颜色显示，如图 6-6 所示。

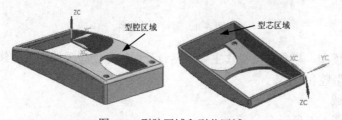

图 6-6　型腔区域和型芯区域

（2）创建区域和分型线

操作步骤如图 6-7 所示。在"模具分型工具"工具条中单击"定义区域"按钮，系统弹出"定义区域"对话框。在"设置"列表区域中勾选"创建区域"和"创建分型线"两个复选框，完成型腔区域、型芯区域及分型线的创建。

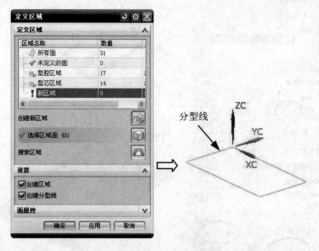

图 6-7　创建区域和分型线

（3）创建曲面补片

操作步骤如图 6-8 所示。在"模具分型工具"工具条中单击"曲面补片"按钮，系统弹出"边缘修补"对话框；在"边缘修补"对话框"环选择"列表区域的"类型"下拉列表中选择"面"选项，然后选择图 6-8 中步骤②箭头指示的面，单击"确定"按钮，零件的四个破孔自动修补完成。

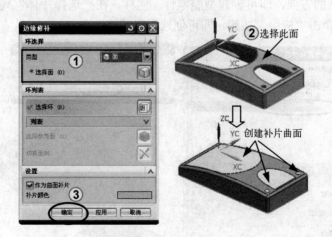

图 6-8　模型破孔的修补

（4）创建分型面

操作步骤如图 6-9 所示，在"模具分型工具"工具条中单击"设计分型面"按钮，系统弹出"设计分型面"对话框，在该对话框"创建分型面"列表区域中的"方法"一栏，选择"有界平面"按钮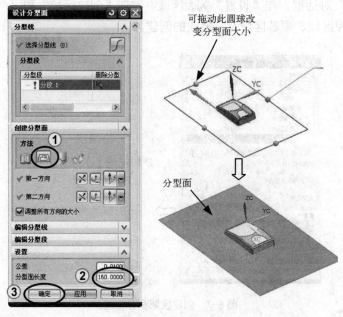，在"设置"列表区域中输入"分型面长度"为160，也可拖动分型面四周的圆球改变分型面的大小。单击"确定"按钮，即可创建分型面。

图6-9 创建分型面

（5）创建型腔和型芯

操作步骤如图6-10所示，在"模具分型工具"工具条中单击"定义型腔和型芯"按钮，系统弹出"定义型腔和型芯"对话框，在该对话框"选择片体"列表区域的列表中选中"型腔区域"，单击"应用"按钮，在弹出的"查看分型结果"对话框中单击"确定"按钮，接受系统默认的方向，即可创建型腔零件。同样，在"选择片体"列表区域的列表中选中"型芯区域"，单击"应用"按钮，即可创建型芯零件。

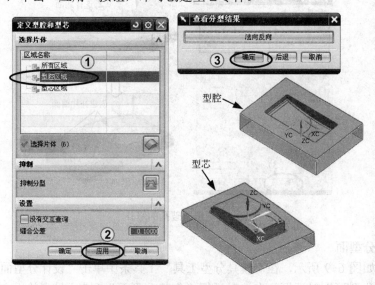

图6-10 创建型芯和型腔

提示：查看型腔和型芯零件，可单击菜单栏中的"窗口"，在弹出的下拉菜单中选择"waike_core_031.prt"，系统切换到型芯窗口；同样，选择"waike_cavity_027.prt"，系统切换到型腔窗口。

6.3　设计区域

设计区域的主要功能是完成产品模型上型芯区域面和型腔区域面的定义以及对产品模型进行区域检查分析，包括对产品模型的脱模角度进行分析。单击"模具分型工具"工具条中的"区域分析"按钮◢，系统弹出如图 6-11 所示的"检查区域"对话框（一），该对话框有四个功能选项卡："计算"、"面"、"区域"和"信息"。下面结合实例介绍这四个选项卡的功能及应用。

1. "计算"选项卡

打开附带光盘的 ch06\ch06_02\Case4_top_050.prt 文件。单击"模具分型工具"工具条中的"区域分析"按钮◢，系统弹出如图 6-11 所示的"检查区域"对话框中"计算"选项卡，同时，模型被加亮，并显示开模方向，如图 6-12 所示。单击"计算"按钮▤，系统对产品模型进行分析和计算。

图 6-11　"计算"选项卡

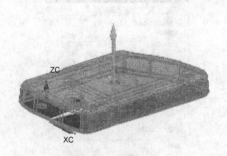

图 6-12　脱模方向

"计算"选项卡中的有关选项说明如下。

- 保持现有的：保留初始化产品模型中所有的参数，计算面的属性。
- 仅编辑区域：仅对作过模型验证的部分进行编辑。
- 全部重置：将所有的面重设为默认值。
- 按钮▣：单击该按钮，系统会弹出如图 6-13 所示的"矢量"对话框，用于更改脱模方向。
- 按钮▤：单击该按钮，系统对产品模型进行分析和计算。

图 6-13　"矢量"对话框

2. "面"选项卡

"面"选项卡的主要功能是对产品模型进行脱模角分析。在"检查区域"对话框中单击"面"选项卡，弹出如图 6-14 所示的"面"选项卡，该对话框显示了"面"选项卡的功能。

"面"选项卡中的有关选项说明如下。

- ☑高亮显示所选的面：勾选该复选框后，系统会高亮显示设定的脱模角的面。
- 拔模角限制 文本框：用户可在该文本框中输入脱模角角度值（正值）。
- "面脱模角"列表区域：在该区域显示了面脱模角分析的结果。
- "设置所有面的颜色"按钮🎨：单击该按钮，产品体所有面的颜色设定为脱模角的颜色。
- "底切"列表区域：显示同时有正、负脱模角的面。
- "透明度"列表区域：用于控制脱模面的透明显示，用户可移动相应的滑块来改变选定的面或未选定的面的透明度。
- "命令"列表区域：该列表区域中有两个功能按钮：面拆分和面脱模分析。单击"面拆分"按钮，系统会弹出"面拆分"对话框，其功能与"注塑模工具"工具条中的"拆分面"工具一样，这里就不再赘述。单击"面脱模分析"按钮，系统会弹出"脱模分析"对话框，在该对话框中可观察脱模分析的结果。

下面结合实例介绍面脱模分析的操作。

1）单击如图 6-14 所示"面"选项卡中的"设置所有面的颜色"按钮🎨，产品模型以不同颜色显示脱模角分析的结果，如图 6-15 所示。从此图可知，正脱模角的面、无脱模角的面和负脱模角的面共有 117 个。正脱模角的面显示为黄色和棕色，无脱模角的面（竖直面）显示为灰色，负脱模角的面显示为碧绿色和蓝色。型腔区域脱模角为正，型芯区域脱模角为负。

图 6-14　"面"选项卡

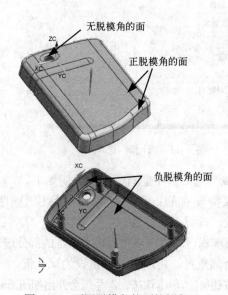

图 6-15　不同脱模角的面的颜色显示

提示： 面脱模分析后如果存在区域混合面（既包含于型腔区域，又包含于型芯区域的单个面），要对其进行分割，分割之前若为同一脱模角度，分割后，成为型腔面的脱模角应大于 0，成为型芯面的脱模角应小于 0。

2）单击如图 6-14 所示"面"选项卡中的"面脱模分析"按钮█，系统弹出"脱模分析"对话框，如图 6-16 所示，在该对话框"正向脱模"列表区域中勾选"显示等斜线"复选框，然后用鼠标选取型腔面，结果如图 6-17 所示。

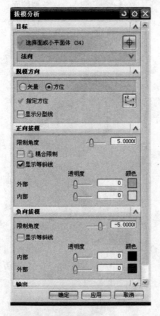

图 6-16　"脱模分析"对话框

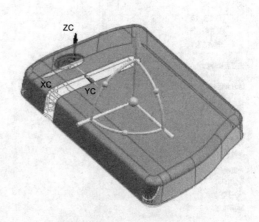

图 6-17　显示等斜线

3.　"区域"选项卡

"区域"选项卡的功能是分析计算型腔、型芯区域面的个数以及对区域面进行重新指派。在"检查区域"对话框中单击"区域"选项卡，弹出如图 6-18 所示的"区域"选项卡。

"区域"选项卡中的有关选项说明如下。

- 型腔区域：移动该区域中的滑块可设定型腔区域的透明度。
- 型芯区域：移动该区域中的滑块可设定型芯区域的透明度。
- 未定义的区域：该区域用于定义系统无法识别的面，有"交叉区域面"、"交叉竖直面"和"未知的面"三种类型。
- "设置区域颜色"按钮█：单击该按钮，系统将显示模型上不同区域（型腔区域、型芯区域、未定义区域）的颜色。
- "指派到区域"列表区域：该列表区域的主要功能是将产品模型上的面指派到型芯区域或型腔区域。
- "内环"复选框：内环是指破孔补面的边界。
- "分型边"复选框：指主分型线。
- "不完整的环"复选框：指系统自动搜索到的除内环与分型边以外的其他环。当区域面完成分析并进行区域面的指派后，其个数将变为 0。

下面结合实例介绍"区域"选项卡中有关命令的操作。

1）单击如图 6-18 中所示的"设置区域颜色"按钮█，产品模型以不同颜色显示各个区域，包括型腔区域、型芯区域和一个交叉竖直面（未定义区域）。在"设置"列表区域中可以看到有一个"内环"，"分型边"由 14 条线段组成，如图 6-19 所示。

图 6-18 "区域"选项卡

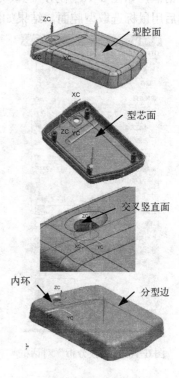

图 6-19 模型各个区域的颜色

2）将交叉竖直面（模型破孔的内表面）指定到型芯区域。在图 6-18 中激活"选择区域面"选项，选中"型芯区域"单选按钮；用鼠标选择模型的交叉竖直面（或勾选 "未定义区域"的"交叉竖直面"复选框），然后单击"应用"按钮，将未定义区域指派到型芯区域。完成区域定义的模型如图 6-20 所示。

图 6-20 定义区域

4．"信息"选项卡

在"检查区域"对话框中单击"信息"选项卡，弹出如图 6-21 所示的"信息"选项卡。在"信息"选项卡的"检查范围"列表区域中有三个单选按钮:"面属性"、"模型属性"和"尖角"。

下面结合实例介绍这三个单选按钮的功能。

1)面属性。"面属性"检查是指通过选择产品上的面进行属性分析,得到详细的分析结果。单击图 6-21 中的"应用"按钮,然后选择图 6-22 中箭头所示的面,再次单击图 6-21 中的"应用"按钮,其分析结果如图 6-22 所示。

图 6-21 "信息"选项卡

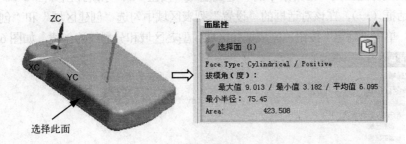

图 6-22 "面属性"分析结果

2)模型属性。选中"信息"选项卡中的"模型属性"单选按钮,单击对话框的"应用"按钮,"模型属性"的分析结果如图 6-23 所示,从中可以获得模型的周界尺寸和体积、面积等信息。

3)尖角。通过模型的"尖角"检查,可以找出产品的锐角边。产品锐角边的存在不利于产品的脱模,通过该功能找出锐角边后可以对其进行修改。

选中"信息"选项卡中的"尖角"单选按钮,单击该对话框的"应用"按钮,可以获得尖角检查的有关信息,如图 6-24 所示。从图 6-24 可知,产品模型的"锐边"为 0,即不存在锐角边。

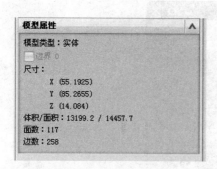

图 6-23 "模型属性"分析结果

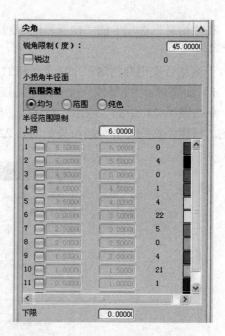

图 6-24 产品"尖角"检查结果

6.4 创建区域和分型线

完成模型的型腔面和型芯面定义后,接下来进行型腔区域、型芯区域和分型线的创建工作,此处创建的分型线是为后面创建分型面做准备。继续以前面的模型为例进行该功能的介绍。

单击"模具分型工具"工具条中的"定义区域"按钮 ,系统弹出如图 6-25 所示的"定义区域"对话框(一),在该对话框的"设置"列表区域中勾选"创建区域"和"创建分型线"两个复选框,单击"确定"按钮,完成型腔区域、型芯区域和分型线的创建,如图 6-26 所示。

图 6-25 "定义区域"对话框(一)

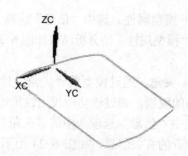

图 6-26 创建分型线

上述对型腔区域、型芯区域的创建是在上一步"区域分析"的基础上自动完成的，也可以手动进行型腔区域、型芯区域的抽取。手动抽取区域不需要事先进行模型的区域分析，下面结合实例进行介绍。

1）打开附带光盘的 ch06\ch06_03\Case1_top_000.prt 文件，单击"模具分型工具"工具条中的"定义区域"按钮 ，系统弹出如图 6-27 所示的"定义区域"对话框（二），从该对话框中可以看出，产品模型共有 52 个面，而且全部未进行定义。

2）抽取型腔区域。其操作步骤如图 6-28 所示。在"定义区域"对话框中选中"型腔区域"，系统自动激活"选择区域面"命令；用鼠标选取产品的所有外表面，然后单击该对话框的"应用"按钮，此时"型腔区域"面的个数变为 17。再次选中"型腔区域"选项，接着在该对话框的"设置"列表区域中勾选"创建区域"复选框，单击"应用"按钮，完成型腔区域的创建。

图 6-27 "定义区域"对话框（二）   图 6-28 抽取型腔区域

3）抽取型芯区域。按照步骤 2）的操作可完成产品型芯区域的创建。

6.5 创建曲面补片

"模具分型工具"工具条中的"曲面补片"工具的功能与"注塑模工具"工具条中的"边缘修补"工具的功能是一样的。用户可以通过"面"、"体"、"移刀"三种方式来创建曲面补片。下面结合实例介绍"曲面补片"命令的应用。

打开附带光盘的 ch06\ch06_04\Case4_top_050.prt 文件，单击"模具分型工具"工具条中的"曲面补片"按钮 ◈，系统弹出如图 6-29 所示的"边缘修补"对话框；在该对话框的

"类型"下拉列表中选择"体"选项,然后用鼠标选择产品体,单击"确定"按钮,完成破孔的修补,如图 6-30 所示。

图 6-29 "边缘修补"对话框

图 6-30 创建曲面补片

6.6 设计分型面

"设计分型面"按钮 ⊿ 的主要功能包括创建和编辑分型线、引导线设计以及创建分型面。单击"模具分型工具"工具条中的"设计分型面"按钮 ⊿,系统弹出如图 6-31 所示的"设计分型面"对话框。下面结合实例介绍该对话框各部分功能的应用。

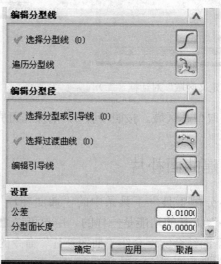

图 6-31 "设计分型面"对话框

170

6.6.1　编辑分型线

在创建分型面之前，首先要创建（抽取）模型的分型线。分型线的创建可以通过 6.4 节中"定义区域"工具进行抽取，也可在"设计分型面"对话框中进行创建。"设计分型面"对话框中的"编辑分型线"具有强大的编辑功能，它可以自动创建分型线，也可通过手动选择产品的最大外形边界作为主分型线。下面结合实例介绍手动创建分型线操作的一般步骤。

1）打开附带光盘的 ch06\ch06_05\ ch06_05_01\Case4_top_050.prt 文件。

2）单击"模具分型工具"工具条中的"设计分型面"按钮 🖰，系统弹出如图 6-31 所示的"设计分型面"对话框；在该对话框的"编辑分型线"列表区域中单击"遍历分型线"右侧的按钮🖰，系统弹出"遍历分型线"对话框，如图 6-32 所示。用鼠标选取图 6-32 中步骤②箭头所示模型的一条边线，然后通过单击"遍历分型线"对话框中的"接受"按钮 🖰，完成模型上最大轮廓线的遍历。

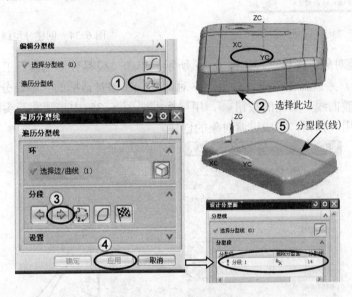

图 6-32　手动创建分型线

3）单击"遍历分型线"对话框中的"应用"按钮，则在"设计分型面"对话框的"分型段"列表区域中出现了"分段 1"，该分型段是由模型最大轮廓上的 14 条边线组成的。这和 6.4 节中自动创建的分型线结果一致。

6.6.2　创建过渡对象

"创建过渡对象"的功能是创建用于分型面拉伸的过渡曲线或点，过渡曲线或点将主分型线断开为几个部分。该功能可通过"设计分型面"对话框中"编辑分型段"列表区域中的"选择过渡曲线"来完成操作。下面结合实例介绍创建过渡对象的操作过程。

1）打开附带光盘的 ch06\ch06_05\ ch06_05_02\tixudao_top_000.prt 文件。

2）创建区域和分型线。单击"模具分型工具"工具条中的"定义区域"按钮 🖰，系统弹出如图 6-33 所示的"定义区域"对话框，在该对话框的"设置"列表区域中勾选"创建区域"和"创建分型线"两个复选框，单击"确定"按钮，完成型腔区域、型芯区域和分型线的创建，如图 6-34 所示。

图 6-33 "定义区域"对话框

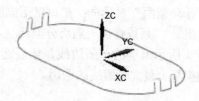

图 6-34 创建分型线

3）创建过渡对象，操作过程如图 6-35 所示。单击"模具分型工具"工具条中的"设计分型面"按钮 ，系统弹出"设计分型面"对话框，在该对话框的"编辑分型段"列表区域中单击"选择过渡曲线"右侧的按钮 ，用鼠标框选图 6-35 中步骤③箭头所示的四个过渡对象，单击"应用"按钮，完成过渡对象的创建。

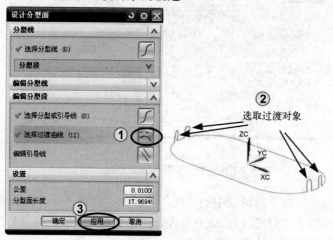

图 6-35 创建过渡对象

6.6.3 引导线设计

如果分型线不在同一平面上或拉伸方向不在同一方向时，系统就不能自动识别出拉伸方向，这时需要在主分型线上设计引导线，其用途为：① 定义分型面的拉伸方向；② 使用扫描方式创建分型面时，引导线可作为扫描轨迹。下面结合实例介绍创建过渡对象的操作过程。

1）打开附带光盘的 ch06\ch06_05\ch06_05_03\case5_top_000.prt 文件。

2）单击"模具分型工具"工具条中的"设计分型面"按钮 ，系统弹出"设计分型面"对话框，在"分型导航器"中取消勾选的"产品实体"、"工件线框"和"曲面补片"

三个选项，窗口中只显示模型的分型线，如图 6-36 所示。

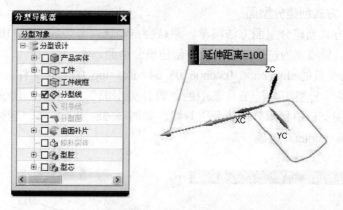

图 6-36　显示分型线

3）在"设计分型面"对话框的"编辑分型段"列表区域中单击"编辑引导线"右侧的按钮 ，系统弹出"引导线"对话框，在该对话框的"引导线长度"文本框中输入 80，然后按〈Enter〉键确认。用鼠标依次选取主分型线上的八条线段，生成八条引导线，如图 6-37 所示。单击"引导线"对话框的"应用"按钮，完成创建八条引导线。

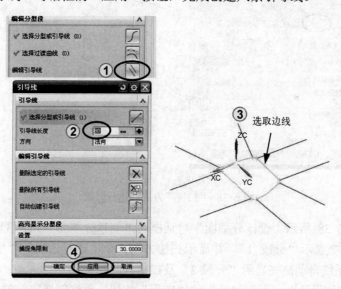

图 6-37　创建引导线

提示：引导线是在选取边线时由靠近光标的一端创建的，因此需要注意光标的选取位置。

6.6.4　创建分型面

分型面的创建是在分型线及其引导线创建完成之后进行的。UG NX 8.0/Mold Wizard 提供了多种创建分型面的方法，主要有拉伸、有界平面、扫掠、扩大曲面和条带曲面。分型面的创建是模具设计中的重要环节，它将影响到分型是否成功及型腔、型芯的形状。下面结合实例介绍创建分型面的操作过程。

1. "扫掠"方式创建分型面

用"扫掠"方式创建分型面方法简单，系统会自动选取分型线作为扫掠轨迹，然后确定扫描矢量，再以引导线作为扫掠截面并最终创建出分型面。

1）打开附带光盘的 ch06\ch06_05\ch06_05_04\case5_top_000.prt 文件。

2）单击"模具分型工具"工具条中的"设计分型面"按钮 📐，系统弹出"设计分型面"对话框，绘图窗口中显示分型线及引导线，如图 6-38 所示；将"延伸距离"文本框数值改为 100，并按〈Enter〉键确认。

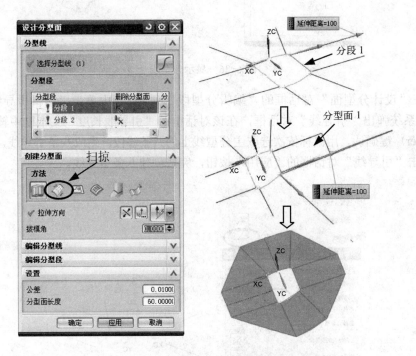

图 6-38　"扫掠"方式创建分型面

3）在如图 6-38 所示"设计分型面"对话框的"创建分型面"列表区域中单击"扫掠"按钮 ，系统高亮显示"分段 1"，并显示扫掠方向；单击该对话框的"应用"按钮，生成分型面 1，同时系统自动高亮显示"分段 2"及扫掠方向。

4）连续单击"设计分型面"对话框的"应用"按钮，最终创建完整的分型面。

2. "拉伸"方式创建分型面

用"拉伸"方式创建分型面与建模模块中的"拉伸"命令类似，当分型线可以朝一个方向拉伸成分型面时，便可选用"拉伸"方式进行创建，而不管分型线是否在一个平面上。

1）打开附带光盘的 ch06\ch06_05\ch06_05_05\case5_top_000.prt 文件。

2）单击"模具分型工具"工具条中的"设计分型面"按钮 📐，系统弹出"设计分型面"对话框，绘图窗口中显示分型线及引导线，如图 6-39 所示；将"延伸距离"文本框数值改为 100，并按〈Enter〉键确认。

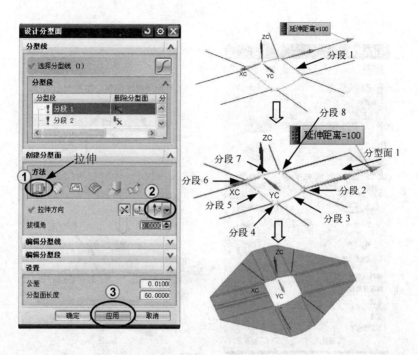

图6-39 "拉伸"方式创建分型面

3）在如图 6-39 所示"设计分型面"对话框的"创建分型面"列表区域中单击"拉伸"按钮，系统高亮显示"分段 1"，并显示拉伸方向；单击"拉伸方向"右侧的按钮，选择"-XC"方向作为拉伸方向，单击该对话框的"应用"按钮，生成分型面 1，同时系统自动高亮显示"分段 2"及拉伸方向。

4）从"分段 2"～"分段 8"，依次选择"-XC"、"+YC"、"+YC"、"+XC"、"+XC"、"-YC"、"-XC"作为拉伸方向，并分别单击"设计分型面"对话框的"应用"按钮，最终创建完整的分型面。

3. "有界平面"方式创建分型面

如果所有分型线都位于同一平面内，可采用"有界平面"方式创建分型面。

1）打开附带光盘的 ch06\ch06_05\ch06_05_06\case1_top_000.prt 文件。

2）单击"模具分型工具"工具条中的"设计分型面"按钮，系统弹出"设计分型面"对话框，单击对话框中的"有界平面"按钮，绘图窗口中自动显示有界平面，如图 6-40 所示；用户可拖动有界平面上的圆球来调整分型面的大小，单击"应用"按钮，则完成创建分型面。

4. "扩大曲面"方式创建分型面

如果所有分型线都位于同一曲面内，可采用"扩大曲面"方式创建分型面。

1）打开附带光盘的 ch06\ch06_05\ch06_05_07\MDP_PHONE_top_000.prt 文件。

2）创建过渡对象，操作过程如图 6-41 所示。单击"模具分型工具"工具条中的"设计分型面"按钮，系统弹出"设计分型面"对话框，在该对话框的"编辑分型段"列表区域中单击"选择过渡曲线"右侧的按钮，用鼠标框选图 6-41 中步骤②箭头所示的过渡对象，单击"应用"按钮，完成过渡对象的创建。

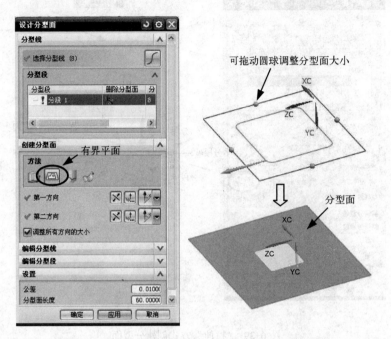

图 6-40 "有界平面"方式创建分型面

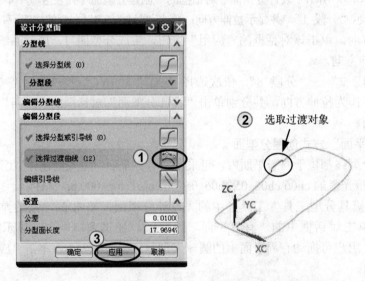

图 6-41 创建过渡对象

3）创建分型面，操作过程如图 6-42 所示。在"设计分型面"对话框的"创建分型面"列表区域中单击"扩大曲面"按钮，系统高亮显示"分段 1"；单击该对话框的"应用"按钮，系统弹出"查看修剪片体"对话框，用户可单击"翻转修剪片体"按钮翻转修剪方向，以获得正确的分型面，最后单击"查看修剪片体"对话框的"确定"按钮，完成分型面的创建。

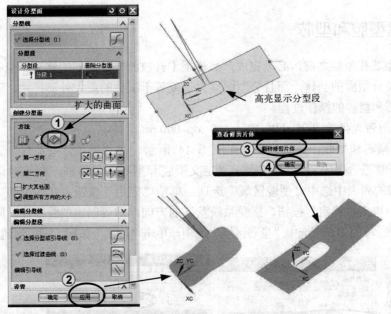

图 6-42 "扩大曲面"方式创建分型面

5. "条带曲面"方式创建分型面

"条带曲面"方式创建分型面,就是由无数条平行于 XY 坐标平面的曲线,沿着一条或多条相连的引导线而生成分型面。若模型分型线全部在一个平面内,则无需设计引导线,可直接通过"条带曲面"方式创建分型面。

1) 打开附带光盘的 ch06\ch06_05\ch06_05_08\case1_top_000.prt 文件。

2) 单击"模具分型工具"工具条中的"设计分型面"按钮 ,系统弹出"设计分型面"对话框;单击该对话框的"条带曲面"按钮 ,在"延伸距离"文本框中输入数值 60,并按〈Enter〉键确认,最后单击"应用"按钮,完成条带曲面(分型面)的创建,如图 6-43 所示。

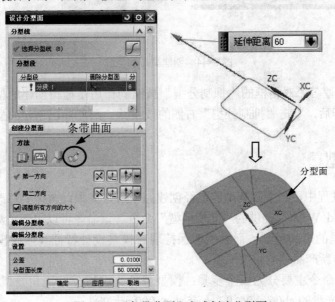

图 6-43 "条带曲面"方式创建分型面

6.7 创建型腔和型芯

在创建型芯和型腔之前，必须完成产品模型中开放凹槽或破孔的修补、型芯区域和型腔区域的抽取及分型面的创建，而且分型面须大于或等于工件的最大外形尺寸。下面结合实例介绍创建型芯和型腔的操作过程。

1）打开附带光盘的 ch06\ch06_06\case5_top_000.prt 文件。

2）创建型芯和型腔，其操作步骤如图 6-44 所示。在"模具分型工具"工具条中单击"定义型腔和型芯"按钮 ▨ ，系统弹出"定义型腔和型芯"对话框，在该对话框"选择片体"列表区域的列表中选中"型腔区域"选项，单击"应用"按钮，在弹出的"查看分型结果"对话框中单击"确定"按钮，接受系统默认的方向，即可创建型腔零件。同样，在"选择片体"列表区域的列表中选中"型芯区域"选项，单击"应用"按钮，即可创建型芯零件。

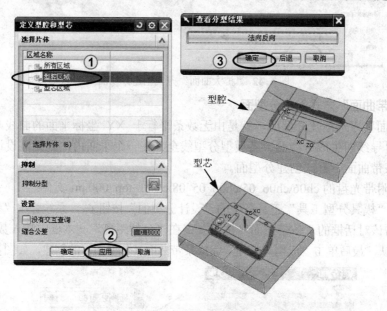

图 6-44　创建型芯和型腔

"定义型腔和型芯"对话框的"抑制分型"按钮的作用是撤销创建的型芯或型腔。当型芯或型腔创建完毕后，单击"抑制分型"右侧的按钮 ▨ ，可删除已创建的型芯或型腔。

6.8 交换模型

在模具设计过程中，当型芯和型腔已经创建完成后，如果此时需要修改产品模型，可采用 UG NX 8.0/Mold Wizard 提供的"交换模型"命令。该命令可以用一个新版本的模型来替换模具设计过程里的产品模型，而且能够保持现有模具设计特征（如脱模、分型线、修补面、分型面等）与新产品体的相关性。

"交换模型"命令主要分为三个步骤：模型替换、编辑分型线和分型面、更新分型。

1）打开附带光盘的 ch06\ch06_07\case5_top_000.prt 文件。

2）在"模具分型工具"工具条中单击"更换模型"按钮图，系统弹出"打开"对话框，在该对话框中选择 case5_new.prt 文件，单击"OK"按钮，系统弹出如图 6-45 所示的"替换设置"对话框。

3）在"替换设置"对话框中单击"确定"按钮，系统弹出如图 6-46 所示的"模型比较"对话框，并在绘图区显示如图 6-47 所示的三幅视图以作对比，显示出修改过的地方，各选项按照默认设置即可。

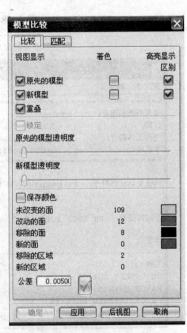

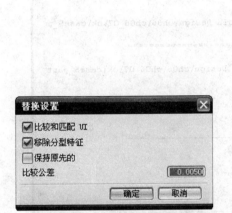

图 6-45 "替换设置"对话框　　　　　图 6-46 "模型比较"对话框

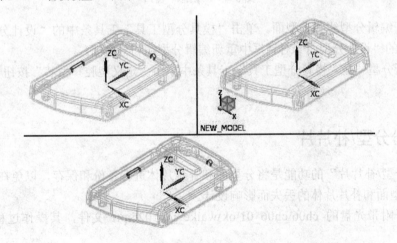

图 6-47 模型交换视图显示

4）在"模型比较"对话框中单击"应用"按钮，然后单击该对话框的"后视图"按钮。模型替换更新成功后，系统显示如图 6-48 所示的"交换产品模型"信息框和图 6-49 所示的"信息"窗口。

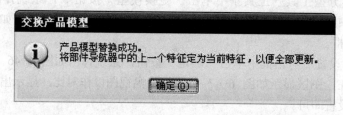

图 6-48 "交换产品模型"信息框

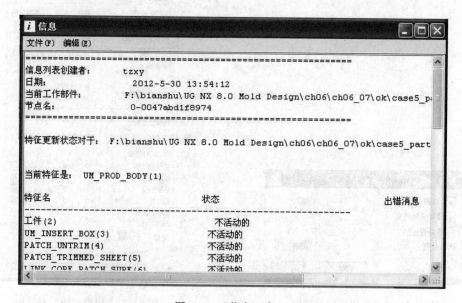

图 6-49 "信息"窗口

5）重新编辑分型线和分型面。单击"模具分型工具"工具条中的"设计分型面"按钮 ，在弹出的"设计分型面"对话框中重新编辑分型线和分型面。

6）更新分型。在"模具分型工具"工具条中单击"定义型腔和型芯"按钮 ，创建型芯和型腔。

6.9 备份分型/补片片

"备份分型/补片片"的功能是将分型面和补片片体进行备份和保存，以免在后续设计过程中造成分型面和补片片体的丢失而影响设计。

1）打开附带光盘的 ch06\ch06_01\ok\waike_top_025.prt 文件，其操作过程如图 6-50 所示。

2）在"模具分型工具"工具条中单击"备份分型/补片片"按钮 ，系统弹出"备份分型对象"对话框，并自动显示分型片体；在"类型"下拉列表中选择"两者皆是"选项，再用鼠标选取分型片体和补片片体，并将"设置"列表区域中的"图层"设为 155 层，最后单击该对话框的"确定"按钮，完成分型片体和补片片体的备份。

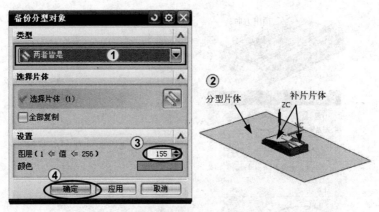

图 6-50　备份分型片体和补片片体

6.10　综合实例

本节以电动车充电器下盖的分型和湿度仪下壳的分型两个综合实例来介绍分型设计的应用。

6.10.1　电动车充电器下盖的分型设计

对如图 6-51 所示的电动车充电器下盖进行分型设计。

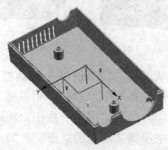

图 6-51　电动车充电器下盖零件

该零件的模具设计准备工作在第 4 章已经完成，下面接着进行模具分型工作，创建型芯和型腔零部件。

（1）设计区域

其操作步骤如图 6-52 所示。

1）打开附带光盘的 ch06\eg\eg_01\chdianqi_top_025.prt 文件。单击"注塑模向导"工具栏中的"模具分型工具"按钮，系统弹出"模具分型工具"工具条；在"模具分型工具"工具条中单击"区域分析"按钮，系统弹出"检查区域"对话框，同时模型被加亮，并显示开模方向。在"计算"选项卡中选择"保持现有的"选项，并单击"计算"按钮，系统开始对产品模型进行分析计算。

2）设置区域颜色。在"检查区域"对话框中单击"区域"选项卡，在该对话框"设置"列表区域中取消勾选的"内环"、"分型边"和"不完整的环"三个复选框，然后单击"设置区域颜色"按钮。模型表面以不同的颜色显示，且有 22 个未定义区域。

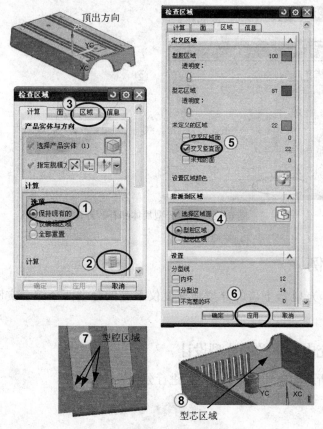

图 6-52　定义区域

3）定义型腔区域和型芯区域。将"检查区域"对话框中的"选择区域面"按钮 激活，在"指派到区域"列表区域中选择"型腔区域"，用鼠标勾选"交叉竖直面"复选框，系统会高亮显示模型中的交叉竖直面，单击"应用"按钮，将这 22 个交叉竖直面指定到型腔区域。然后用鼠标点选图 6-52 中步骤⑦所示的矩形侧孔的三个面，将其指定到型腔区域，同样方法，将模型另外九个矩形侧孔的同样位置的面指定到型腔区域；将 6-52 中步骤⑧所示的面指定到型芯区域。最后单击"确定"按钮，完成型腔区域和型芯区域的定义。定义完成后型腔区域和型芯区域以不同的颜色显示，如图 6-53 所示。同时，在"检查区域"对话框的"定义区域"列表区域中显示型腔区域 152 个，型芯区域 57 个，未定义区域 0 个。

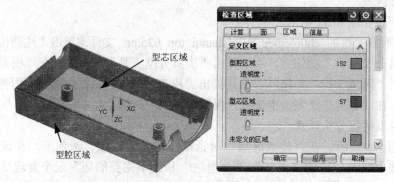

图 6-53　定义区域

（2）抽取区域和分型线

在"模具分型工具"工具条中单击"定义区域"按钮，系统弹出如图 6-54 所示的"定义区域"对话框。在"设置"列表区域中勾选"创建区域"和"创建分型线"两个复选框，完成型腔区域、型芯区域及分型线的创建。

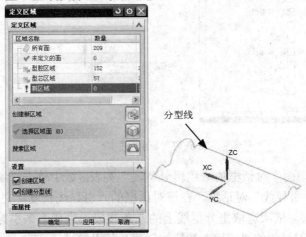

图 6-54　抽取区域和分型线

（3）创建曲面补片

其操作步骤如图 6-55 所示。在"模具分型工具"工具条中单击"曲面补片"按钮，系统弹出"边缘修补"对话框；在"边缘修补"对话框"环选择"列表区域的"类型"下拉列表中选择"面"选项，然后选择图 6-55 中步骤②箭头指示的面，单击"确定"按钮，零件上的破孔自动修补完成。修补完成后的模型如图 6-56 所示。

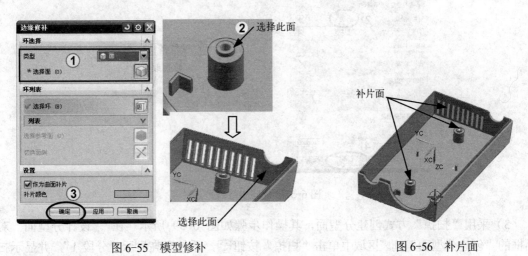

图 6-55　模型修补　　　　　　　　　　　　　图 6-56　补片面

（4）创建分型面

1）单击"模具分型工具"工具条中的"设计分型面"按钮，系统弹出"设计分型面"对话框，在"分型导航器"中取消勾选的"产品实体"、"工件线框"和"曲面补片"三个选项，绘图窗口中只显示模型的分型线，如图 6-57 所示。

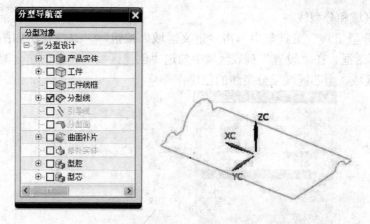

图 6-57　显示分型线

2）在"设计分型面"对话框的"编辑分型段"列表区域中单击"编辑引导线"右侧的按钮 ，系统弹出"引导线"对话框，在该对话框的"引导线长度"文本框中输入 80，然后按〈Enter〉键确认。依次选取主分型线上的八条线段，生成八条引导线，如图 6-58 所示。单击"引导线"对话框的"应用"按钮，创建八条引导线。

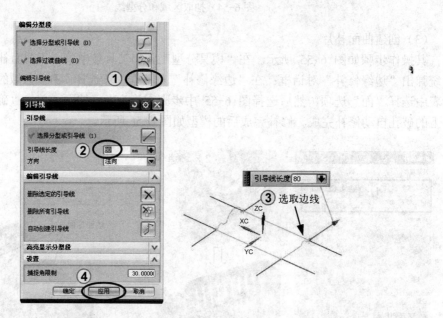

图 6-58　创建引导线

3）采用"扫掠"方式创建分型面，其操作步骤如图 6-59 所示。在 "设计分型面"对话框的"创建分型面"列表区域中单击"扫掠"按钮 ，系统高亮显示"分段 1"，并显示扫掠方向；单击该对话框的"应用"按钮，生成分型面 1，同时系统自动高亮显示"分段 2"及扫掠方向。

4）连续单击"设计分型面"对话框的"应用"按钮，系统自动创建另外七个分型片体；最后单击"确定"按钮，创建完整的分型面。

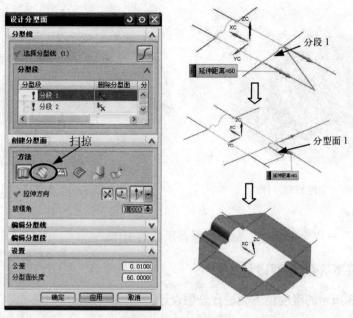

图 6-59　创建分型面

（5）创建型芯和型腔

1）创建型芯和型腔，其操作步骤如图 6-60 所示。在"模具分型工具"工具条中单击"定义型腔和型芯"按钮 ，系统弹出"定义型腔和型芯"对话框，在该对话框"选择片体"列表区域的列表中选中"型腔区域"选项，单击"应用"按钮，在弹出的"查看分型结果"对话框中单击"确定"按钮，接受系统默认的方向，即可创建型腔零件。同样，在"选择片体"列表区域的列表中选中"型芯区域"选项，单击"应用"按钮，即可创建型芯零件。

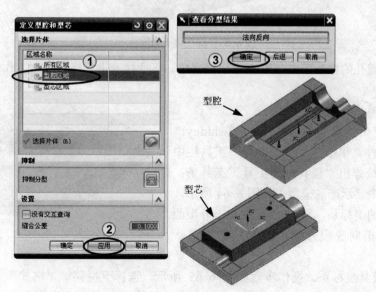

图 6-60　创建型芯和型腔

2）本实例中型腔和型芯的修剪片体分别如图 6-61 和图 6-62 所示。

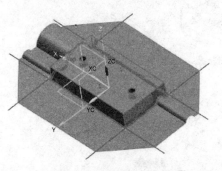

图 6-61　型腔修剪片体

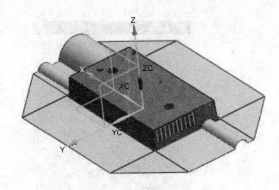

图 6-62　型芯修剪片体

（6）保存文件

选择"文件"→"全部保存"命令，保存所做的工作。

6.10.2　湿度仪下壳的分型设计

对如图 6-63 所示的湿度仪下壳进行分型设计。

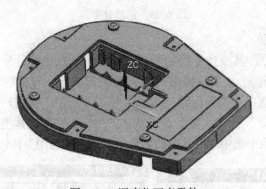

图 6-63　湿度仪下壳零件

该模型上破孔的修补工作在第 5 章已经完成，下面接着进行模具分型工作，创建型芯和型腔零部件。

（1）调整模具坐标系

1）打开附带光盘的 ch06\eg\eg_02\shiduyi_top_000.prt 文件。单击"注塑模向导"工具栏中的按钮 ，系统弹出"模具分型工具"工具条；同时绘图窗口中显示产品模型，如图 6-64 所示。注意观察模型的坐标系，XC-YC 面应位于分型面位置，ZC 应指向脱模方向，因此，需要重新调整。

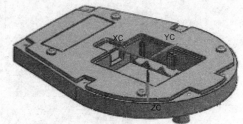

图 6-64　湿度仪模型

2）调整模具坐标系。操作步骤如图 6-65 所示。选择下拉菜单"格式"→"WCS"→"定向"命令，打开"CSYS"对话框；在该对话框的"类型"下拉列表中选择"对象的 CSYS"选项；选择产品模型的底面，单击"确定"按钮，完成模具坐标系的定向操作。选择下拉菜单"格式"→"WCS"→"旋转"命令，打开"旋转 WCS 绕"对话框；在该对话框中选择"+YC 轴"单选按钮，在"角度"右面的文本框中输入"180"，单击"确定"按钮，完成坐标系的调整。

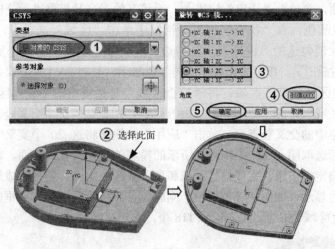

图 6-65　调整模具坐标系

（2）设计区域

操作步骤如图 6-66 所示。

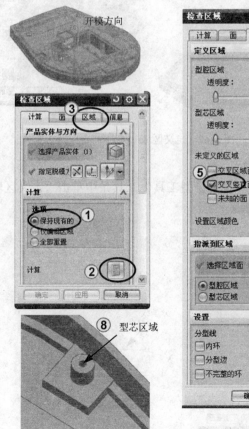

图 6-66　定义区域

1）在"模具分型工具"工具条中单击"区域分析"按钮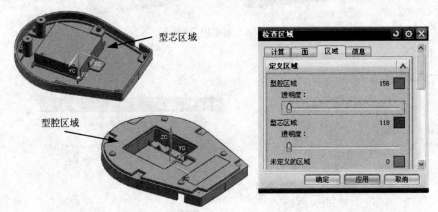，系统弹出"检查区域"对话框，同时模型被加亮，并显示开模方向，如图 6-66 所示。在"计算"选项卡中选择"保持现有的"单选项，并单击"计算"按钮，系统开始对产品模型进行分析计算。

2）设置区域颜色。在"检查区域"对话框中单击"区域"选项卡，在该对话框"设置"列表区域中取消勾选的"内环"、"分型边"和"不完整的环"三个复选框，然后单击"设置区域颜色"按钮。模型表面以不同的颜色显示，且有 20 个未定义区域。

3）定义型腔区域和型芯区域。将"检查区域"对话框中的"选择区域面"按钮激活，在"指派到区域"列表区域中选择"型腔区域"，用鼠标勾选"交叉竖直面"复选框，系统会高亮显示模型中的交叉竖直面，单击"应用"按钮，将这 20 个交叉竖直面指定到型腔区域。然后用鼠标选取图 6-66 中步骤⑧所示的模型的六个圆孔内表面，将其指定到型芯区域，最后单击"确定"按钮，完成型腔区域和型芯区域的定义。定义完成后型腔区域和型芯区域以不同的颜色显示，如图 6-67 所示，同时，在"检查区域"对话框的"定义区域"列表区域中显示型腔区域 156 个，型芯区域 118 个，未定义区域 0 个。

图 6-67　定义区域

（3）抽取区域和分型线

其操作步骤如图 6-68 所示。在"模具分型工具"工具条中单击"定义区域"按钮，

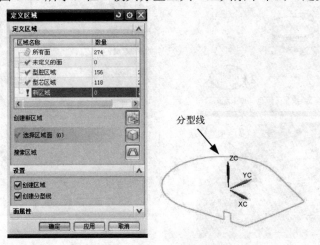

图 6-68　抽取区域和分型线

系统弹出"定义区域"对话框。在"设置"列表区域中勾选"创建区域"和"创建分型线"两个复选框，完成型腔区域、型芯区域及分型线的创建。

（4）创建分型面

1）单击"模具分型工具"工具条中的"设计分型面"按钮 ，系统弹出"设计分型面"对话框，在"分型导航器"中取消勾选的"产品实体"、"工件线框"和"曲面补片"三个选项，绘图窗口中只显示模型的分型线，如图6-69所示。

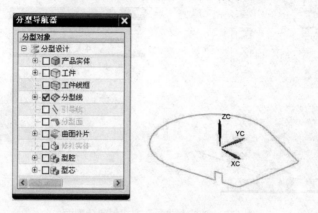

图6-69　显示分型线

2）创建过渡对象，操作过程如图6-70所示。单击"模具分型工具"工具条中的"设计分型面"按钮 ，系统弹出"设计分型面"对话框，在该对话框的"编辑分型段"列表区域中单击"选择过渡曲线"右侧的按钮 ，用鼠标框选图6-70中步骤②箭头所示的过渡对象，单击"应用"按钮，完成过渡对象的创建。

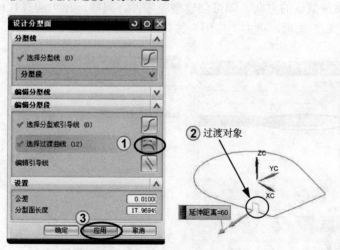

图6-70　创建过渡对象

3）创建分型面，操作过程如图6-71所示。在"设计分型面"对话框的"创建分型面"列表区域中单击"扩大曲面"按钮 ，系统高亮显示"分段 1"；单击该对话框的"应用"按钮，系统弹出"查看修剪片体"对话框，用户可单击"翻转修剪片体"按钮翻转修剪方向，以获得正确的分型面，最后单击"查看修剪片体"对话框的"确定"按钮，完成分型面的创建。

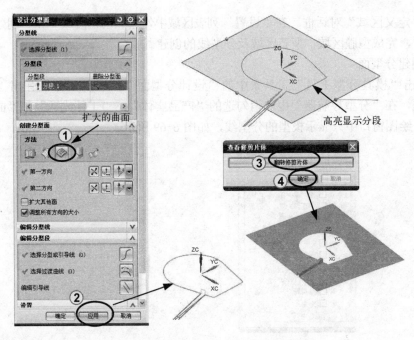

图 6-71 "扩大曲面"方式创建分型面

（5）创建型芯和型腔

其操作步骤如图 6-72 所示。在"模具分型工具"工具条中单击"定义型腔和型芯"按钮 🖼，系统弹出"定义型腔和型芯"对话框，在该对话框"选择片体"列表区域的列表中选中"型腔区域"选项，单击"应用"按钮，在弹出的"查看分型结果"对话框中单击"确定"按钮，接受系统默认的方向，即可创建型腔零件。同样，在"选择片体"列表区域的列表中选中"型芯区域"选项，单击"应用"按钮，即可创建型芯零件。

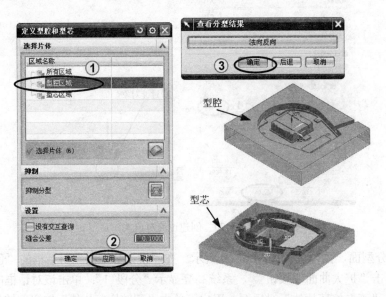

图 6-72 创建型芯和型腔

（6）保存文件

选择"文件"→"全部保存"命令，保存所做的工作。

6.11　本章小结

本章主要介绍了模具分型的操作步骤，其中设计区域和创建分型面是模具分型操作中的关键环节。设计区域是用来指定模型上的型芯区域和型腔区域的，正确指定与否关系到后续分型面的创建；而只有创建了正确的分型面才能进行顺利分型。

较复杂分型面创建之前，往往需要创建过渡对象或设计引导线。另外，分型面尺寸要超过工件最大尺寸，否则分型面不能正确分割工件毛坯。

6.12　思考与练习

1．简述 UG NX 8.0/Mold Wizard 模具分型的操作流程。

2．创建分型面的方法有哪些？

3．完成如图 6-73 所示游戏机手柄零件的分型设计。（素材见附带光盘文件 ch06\ex\ex_01\MDP_GAMECTRL_top_000.prt）。

4．完成如图 6-74 所示壳体零件的分型设计。（素材见附带光盘文件 ch06\ex\ex_02\.panel.prt）。

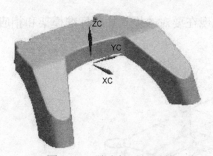
图 6-73　游戏机手柄零件

图 6-74　壳体零件

第7章 模架库与标准件

应用 UG NX 8.0/Mold Wizard 的标准件库，可提高模具设计速度和效率。本章将主要介绍模架加载及标准件设计的方法和步骤，主要内容包括模架结构类型的选择、模架各结构尺寸参数的定义以及定位圈、浇口套、顶杆等的选用和添加。另外，还介绍了滑块及斜顶机构的设计。

本章重点

- 了解不同模架类型及参数
- 掌握加载模架的一般方法
- 掌握顶杆的添加及修剪
- 掌握滑块和抽芯机构的设置及加载过程

7.1 入门引例

本节通过一个简单的入门实例介绍模架及标准件的加载过程，使读者了解 UG NX 8.0/Mold Wizard 加载标准件的方法和一般步骤。

如图 7-1 所示的外壳零件模具已完成分型设计，现在要对该模具加载标准模架和相应的标准件。

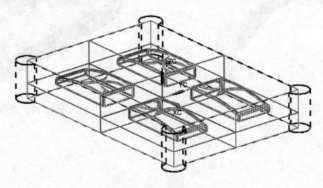

图 7-1 外壳零件模具

（1）加载模架

1）打开附带光盘的 ch07\ch07_01\waike_top_025.prt 文件。选择"标准"工具栏中的"开始"→"所有应用模块"→"注塑模向导"命令，打开"注塑模向导"工具栏。

2）加载标准模架。单击"注塑模向导"工具栏中的"模架库"按钮▤，弹出"模架设计"对话框，操作步骤如图 7-2 所示。选择"DME"公司模架，"类型"为"2A"；根据对话框"布局信息"中提供的工件尺寸，选择"3540"型模架，并设置模架参数，AP_h 为 56，BP_h 为 36，CP_h 为 86，然后单击"确定"按钮，添加标准模架。如果模架方位不合适，可单击"模架旋转"按钮 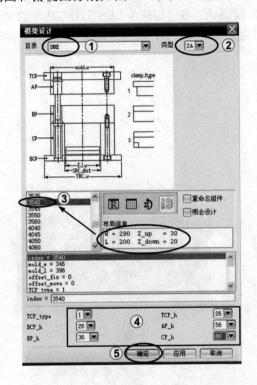，对模架进行调整，加载的标准模架如图 7-3 所示，其前视图和俯视图分别如图 7-4 和图 7-5 所示。

图 7-2　"模架设计"对话框图

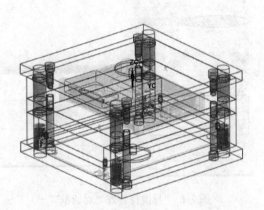

图 7-3　标准模架

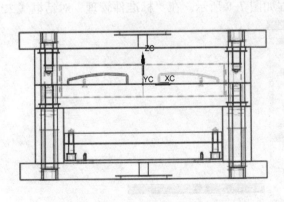

图 7-4　前视图

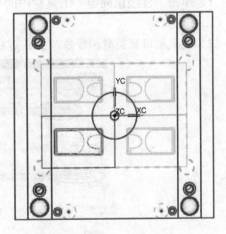

图 7-5　俯视图

（2）添加定位圈

添加标准定位圈，操作过程如图 7-6 所示。单击"注塑模向导"工具栏中的"标准部件库"按钮 ，弹出"标准件管理"对话框（一），在该对话框的"文件夹视图"列表区域中展开"FUTABA_MM"节点，然后选择"Locating Ring Interchangeable"选项；在"成员视图"列表区域中选择"Locating Ring", 此时会弹出"信息"窗口显示定位圈结构形状。在"详细信息"列表区域中的"TYPE"下拉列表中选择"M_LRB"选项, 在"BOTTOM_C_BORE_DIA"选项的文本框中输入 50, 并按〈Enter〉键确认; 在"SHCS_LENGTH"选项的文本框中输入 18 并按〈Enter〉键确认。其他设置采用系统默认参数, 单击"确定"按钮, 自动添加定位圈, 如图 7-7 所示。

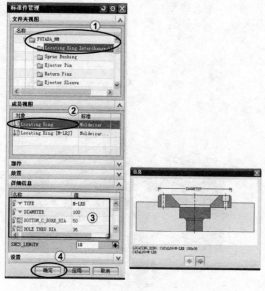

图 7-6 "标准件管理"对话框(一)

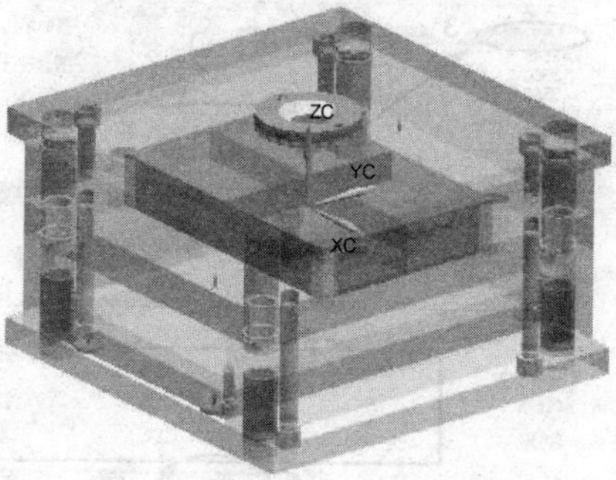

图 7-7 添加定位圈

(3) 添加浇口套

1) 单击"注塑模向导"工具栏中的"标准部件库"按钮，弹出"标准件管理"对话框(二)。

2) 定义浇口套类型和参数, 操作过程如图 7-8 所示。在"标准件管理"对话框(二)

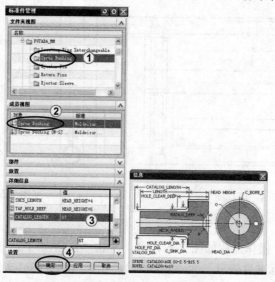

图 7-8 "标准件管理"对话框(二)

194

的"文件夹视图"列表区域中展开"FUTABA_MM"节点，选择"Sprue Bushing"选项；在"成员视图"列表区域中选择"Sprue Bushing"选项；此时系统会弹出"信息"窗口显示浇口套的结构及尺寸参数。在"详细信息"列表区域的"CATALOG"下拉列表中选择"M-SBI"选项；在"HEAD_HEIGHT"选项的文本框中输入 15，并按〈Enter〉键确认；在"CATALOG_LENGTH"选项的文本框中输入 67，并按〈Enter〉键确认。

3）加载浇口套。"标准件管理"对话框（二）中的其他参数采用默认设置，单击"确定"按钮，自动添加浇口套，如图 7-9 所示。

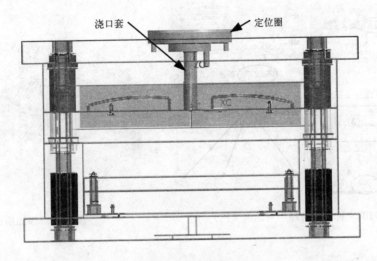

图 7-9　添加浇口套

（4）添加顶杆

1）单击"注塑模向导"工具栏中的"标准部件库"按钮，系统弹出"标准件管理"对话框（三）。

2）定义顶杆类型和参数，操作步骤如图 7-10 所示。在"标准件管理"对话框（三）的"文件夹视图"列表区域中展开"DME_MM"节点，选择"Ejection"选项；在"成员视图"列表区域中选择"Ejection Pin [Straight]"。在"详细信息"区域中设置"CATALOG_DIA"为3；设置"CATALOG_LENGTH"为160，按〈Enter〉键确认。

3）加载顶杆。"标准件管理"对话框（三）中的其他参数采用默认设置，单击"应用"按钮，弹出"点"对话框，在"点"对话框的"类型"列表区域中选择点的"类型"为"光标位置"。将模具装配体的视图方向转为"仰视图"，在如图 7-10 中步骤⑥箭头所示的六个部位用鼠标依次单击添加六根顶杆。由于"父"节点是 prod，因此在一模四腔的另外一侧相应的位置也同时添加顶杆。最后单击"点"对话框的"确定"按钮，完成顶杆的添加，如图 7-11 所示。

（5）修剪顶杆

操作过程如图 7-12 所示。单击"注塑模向导"工具栏中的"顶杆后处理"按钮，弹出"顶杆后处理"对话框，在"类型"下拉列表中选择"修剪"选项，在"刀具"列表区域中选择"修边曲面"为"CORE_TRIM_SHEET"，即型芯的分型曲面，然后选择"目标"列表区域中的"waike-ej_pin_091"，六根顶杆即被选中，单击"确定"按钮，系统自动将顶杆修剪到型芯片体。

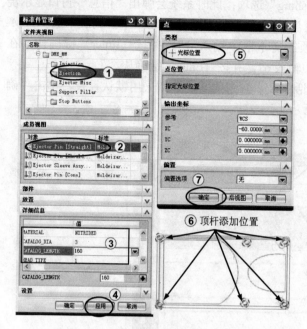

图 7-10 "标准件管理"对话框（三）

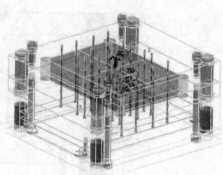

图 7-11 添加顶杆

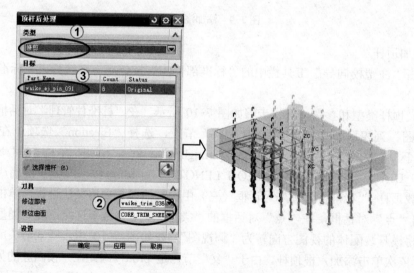

图 7-12 修剪顶杆

（6）保存文件

选择"文件"→"全部保存"命令，保存所做的工作。

7.2 模架设计

模具分型工作完成之后，需要加载标准模架系统以固定型芯和型腔以及其他一些标准件。UG NX 8.0/Mold Wizard 提供了许多常用标准模架和一些可定制模架，使用系统提供的这些模架可大大提高模具设计效率。

7.2.1 模架的选用

模架是模具组成的基本部件，整套模具由模架的动模座板和定模座板固定在注塑机上，每次注塑机完成一次注射后通过推出机构进行开模，同时顶出机构完成产品的出模。

标准模架分为两大类：大型模架和中小型模架。两种模架的主要区别在于适用范围。中小型模架的尺寸为 B×L≤500mm×900mm，而大型模架的尺寸 B×L 为 630mm×630mm～1250mm×2000mm。

1．标准模架的基本结构

一套典型的标准模架由以下几类零件组成，如图 7-13 所示。

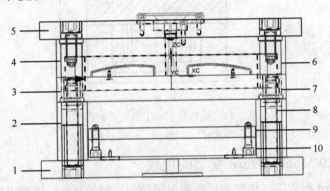

图 7-13　模架基本结构

1—L 板：动模座板　2—C 板：垫块　3—B 板：动模板　4—A 板：定模板　5—T 板：定模座板　6—导套　7—导柱　8—紧固螺钉　9—E 板：顶杆固定板　10—F 板：推板

1）模板。主要有定模座板（T）、定模板（A）、动模板（B）、垫块（C）、动模座板（L）、顶杆固定板（E）、推板（F）等。

2）导向零件：导柱（GP）、导套（GB）。

3）紧固螺钉：动、定模紧固螺钉（PS）、顶出系统紧固螺钉（ES）。

4）复位杆（RP）。

2．选用标准模架的过程

在模具设计时，应正确选用标准模架。选用标准模架可以简化模具的设计和制造，缩短模具的生产周期，便于维修，而且模架的精度和动作的可靠性容易得到保证，因而使模具的价格整体下降。目前标准模架已被行业广泛采用。

选用标准模架的过程包括以下几个方面：

1）根据制品图样及技术要求，分析、计算，确定制品类型、尺寸范围（型腔投影面积的周界尺寸）、壁厚、孔形及孔位、尺寸精度及表面性能要求、材料性能等，以便制定制品成型工艺、确定浇口位置、制品质量以及模具的型腔数目，并选定注射机的型号及规格。选定的注射机应满足制品注射量和注射压力的要求。

2）确定模具分型面、浇口结构形式、脱模和抽芯方式与结构，根据模具结构类型和尺寸组合系列来选定所需的标准模架。

3）核算所选定的模架在注射机上的安装尺寸要素及型腔的力学性能，保证注射机和模具能相互协调。

3. 模架规格的选择

模架规格的确定往往取决于模具成型零件（模仁）的大小。模架、模板厚度与模仁尺寸之间的关系，如图7-14所示。其中尺寸A、B、C、D、E通过计算或查表确定。

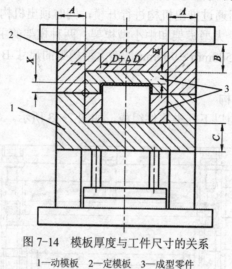

图 7-14 模板厚度与工件尺寸的关系

1—动模板 2—定模板 3—成型零件

7.2.2 UG NX 8.0/Mold Wizard 模架的加载

在 Mold Wizard 模式下，模架的加载变得很简便，初始化后的模型设置了模具坐标系，模架则以模具坐标系为参照基准来进行加载和装配。单击"注塑模向导"工具栏中"模架库"按钮，弹出如图7-15所示的"模架设计"对话框（一）。该对话框包括模架的目录、类型、模架规格、布局信息、表达式列表及编辑等内容。

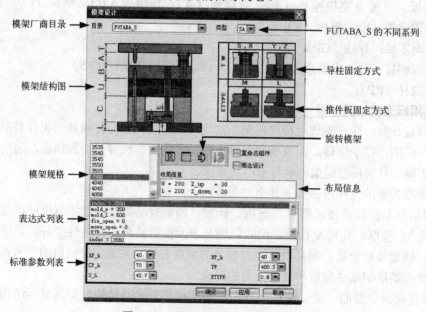

图 7-15 "模架设计"对话框（一）

1. 模架目录

UG NX 8.0/Mold Wizard 的模架目录下拉列表中提供了十多个不同厂家的模架，集成了日本 FUTABA、德国 HASCO、美国 DME 等公司的标准模架，但没有中国国家标准（GB）的塑料模架，用户可以根据自己的需要定义和扩展。

另外，在"目录"下拉列表中最后一项为"UNIVERSAL"选项，即通用模架，用于自定义模架结构，可以根据需要组合模架的各部分结构的类型和尺寸，在如图 7-16 所示"模架设计"对话框中的"目录"下拉列表中选择"UNIVERSAL"选项，弹出如图 7-17 所示的"模架设计"对话框（二），在该对话框中可以随意设置所需的不同于标准模架的模板配置。

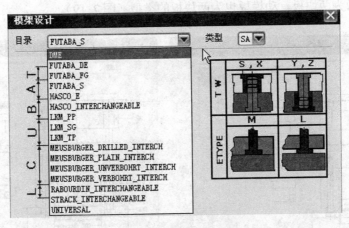

图 7-16　模架目录

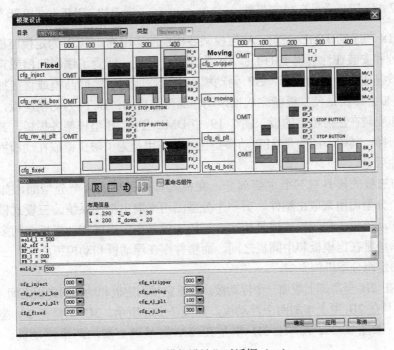

图 7-17　"模架设计"对话框（二）

2. 模架类型

不同的模架目录会有不同的模架类型。模架的类型一定要根据模具的结构特点来选择，如分型面数量、推出类型、浇口类型等。

在"模架设计"对话框中的"类型"下拉列表中可以选择多种模架类型，即不同厂商提供的模架规格所对应的模架类型。如美国 DME 公司的模架包括 2A（二板式 A 型）、2B（二板式 B 型）、3A（三板式 A 型）、3B（三板式 B 型）、3C（三板式 C 型）、3D（三板式 D 型）六种类型，如图 7-18 所示是 DME 公司的 2A 型模架。

DME 模架的二板式 A 型是定模板为两块板，动模板为一块板的类型（图 7-18）；二板式 B 型是定模板为两块板，动模板也为两块板的类型（图 7-19）。

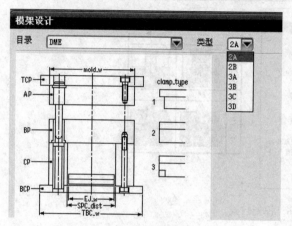

图 7-18　DME 公司的 2A 型模架　　　　图 7-19　DME 公司的 2B 型模架

如图 7-18 所示的 DME 公司 2A 型模架各模板的作用为：TCP 为定模座板，即固定、连接定模部分和安装在注射机上的板；AP 为定模固定板，即为了镶嵌凹槽或直接加工成型腔的板，一般是成型塑件的外形；BP 为动模固定板，即为了镶嵌凸模或直接加工成凸模的板；CP 为垫板，作用是使推板能完成推顶动作而形成空间；BCP 为动模座板，即固定、连接动模部分和安装在注射机上的板。图 7-19 中 DME 公司 2B 型模架各模板，其字母组的含义和 2A 型一样，其中不同的是 SPP 动模垫板，其作用是为了防止镶嵌在动模固定板上的凸模或其他零件后退。

DME 的三板式模具有三个主要部分，在模具打开时形成两个分型面，如图 7-20 所示。其中一个分型面用来取出塑件，另一个分型面用来取出浇注系统。三板式模具包括定模板、中间板和动模板。和两板式模具相比，三板式模具在定模板和动模板之间多了一个浮动模板，浇注系统常在定模板和中间板之间，而塑件则在浮动板和动模板之间。三部分的打开和合模顺序由定距分型机构完成。

3A 型是在 2B 型基础上增加一个浮动板，位于定模固定板和动模固定板之间，如图 7-20a 所示。3B 型是在 2B 型上增加两个浮动板，如图 7-20b 所示。3C 型是在 2A 型基础上增加一个浮动板，如图 7-20c 所示。3D 型是在 2A 型基础上增加两个浮动板，如图 7-20d 所示。

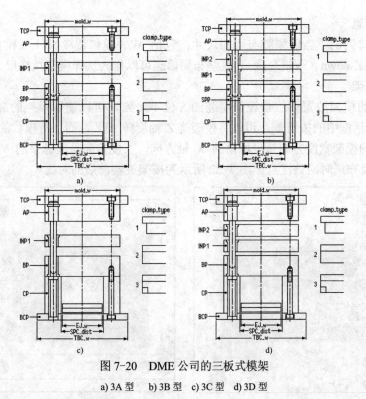

图 7-20　DME 公司的三板式模架

a) 3A 型　　b) 3B 型　c) 3C 型　　d) 3D 型

3．模架规格

模架规格编号是以模架的宽度尺寸和长度尺寸来定义的，主要根据型腔的长宽尺寸来确定。UG NX 8.0/Mold Wizard 会根据布局信息自动确定一个合适的模架编号，但如果模具上有侧抽芯机构，模架要适当加大。

模架规格列表中模架编号的含义为宽度×长度，例如，编号为"3540"的模架表示模架总宽度为 350mm，模架总长度为 400mm。

4．标准参数列表

在"模架设计"对话框的标准参数列表区域提供了模架和各模板的标准参数，如图 7-21 所示。有些参数提供了一系列可选值，如 A、B、C 板的厚度尺寸等。

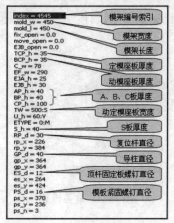

图 7-21　标准参数列表

5. 布局信息

该信息窗口列出了当前型腔布局的尺寸，包括 W（模仁宽度）、L（模仁长度）、Z_up（上模高度）和 Z-down（下模高度）。这些布局信息可以作为选择模架规格尺寸的依据。

6. 旋转模架

如果加载的模架放置方位与设计型腔的方位不一致，可以使用模架的旋转操作。单击"模架设计"对话框中的按钮，可以将模架绕 Z 轴旋转 90°，而保持模仁的布局不变。

系统提供的模架宽度方向是坐标系的 X 轴方向，长度方向是坐标系的 Y 轴方向，这一点在型腔设计及布局时应该注意。图 7-22 所示为模架旋转前后的对比。

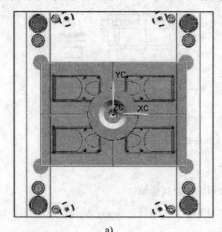 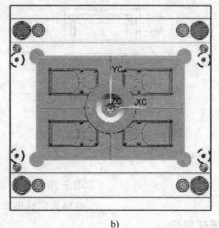

a)   b)

图 7-22　模架的旋转

a) 旋转前　b) 旋转后

7. 表达式列表及编辑

在"模架设计"对话框中，当在模架规格编号列表中选中某个模架编号时，表达式列表区域会列出当前所选编号模架的所有相关尺寸和参数，如图 7-15 所示。可以在表达式列表中选择某表达式，使该表达式高亮显示，然后在表达式列表下面的编辑表达式文本框中修改当前高亮显示的表达式的参数，并按〈Enter〉键进行确认。

【例 7-1】 加载模架

如图 7-23 所示盒盖模具，已完成分型设计，要求加载标准模架。

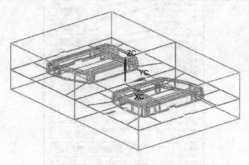

图 7-23　盒盖模具

1）打开附带光盘的 ch07\ch07_02\case5_top_000.prt 文件。选择"标准"工具栏中的

"开始"→"所有应用模块"→"注塑模向导"命令,打开"注塑模向导"工具栏。

2)设置模架参数。单击"注塑模向导"工具栏中的"模架库"按钮▤,弹出"模架设计"对话框,操作步骤如图 7-24 所示。选择 DME 公司模架,类型为 2A;根据对话框"布局信息"中提供的工件尺寸,选择"2535"型模架,并设置模架参数为:"AP_h"=46,"BP_h"=36;该模型制品的高度为 13mm,即顶出距离为 13mm。DME 公司 2A 型模架的推板和顶杆固定板厚度分别为 26mm 和 16mm。因此,垫块(C 板)厚度 C=13mm+26mm+16mm+(5~10)mm=60~65mm。采用模架库提供的标准参数,设置"CP_h"=66。

3)加载标准模架。单击"模架设计"对话框的"确定"按钮,添加标准模架。将视图切换到俯视图,发现模架方位不合适,如图 7-25 所示。单击"模架旋转"按钮 ,对模架进行调整,最终加载的标准模架如图 7-26 所示,其俯视图如图 7-27 所示。

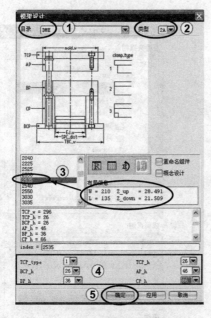

图 7-24 设置模架参数

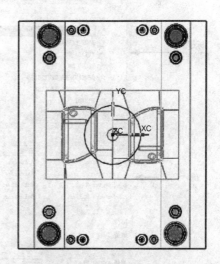

图 7-25 模架俯视图(一)

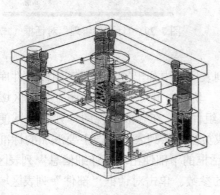

图 7-26 标准模架

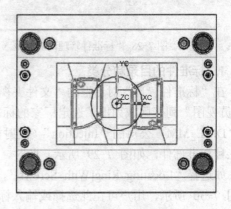

图 7-27 模架俯视图(二)

7.3 标准件

注塑模模块中的标准件是多类组件构成的组件库。标准件是用于管理系统安装和配置的模具组件。UG NX 8.0/Mold Wizard 标准件库中既有常见的螺钉、弹簧、垫圈等标准件，也有流道系统、推出系统、冷却系统等结构中所需要的标准件，如定位环、浇口套、顶杆、喷嘴、水管接头、镶块、电极等。另外，"注塑模向导"工具栏中还提供了标准件的后处理功能，如顶杆的后处理和建腔。

7.3.1 标准件的加载和编辑

单击"注塑模向导"工具栏中的"标准部件库"按钮，系统弹出如图 7-28 所示的"标准件管理"对话框（一）。利用该对话框可以实现标准件的管理和编辑，包括标准件的目录和分类、定位、显示及尺寸参数编辑。

标准件
厂商目录 →

部件列表 →

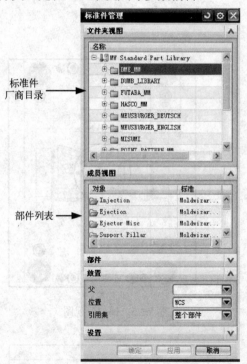

图 7-28 "标准件管理"对话框（一）　　图 7-29 "标准件管理"对话框（二）

1．标准件的目录和分类

在"标准件管理"对话框的"文件夹视图"列表区域中列出了不同厂家的标准件库，在"成员视图"列表区域列出了选定厂家的标准部件。例如，在"文件夹视图"列表区域中选定"DME_MM"公司的"Injection"（注射机构）组件后，在"成员视图"列表区域便列出了三种标准部件，如图 7-29 所示。此时，在"成员视图"列表区域选中要添加的标准部件后，如选择"Locating Ring[With Screws]"，在对话框的下部便出现"详细信息"列表区域，如图 7-30 所示，用户可在此选择或输入标准件的参数。单击对话框"部件"列表区域中的"信息"按钮，系统弹出"信息"窗口，显示所选标准件的图形，如图 7-31 所示。

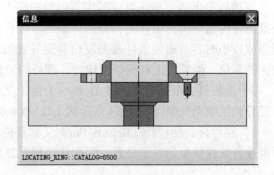

图 7-30 "标准件管理"对话框（三）　　　　　　　图 7-31　图形显示

下面对常用的标准件作简单介绍。

1）定位圈和浇口套。定位圈（Locating Ring）的作用是使注射机喷嘴与模架的浇口套对中，并固定浇口套和防止浇口套脱离模具，如图 7-31 所示。在选择定位圈的直径时应参考注射机型号。

浇口套（Sprue Bushing）又称主流道衬套，如图 7-32 所示。浇口套安装在模具定模固定板上，并开有主流道通道。浇口套上端与注射机喷嘴紧密对接，因此其尺寸的选择应参考注射机喷嘴尺寸，并且其长度应考虑模板厚度。

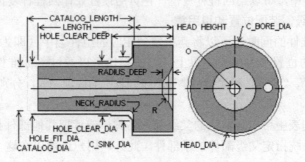

图 7-32　浇口套示意图

2）顶杆（针）。顶杆（Ejection pin）主要用来将成型塑件从模具中推出。在标准件库中，顶出系统标准件类型中主要有直顶杆、扁顶杆、有托顶杆及顶管等形式，如图 7-33 所示。用户可根据模具的结构来选择适用的顶出标准件。

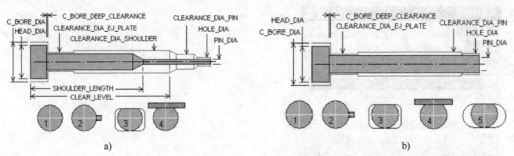

图 7-33　UG NX 8.0/Mold Wizard 中提供的顶杆

a) 扁顶杆　b) 普通型直顶杆

用顶杆推出塑件是注射成型中常用的脱模方式，其优点是结构简单，更换容易，广泛用于推出各种盒盖类、箱体类和异形体塑件。顶杆的缺点是顶出力较大而承压面积较小，且脱模斜度较小时容易迫使塑件表面发白甚至导致破坏。因此，在设计时应将顶杆布置于脱模力较大的部位。当模具上有侧抽机构时，顶杆的设计应避开侧抽芯装置。

3）限位钉。限位钉（Stop Buttons）用于支承和调整推出机构，并防止推出机构在复位时受异物影响而受阻。图 7-34 所示为 UG NX 8.0/Mold Wizard 提供的一种标准限位钉。

4）回程杆。回程杆（Return Pin）又称复位杆。模具开模取出塑件后，都要在下一次注射前使各部件恢复到原来位置，回程杆即起到复位的作用，如图 7-35 所示。

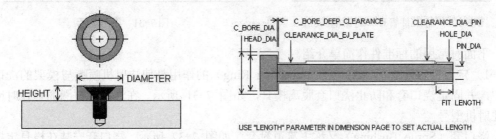

图 7-34　UG NX 8.0/Mold Wizard 提供的限位钉　　图 7-35　UG NX 8.0/Mold Wizard 提供的回程杆

在模具设计过程中，可以用回程杆复位，也可用顶杆兼作回程杆复位。

2．标准件的父级、装配位置和引用集

用户在加载标准件的同时还可以将其指定到相应的组件当中（即为标准件指定父级），并可以确定标准件的位置和引用集。以上三项的操作可以通过"标准件管理"对话框"放置"列表区域的"父"、"位置"和"引用集"下拉列表中的选项完成，分别如图 7-36、图 7-37和图 7-38 所示。

在"父"下拉列表中可指定默认的父级部件名称，或者把其他部件指定为父级部件，添加的标准件将作为系统指定父级部件的子部件。此外，用户还可以在这个下拉列表中重新指定标准件的父级部件。

在"位置"下拉列表中，可以设置标准件定位的类型，该列表中主要选项的含义如下。

● NULL：将装配的坐标原点作为标准件的原点（该项为默认选项）。

● WCS：将工作坐标系原点作为标准件的原点。

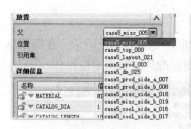
图 7-36 "父"下拉列表

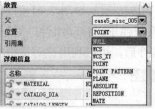
图 7-37 "位置"下拉列表

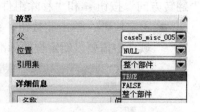
图 7-38 "引用集"下拉列表

- WCS_XY：将工作坐标系平面上的点作为标准件的原点。
- POINT：将 X_Y 平面上的点作为标准件的原点。
- PLANE：选择一个平面作为标准件的放置平面，并在该平面上选择一点作为标准件的原点。
- ABSOLUTE：通过"点"对话框来定义标准件的放置原点。

在"引用集"下拉列表中各选项的含义如下。

- TRUE：选择此选项，将显示标准件实体，不显示放置标准件用的腔体。
- FALSE：选择此选项，将不显示标准件实体，显示标准件建腔后的型体。
- 两者皆是：选择此选项，标准部件实体和建腔后的型体都会显示。

3. 新建组件和重命名组件

在加载标准件的同时可以对其引用类型和名称进行修改。其操作可通过选择"标准件管理"对话框"部件"列表区域中的"新建组件"单选按钮和勾选"重命名组件"复选框来实现，如图 7-39 所示。

选中"新建组件"单选按钮，则允许用户一次添加多个同种类的标准件，并且把它们命名为不同的新组件；如果不选择"新建组件"单选按钮，则一次添加多个同种类的标准件时，它们的名字是相同的，相当于添加组件的引用。

勾选"重命名组件"复选框，则在加载标准件时，弹出"部件名管理"对话框，如图 7-40 所示，允许用户对该标准件进行重命名。

图 7-39 "标准件管理"对话框（四）

图 7-40 "部件名管理"对话框

4. 标准件的编辑

标准件加载后在"标准件管理"对话框"部件"列表区域中会出现"重定位"按钮 、

"翻转方向"按钮◀和"移除组件"按钮🔲×，如图 7-41 所示。

● 重定位🔳：单击此按钮，系统弹出"移动组件"对话框，如图 7-42 所示。在图形区域选中需要重新定位的标准件后，可以利用该对话框对标准件进行重定位操作。

图 7-41 "标准件管理"对话框（五）

图 7-42 "移动组件"对话框

● 翻转方向◀：单击此按钮，标准件的轴向方向将改变。
● 移除组件🔲×：在图形区域选中标准件后，单击此按钮，该标准件将被删除。

7.3.2 标准件的后处理

1. 顶杆的后处理

顶杆是脱模和复位机构的常用元件，顶杆在加载时，其长度是标准尺寸，而形状也是规则的。但在实际模具设计时，顶杆的长度要适合产品和型芯的位置，而且顶杆的头部形状要与型芯曲面相适应，因此，需要对加载的顶杆进行后处理。

由于顶杆后处理要用到型腔、型芯的分型片体（或已完成型腔、型芯的抽取区域），因此在使用顶杆后处理功能之前必须先创建型腔、型芯。在用标准件库创建顶杆时，必须选择一个比要求值长的顶杆，才可以将它调整到合适的长度。

单击"注塑模向导"工具栏中的"顶杆后处理"按钮🔲，弹出"顶杆后处理"对话框，如图 7-43 所示。

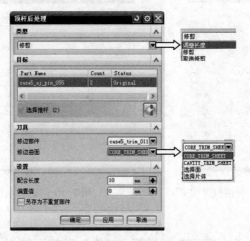

图 7-43 "顶杆后处理"对话框

1）修剪方式。"顶杆后处理"对话框的"类型"列表区域的下拉列表中提供了"调整长度"、"修剪"和"取消修剪"三种方式。

- 调整长度：用参数来调整顶杆长度，而不是用面来修剪顶杆。该选项不用链接几何体，会生成较小体积的文件。
- 片体修剪：用型芯修剪片体对顶杆进行修剪，修剪的结果可使顶杆的端部形状与型芯表面一致。这种修剪方式不会使产品产生凹痕，图7-44所示为顶杆修剪前后的效果。
- 取消修剪：指取消对所选择的顶杆进行修剪，使其恢复到先前未修剪状态。

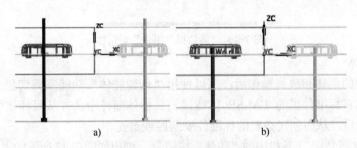

图7-44 顶杆修剪前后的效果

a) 修剪前   b) 修剪后

2）配合长度。配合长度是指在顶杆和型芯孔之间设置一小段间隙配合长度。如图 7-45 所示，目的是让顶杆在推出产品时能够自由地上下运动，而在注射时又不至于使熔融塑料溢入型芯孔中。

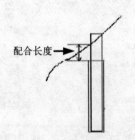

图7-45 顶杆的配合长度

3）偏置值。偏置值是指修剪后的顶杆顶部偏离型芯表面的距离。

4）修剪步骤。首先选择目标体，即需要修剪的顶杆，可以直接在"顶杆后处理"对话框的"目标"列表区域中点选，也可在图形窗口中点选；然后在对话框的"刀具"列表区域中选择工具体，顶杆修剪时常用的是型芯修剪片体，即"CORE_TRIM_SHEET"，可在对话框"刀具"列表区域中"修边曲面"下拉列表中直接选择。

顶杆的修剪除了应用"顶杆后处理"工具外，还可应用"注塑模向导"工具栏中的"修边模具组件"命令。单击"注塑模向导"工具栏中的"修边模具组件"按钮 ⧉，弹出如图7-46所示的"修边模具组件"对话框，操作步骤与上述"顶杆后处理"对话框的操作类似。

图 7-46 "修边模具组件"对话框

2. 创建腔体

完成标准件的创建和放置操作后，可以使用"创建腔体"功能来剪切相关的或非相关的腔体。其概念为将标准件里的 FALSE 体链接到目标体部件中，并从目标体中减去相应的部件和留一定的余量，从而创建必要的标准件安装腔或过孔。

单击"注塑模向导"工具栏中的"腔体"按钮 ，弹出如图 7-47 所示的"腔体"对话框。

图 7-47 "腔体"对话框

下面对"腔体"对话框中的各选项作简单介绍。

1）"模式"列表区域：在该列表区域中有减去材料和添加材料两种模式。

2）"目标"列表区域：选择要进行建腔的模板或镶块。

3）"刀具"列表区域。

● 工具类型：有组件和实体两种类型。选择"组件"表示使用选择标准件的 FALSE 引用集进行布尔减运算；选择"实体"表示使用选择的工具实体进行自身布尔减运算。

● 引用集：有"两者皆是"、"FALSE"和"TRUE"三个选项，主要用于控制所选择工具体的引用集显示方式。

4）"工具"列表区域。

● 查找相交：其功能是用于搜索所有与目标体存在体相交的组件，并高亮显示。

● 检查腔体状态：用于检查仍未建腔的标准件和镶块。

● 移除腔体：用于移除所选工具体的腔。

5）"设置"列表区域。

● 关联：选中该项可提高建腔效率。

● 只显示目标体和工具体：选中该项有助于建腔时方便地观察所选的对象。

创建腔体之后，模具装配中的特征数目将大大增加，从而影响运行速度，因此，腔体的创建一般放在模具设计的最后阶段。

创建腔体的步骤如下。

1）选择目标体，即选择要在其上建腔的模板或镶块。

2）选择工具体，可单击"查找相交"按钮 ，让系统自动查找相关组件。查找到工具体后将高亮显示。

3）单击"腔体"对话框中的"应用"按钮，完成腔体的创建。

【例 7-2】 标准件的加载

【例 7-1】的盒盖模具，已加载标准模架，如图 7-26 所示。现在要求添加定位圈、浇口套、顶杆等标准件，并创建腔体。

（1）添加定位圈

1）打开附带光盘的 ch07\ch07_03\case5_top_000.prt 文件。选择"标准"工具栏中的"开始"→"所有应用模块"→"注塑模向导"命令，打开"注塑模向导"工具栏；单击工具栏中的"标准部件库"按钮 ，弹出"标准件管理"对话框（一）。

2）定义定位圈的类型和参数，操作过程如图 7-48 所示。在该对话框的"文件夹视图"

图 7-48 "标准件管理"对话框（一）

列表区域中展开"FUTABA_MM"节点，然后选择"Locating Ring Interchangeable"选项；在"成员视图"列表区域中选择"Locating Ring"，此时会弹出"信息"窗口显示定位圈结构形状。在"详细信息"列表区域中的"TYPE"下拉列表中选择"M_LRB"选项，在"BOTTOM_C_BORE_DIA"选项的文本框中输入 36 并按〈Enter〉键确认，在"SHCS_LENGTH"选项的文本框中输入 12 并按〈Enter〉键确认。

3）加载定位圈。其他设置采用系统默认参数，单击"应用"按钮，自动添加定位圈，如图 7-49 所示。

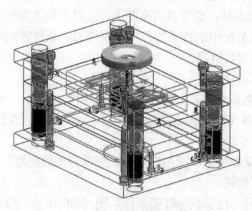

图 7-49　添加定位圈

（2）添加浇口套

1）单击"注塑模向导"工具栏中的"标准部件库"按钮，弹出"标准件管理"对话框（二）。

2）定义浇口套类型和参数，操作过程如图 7-50 所示。在"标准件管理"对话框的"文

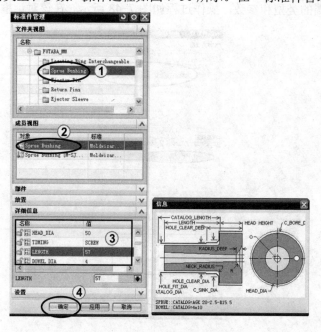

图 7-50　"标准件管理"对话框（二）

件夹视图"列表区域中展开"FUTABA_MM"节点，选择"Sprue Bushing"选项；在"成员视图"列表区域中选择"Sprue Bushing"选项；此时系统会弹出"信息"窗口显示浇口套的结构及尺寸参数。在"详细信息"列表区域的"CATALOG"下拉列表中选择"M-SBI"选项；在"HEAD_HEIGHT"选项的文本框中输入15，并按〈Enter〉键确认，在"CATALOG_LENGTH"选项的文本框中输入 57，并按〈Enter〉键确认，在"C_BORE_DIA"选项的文本框中输入36，并按〈Enter〉键确认。

3）加载浇口套。"标准件管理"对话框中的其他参数采用默认设置，单击"确定"按钮，自动添加浇口套。将视图切换到"前视图"方位，如图 7-51 所示，图中隐藏了定位圈。

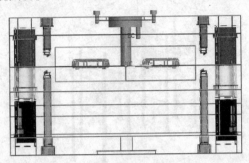

图 7-51　添加浇口套

（3）添加顶杆

1）单击"注塑模向导"工具栏中的"标准部件库"按钮🔲，系统弹出"标准件管理"对话框（三）。

2）定义顶杆类型和参数，操作步骤如图 7-52 所示。在"标准件管理"对话框的"文件

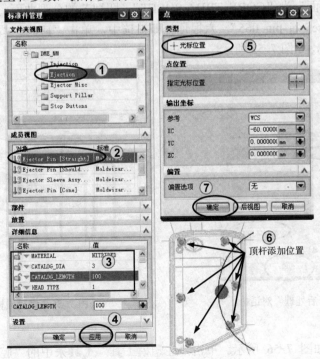

图 7-52　"标准件管理"对话框（三）

夹视图"列表区域中展开"DME_MM"节点，选择"Ejection"选项；在"成员视图"列表区域中选择"Ejection Pin [Straight]"。在"详细信息"区域中设置"CATALOG_DIA"为3；设置"CATALOG_LENGTH"为100，按〈Enter〉键确认。

3）加载顶杆。"标准件管理"其他参数采用默认设置，单击"应用"按钮，弹出"点"对话框，在"点"对话框的"类型"列表区域中选择点的"类型"为"光标位置"。将模具装配体的视图方向转为"仰视图"，在如图 7-52 所示的六个部位依次单击添加六根顶杆（图形区中加亮显示的部分）。最后单击"点"对话框的"确定"按钮，完成顶杆的添加，如图 7-53 所示。

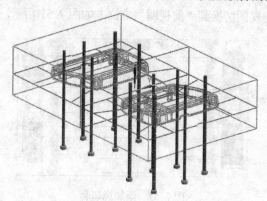

图 7-53　添加顶杆

（4）顶杆后处理

操作过程如图 7-54 所示。单击"注塑模向导"工具栏中的"顶杆后处理"按钮▓，弹出"顶杆后处理"对话框，在"类型"列表区域下拉列表中选择"修剪"，在"刀具"列表区域中选择"修边曲面"为"CORE_TRIM_SHEET"，即型芯的分型曲面，然后选择"目标"列表区域中的"case5_ej_pin_065"，六根顶杆即被选中，单击"应用"按钮，系统自动将顶杆修剪到型芯片体，如图 7-55 所示。

图 7-54　"顶杆后处理"对话框

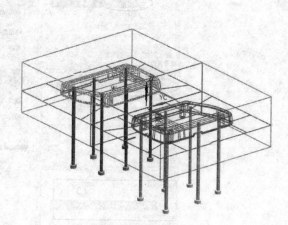

图 7-55　修剪顶杆

（5）创建腔体

1）操作过程如图 7-56 所示。单击"注塑模工具"工具条中的"腔体"按钮▓，弹出"腔体"对话框。选择定模座板为目标体；在对话框的"刀具"列表区域中的"工具类型"下拉列表中选择"组件"选项，单击"选择对象"按钮⊞，选择浇口套、定位圈及其固定螺钉作为工具体，单击"应用"按钮，系统在定模座板上创建为定位圈、浇口套安装使用的腔和过孔。

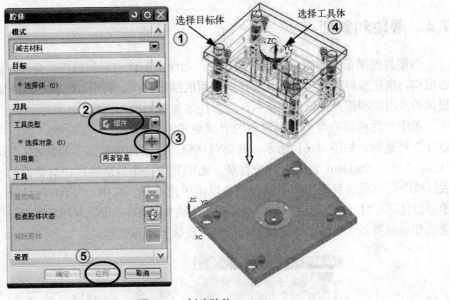

图 7-56　创建腔体

2）按照上述操作步骤，选择如图 7-57 所示的顶杆固定板、动模板和型芯作为目标体，选择加载的顶杆作为工具体，在目标体上创建顶杆的过孔，分别如图 7-58、图 7-59 和图 7-60 所示。

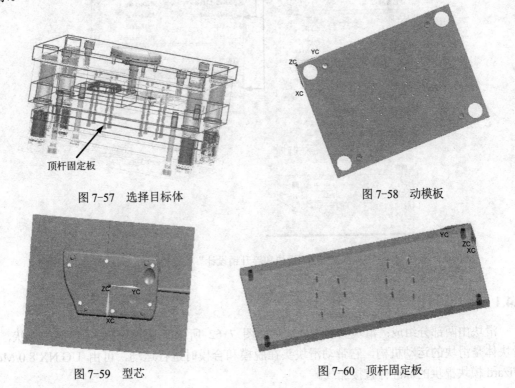

图 7-57　选择目标体

图 7-58　动模板

图 7-59　型芯

图 7-60　顶杆固定板

（6）保存文件

选择"文件"→"全部保存"命令，保存所做的工作。

7.4 滑块和斜顶

当塑件侧壁带有侧凹、侧凸或侧孔时，为保证塑件的顺利脱模，必须在模具中设置侧抽芯机构，滑块和斜顶机构是模具设计中常用的抽芯机构。利用 UG NX 8.0/Mold Wizard 模块提供的"滑块和浮升销设计"工具，可方便地加载侧抽芯机构。

单击"注塑模向导"工具栏中的"滑块和浮升销设计"按钮 ▦，弹出"滑块和浮升销设计"对话框，如图 7-61 所示。在该对话框的"文件夹视图"列表区域中提供了"Slide"、"Lifter"和"Standard Parts"三个目录，选中其中一个目录后，在对话框的"成员视图"列表区域中便出现该目录下的不同分类，以供用户选择。其中，"Slide"目录下的各个分类用于外侧抽芯，"Lifter"目录下的各个分类用于内侧抽芯。"滑块和浮升销设计"对话框的其他选项和功能类似于"标准件管理"对话框，在这里不再赘述。

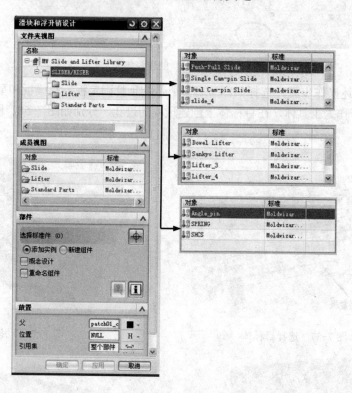

图 7-61 "滑块和浮升销设计"对话框

7.4.1 滑块设计

滑块由两部分组成：滑块头和滑块体，如图 7-62 所示。滑块头依赖于产品的形状，而滑块体是滑块的运动机构，它带动滑块头在脱模和合模时进行运动，可由 UG NX 8.0/Mold Wizard 模块提供的标准件直接加载。

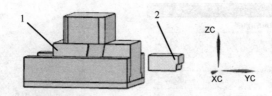

图 7-62   滑块的结构

1—滑块体   2—滑块头（侧型芯）

1. 滑块头设计

滑块头的设计主要有以下三种方法。

1）模具分型后，直接从型芯或型腔上分割出滑块头。

2）在需要创建滑块头的地方创建实体，然后利用实体修剪命令创建出滑块头。

3）先从滑块标准件库中调出滑块体，然后利用模具修剪工具修剪出所需要的滑块头形状。

2. 滑块体设计

滑块体的设计主要包括以下三个步骤。

1）定义滑块放置的坐标系。注塑模向导规定，定义滑块放置的坐标系时，WCS 的+YC 方向指向滑块的移动方向。注塑模向导的标准滑块本身给出了放置参考：原点、+YC 轴方向和分型面。

2）定义滑块体的各项参数。坐标系定义好后，根据模具设计的工艺计算，在"滑块和浮升销设计"对话框中设置滑块体的各项控制参数。

3）将滑块头和滑块体链接在一起。通过装配环境中的 WAVE 几何链接功能将滑块头和滑块体链接在一起。

【例 7-3】 创建滑块。

如图 7-63 所示的模具型腔部件，为侧壁的三个侧型芯设计滑块。

（1）打开文件

1）打开附带光盘的 ch07\ch07_04\patch01_ top_000.prt 文件。选择"标准"工具栏中的"开始"→"所有应用模块"→"注塑模向导"命令，打开"注塑模向导"工具栏。

2）在"装配导航器"中选择"patch01_Cavity_011"，单击鼠标右键，在弹出的快捷菜单中选择"设为显示部件"选项，将模具型腔转换为显示部件。

图 7-63   模具型腔部件

（2）创建滑块头

1）选择菜单栏中的"格式"→"图层设置"命令，弹出如图 7-64 所示的"图层设置"对话框，在该对话框的 "工作图层"文本框中输入 21，按〈Enter〉键确认，将当前工作图层设为21层。

2）选择草图绘制平面。按〈Ctrl+M〉键进入建模环境，选择菜单栏中的"插入"→"任务环境中的草图"命令，打开"创建草图"对话框，选择如图 7-65 所示的侧型芯表面作为草图绘制平面，单击"创建草图"对话框的"确定"按钮，进入草图绘制环境。

图 7-64 "图层设置"对话框

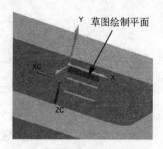

图 7-65 选择草图绘制平面

3）绘制滑块头截面轮廓。单击"草图工具"工具条的"矩形"按钮 ▭，绘制如图 7-66 所示的矩形。然后为草图添加"共线"约束，得到如图 7-67 所示的草图。单击"完成草图"按钮，退出草图绘制环境。

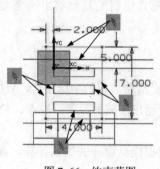

图 7-66 约束草图

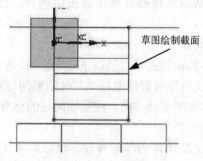

图 7-67 草图曲线

4）选择菜单栏中的"格式"→"图层设置"命令，弹出如图 7-64 所示的"图层设置"对话框，在该对话框的"工作图层"文本框中输入 10，按〈Enter〉键确认，将当前工作图层设为 10 层。

5）创建拉伸体，操作步骤如图 7-68 所示。单击"特征"工具栏中的"拉伸"按钮 ⬚，弹出"拉伸"对话框，选择图 7-67 创建的草图为截面曲线，设置拉伸"结束"距离值为 30。观察拉伸方向可单击按钮⊠，调整拉伸方向。单击"确定"按钮完成拉伸体的创建。

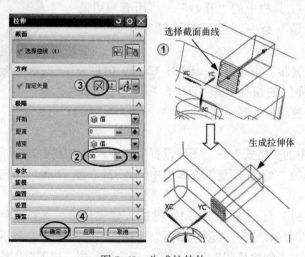

图 7-68 生成拉伸体

（3）分割滑块头

1）由布尔求交得滑块头，操作步骤如图 7-69 所示。选择菜单栏中的"插入"→"组合"→"求交"命令，打开"求交"对话框。选择型腔体为目标体，选择创建的拉伸体为工具体，勾选"保存目标"复选框，单击"确定"按钮生成滑块头。

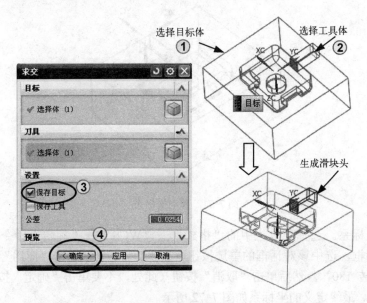

图 7-69　创建滑块头

2）修剪型腔体，操作步骤如图 7-70 所示。选择菜单栏中的"插入"→"组合"→"求差"命令，打开"求差"对话框。选择型腔体为目标体，选择创建的滑块头为工具体，勾选"保存工具"复选框，单击"确定"按钮完成型腔体的修剪。

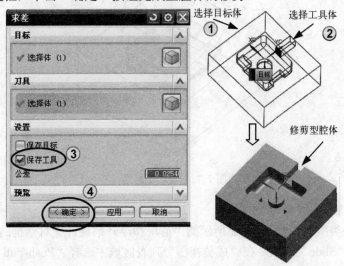

图 7-70　修剪型腔体

（4）定义滑块放置的坐标系

1）移动坐标系。单击"注塑模向导"工具栏中的"滑块和浮升销设计"按钮 ，弹出"滑块和浮升销设计"对话框。选择菜单栏中的"格式"→"WCS"→"原点"命令,用鼠标捕捉滑块头边线的中点作为坐标系的原点,完成坐标系的移动,如图 7-71 所示。

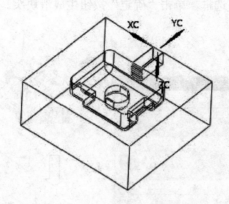

图 7-71　移动坐标系

2)旋转坐标系。选择菜单栏中的"格式"→"WCS"→"旋转"命令,弹出"旋转 WCS 绕"对话框,选中该对话框的单选按钮 ⊙+XC 轴:YC --> ZC ,单击"应用"两次,使坐标系绕+XC 轴旋转 180°。然后单击"取消"按钮(此处,不要单击"确定"按钮,否则坐标系将继续旋转)。最终定义的坐标系如图 7-72 所示。

提示: 在进行坐标系操作之前,要确保打开"滑块和浮升销设计"对话框。

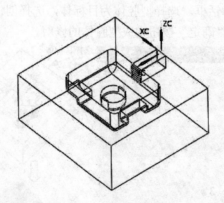

图 7-72　旋转坐标系

(5)定义滑块体的类型和参数

1)定义滑块类型。在如图 7-73 所示的"滑块和浮升销设计"对话框的"文件夹视图"列表区域中选择"Slide"选项,在"成员视图"列表区域中选择"Push-Pull Slide"选项,并在"放置"列表区域的"引用集"下拉列表中选择"True"选项。

2)设置滑块参数。在对话框的"详细信息"列表区域中设置滑块的参数:angle_start 为 10,cam_back 为 20,"gib_long"为 50,"slide_long"为 45,"wide"为 20。其他参数采用默认值,单击"确定"按钮,完成滑块的加载,如图 7-74 所示。

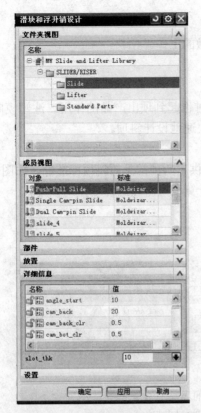

图 7-73 "滑块和浮升销设计"对话框

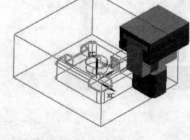

图 7-74 加载滑块体

（6）翻转滑块体　单击"滑块和浮升销设计"按钮 ，再次弹出"滑块和浮升销设计"对话框。在图形区选择滑块体，然后单击对话框的"翻转方向"按钮 ，翻转滑块的安装方向，如图 7-75 所示。

（7）链接滑块体和滑块头

1）选择"标准"工具栏的"开始"→"装配"命令，进入装配环境。在"装配导航器"中选择滑块体，将其设为工作部件。

2）单击"装配"工具栏中的"WAVE 几何链接器" 按钮 ，弹出如图 7-76 所示的"WAVE 几何链接器"对话框，设置"类型"为"体"，然后选择步骤（3）创建的滑块头，单击"确定"按钮，将滑块头链接到滑块体上。

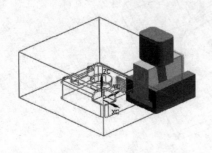

图 7-75 翻转滑块体

图 7-76 "WAVE 几何链接器"对话框

（8）保存文件

选择"文件"→"全部保存"命令，保存所做的工作。

7.4.2 斜顶设计

斜顶机构用于注射产品内部扣位的抽芯，同时也起到顶出产品的作用。注塑模向导模块提供了两种常用的斜顶标准件，利用它们可方便快速地设计斜顶。

斜顶的设计主要包括下面三个步骤。

1）设定斜顶类型及控制参数。注塑模向导提供了两种常见的斜顶标准件，如图 7-77 所示。选定斜顶的类型后，可根据模具设计的工艺计算设置斜顶的各项控制参数。

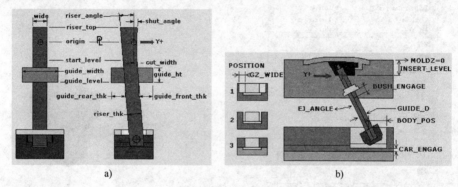

图 7-77　斜顶的类型
a) Dowel Lifter　b) Sankyo Lifter

2）定义斜顶放置的坐标系。同滑块设计一样，在进行斜顶加载之前需要设定 WCS 坐标系，加载斜顶的坐标系将自动对齐 WCS 坐标系以实现定位。斜顶放置坐标系的规定与滑块一样，也是要求 WCS 的+YC 方向指向斜顶的移动方向。

3）修剪斜顶。斜顶加载后，使用模具修剪工具对斜顶的成型部位进行修剪，使其达到设计要求。

【例 7-4】　创建斜顶。

为如图 7-78 所示模具型腔部件的扣位设计斜顶机构。

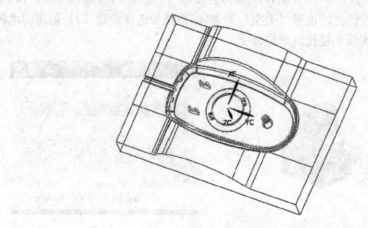

图 7-78　模具型腔部件

（1）打开文件

1）打开附带光盘的 ch07\ch07_05\mouse_undercut_top_048.prt 文件。选择"标准"工具栏中的"开始"→"所有应用模块"→"注塑模向导"命令，打开"注塑模向导"工具栏。

2）在"装配导航器"中取消选中的"mouse_undercut_moldmase_mm_067"，将模架隐藏。放大产品的倒扣位，如图 7-79 所示。

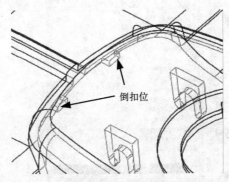

图 7-79　产品的倒扣位

（2）定义斜顶放置的坐标系

1）移动坐标系。单击"注塑模向导"工具栏中的"滑块和浮升销库"按钮 ，弹出"滑块和浮升销设计"对话框。选择菜单栏中的"格式"→"WCS"→"原点"命令，用鼠标捕捉滑块头边线的中点作为坐标系的原点，完成坐标系的移动，如图 7-80 所示。

2）旋转坐标系。选择菜单栏中的"格式"→"WCS"→"旋转"命令，弹出"旋转 WCS 绕"对话框，选中该对话框的 +ZC 轴：XC --> YC 单选按钮，单击"应用"两次，使坐标系绕+XC 轴旋转 180°。然后单击"取消"按钮（此处，不要单击"确定"按钮，否则坐标系将继续旋转）。最终定义的坐标系如图 7-81 所示。

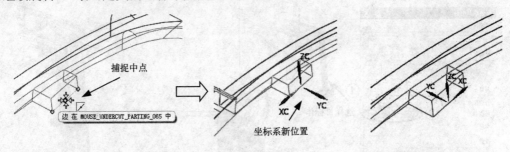

图 7-80　移动坐标系　　　　　　　　　　　　　　图 7-81　旋转坐标系

（3）定义斜顶的类型和参数

在如图 7-82 所示的"滑块和浮升销设计"对话框的"文件夹视图"列表区域中选择"Lifter"选项，在"成员视图"列表区域中选择"Dowel Lifter"选项，并在"放置"列表区域"引用集"下拉列表中选择"True"选项，然后在"详细信息"列表区域中设置斜顶的参数。单击对话框的"确定"按钮，完成斜顶的加载，如图 7-83 所示。

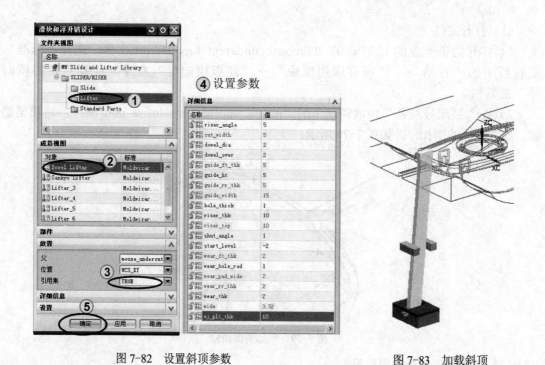

图 7-82　设置斜顶参数　　　　　　　　　　图 7-83　加载斜顶

（4）修剪斜顶

操作步骤如图 7-84 所示。单击"注塑模向导"工具栏中的"修边模具组件"按钮 🔲，弹出"修边模具组件"对话框，选择斜顶为目标体，在"刀具"列表区域中选择"修边曲面"为"CORE_TRIM_SHEET"，即型芯修剪片体为工具体，单击对话框的"应用"按钮，完成斜顶头部形状的修剪。

（5）创建另一斜顶

参照上述步骤（1）～（4），创建并修剪另外一个倒扣位的斜顶，如图 7-85 所示。

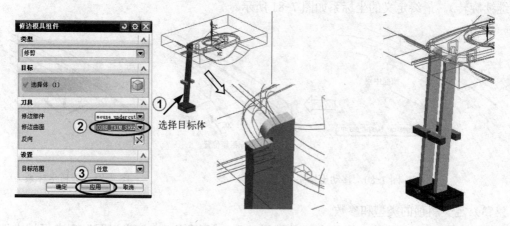

图 7-84　修剪斜顶　　　　　　　　　　　图 7-85　两个斜顶机构

（6）保存文件

选择"文件"→"全部保存"命令，保存所做的工作。

7.5 镶块设计

在模具的成型部件中，有时为了降低模具的加工难度或便于更换易磨损部件，常采取整体镶拼或局部镶拼的办法。当产品中存在细小、异型特征，如沟、槽及加强筋时，也需要将其作成局部镶块。

镶块与型腔、型芯共同构成了模具成型部件。镶块按形状来分，可分为圆形镶块和方形（矩形或其他多边形）镶块。一个完整的镶块通常由形成产品轮廓的镶块头和固定镶块的脚(FOOT)组成，有时在设计时不用镶块脚，而直接用螺钉固定。

镶块的设计与定位圈和浇口套等标准件的设计过程类似，下面以一个实例介绍镶块的设计步骤。

【例7-5】 创建镶块。

为如图 7-86 所示模具型芯部件上的小圆柱体设计镶块。

（1）打开文件

1）打开附带光盘的 ch07\ch07_06\case5_top_ 000.prt 文件。选择"标准"工具栏中的"开始"→"所有应用模块"→"注塑模向导"命令，打开"注塑模向导"工具栏。

图 7-86　模具型芯部件

2）在"装配导航器"中选择"case5_Core_006"，单击鼠标右键，在弹出的快捷菜单中选择"设为显示部件"命令，将模具型芯转换为显示部件。

（2）调入镶块

操作步骤如图 7-87 所示。

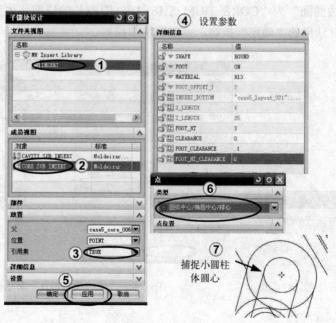

图 7-87　"子镶块设计"对话框

1）在"注塑模向导"工具栏单击"子镶块库"按钮 ▲，弹出如图 7-87 所示的 "子镶块设计"对话框；在"文件夹视图"列表区域中选择"INSERT"选项，因镶块位于型芯侧，在"成员视图"列表区域中选中"CORE SUB INSERT"；在"放置"列表区域中选择"TRUE"选项，在对话框的"详细信息"列表区域中设置镶块的参数，设置"形状"为"圆形"，开启"镶块脚"选项，其他参数设置如图 7-87 所示。

2）在"子镶块设计"对话框中单击"应用"按钮，弹出"点"对话框，在对话框的"类型"下拉列表中，选择"圆弧中心/椭圆中心/球心"选项，然后用鼠标捕捉到要创建镶块的小圆柱体的圆心，单击"点"对话框的"确定"按钮，完成镶块的创建，如图 7-88 所示。

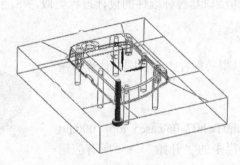

图 7-88　创建镶块

（3）镶块头的成型

单击"注塑模向导"工具栏中的"修边模具组件"按钮 ▲，弹出如图 7-89 所示的 "顶杆后处理"对话框，单击"是"按钮，弹出如图 7-90 所示的"修边模具组件"对话框，同时系统返回到上一层节点。将模架等部件隐藏，选择创建的镶块为目标体，在"刀具"列表区域中选择"修边曲面"为"CORE_TRIM_SHEET"，即型芯的修剪片体为工具体，并查看修剪方向。单击对话框的"确定"按钮，完成镶块的修剪。

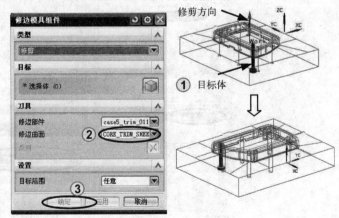

图 7-89　"顶杆后处理"对话框　　　　　图 7-90　"修边模具组件"对话框

（4）为镶块创建腔体

单击"注塑模向导"工具栏中的"腔体"按钮 ▲，弹出如图 7-91 所示的"腔体"对话框，选择型芯为目标体，选择镶块为工具体，单击"确定"按钮，在型芯上给镶块建腔，如图 7-92 所示。

图 7-91 "腔体"对话框

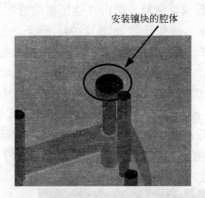

图 7-92 创建腔体

在本例中，对镶块没有止转要求，如果有止转要求，还需对镶块进行止转处理。按照上述操作步骤可为型芯上的其他三个小圆柱体创建镶块。

（5）保存文件

选择"文件"→"全部保存"命令，保存所做的工作。

7.6 综合实例——电动车充电器下盖模具标准件设计

如图 7-93 所示的电动车充电器下盖模具已完成分型设计，现进行模架和标准件设计。

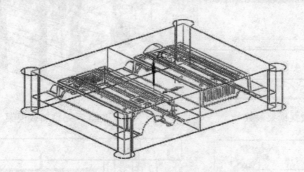

图 7-93 电动车充电器下盖模具

该零件的模具分型工作在第 6 章已经完成，下面接着进行模架加载和创建标准件，包括设计滑块抽芯机构。

（1）加载模架

1）打开附带光盘的 ch07\eg\chdianqi_top_025.prt 文件。选择"标准"工具栏中的"开始"→"所有应用模块"→"注塑模向导"命令，打开"注塑模向导"工具栏。

2）模架尺寸确定。电动车充电器下盖模具表面质量要求较高，浇口类型采用潜伏式浇口，拟选择 S 系列模架。该模具的工件尺寸为 280 mm×210 mm×60 mm，且需要设计滑块抽芯机构，因此，模架尺寸应为滑块抽芯机构留出合适的空间。塑件制品抽芯区域位于长度方向，约为 60mm，因此，选取模板长度尺寸为：280mm+60mm+60mm＝400mm。模板宽度方向应考虑避开紧固螺钉孔及复位杆等零件，选取宽度尺寸为：210mm+60mm+60mm＝330mm。模架选用 FUTABA 公司的 SA 型标准模架。

3）设置模架参数。单击"注塑模向导"工具栏中的"模架库"按钮，弹出"模架设计"对话框，操作步骤如图 7-94 所示。选择 FUTABA 公司 S 系列模架，"类型"为"SA"；选择"3340"型模架，并设置模架参数：AP_h 为 40，BP_h 为 35；该模型制品的高度为 27mm，即顶出距离为 27mm。FUTABA 公司 SA 型模架的推板和顶杆固定板厚度分别为 25mm 和 20mm，设置限位钉厚度为 5。因此，垫块（C 板）厚度 C=27mm+25mm+20mm+5mm+(5～10) mm＝82～87mm。采用模架库提供的标准参数，设置 CP_h 为 90。

4）加载标准模架。单击"模架设计"对话框的"确定"按钮，添加标准模架，如图 7-95 所示。其俯视图和前视图分别如图 7-96 和图 7-97 所示。

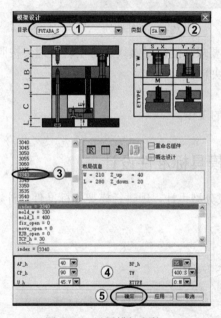

图 7-94　设置模架参数

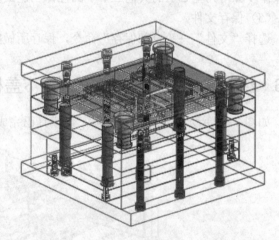

图 7-95　加载模架

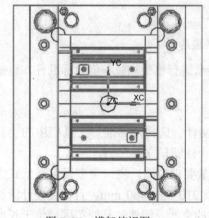

图 7-96　模架俯视图

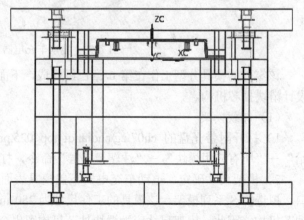

图 7-97　模架前视图

（2）添加定位圈

1）单击"注塑模向导"工具栏中的"标准部件库"按钮，弹出"标准件管理"对话框。

2）定义定位圈的类型和参数，操作过程如图 7-98 所示。在该对话框的"文件夹视图"列表区域中展开"FUTABA_MM"节点，然后选择"Locating Ring Interchangeable"选项；在"成员视图"列表区域中选择"Locating Ring"选项，此时会弹出"信息"窗口显示定位圈结构形状。在"详细信息"列表区域中的"TYPE"下拉列表中选择"M_LRB"选项，在"BOTTOM_C_BORE_DIA"选项的文本框中输入 36，并按〈Enter〉键确认，在"SHCS_LENGTH"选项的文本框中输入 12，并按〈Enter〉键确认。

3）加载定位圈。其他设置采用系统默认参数，单击"应用"按钮，自动添加定位圈，如图 7-99 所示。

图 7-98　设置定位圈参数

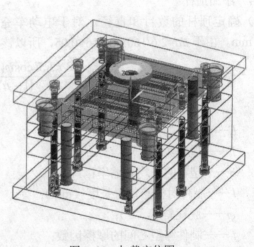

图 7-99　加载定位圈

（3）添加浇口套

1）单击"注塑模向导"工具栏中的"标准部件库"按钮，弹出"标准件管理"对话框。

2）定义浇口套类型和参数，操作过程如图 7-100 所示。在"标准件管理"对话框的"文件夹视图"列表区域中展开"FUTABA_MM"节点，选择"Sprue Bushing"选项；在"成员视图"列表区域中选择"Sprue Bushing"选项；此时系统会弹出"信息"窗口显示浇口套的结构及尺寸参数。在"详细信息"列表区域的"CATALOG"下拉列表中选择"M-SBI"选项；在"HEAD_HEIGHT"选项的文本框中输入 15，并按〈Enter〉键确认，在"CATALOG_LENGTH"选项的文本框中输入 55，并按〈Enter〉键确认，在"C_BORE_DIA"选项的文本框中输入 36，并按〈Enter〉键确认。

3）加载浇口套。"标准件管理"对话框中的其他参数采用默认设置，单击"应用"按钮，自动添加浇口套，如图 7-101 所示。

图 7-100　设置浇口套参数

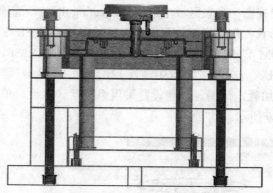

图 7-101　加载浇口套

（4）添加顶杆

1）确定顶杆的数目和直径。对于电动车充电器下壳零件，其壁厚 t=2.6 mm，长度 d=160 mm。由于 t/d=2.6/160 =0.016<0.05，所以该零件属于薄壁制件，脱模力按下式计算

$$F = \frac{8\delta_2 ESl \cos\varphi(f - \tan\varphi)}{(1-\mu)k_2}$$

式中　　δ_2——矩环形制件平均壁厚（mm）；

　　　　E——塑料的弹性模量（MPa）；

　　　　F——脱模力（N）；

　　　　S——塑料的平均收缩率；

　　　　l——制件对型芯包含长度（mm）；

　　　　φ——脱模斜度（°）；

　　　　f——制件与型芯间的摩擦因数；

　　　　μ——泊松比；

　　　　k_2——无量纲系数。

对于电动车充电器下壳，$\delta_2 = 2.6$mm，E=4.2×10³MPa，S=0.006，l=25mm，$\varphi = 3°$，f=0.3，μ=0.38，k_2=1。

因此，脱模力为

$$F = \frac{8 \times 2.6 \times 4.2 \times 10^3 \times 0.006 \times 25 \cos 3 \times (0.3 - \tan 3)}{(1 - 0.38) \times 1} = 5226 \text{（N）}$$

顶杆的直径按下面经验公式计算

$$d = \psi\left(\frac{L^2 F}{nE}\right)^{\frac{1}{4}}$$

式中　　d——顶杆直径（mm）；

　　　　ψ——安全系数；

L——顶杆长度（mm）；

F——脱模力（N）；

n——顶杆数目；

E——顶杆材料的弹性模量（MPa）。

对于电动车充电器下壳，$\psi=1$，$L=170\text{mm}$，$F=5226$ N，$n=8$，$E=2.1\times10^5$ MPa。因此，顶杆直径

$$d=1\times(\frac{170^2\times5276}{8\times2.1\times10^5})^{\frac{1}{4}}=3.08（\text{mm}）$$

在满足顶杆强度要求的前提下，为使推出平稳，尽可能取大值，本例中取 5 mm。

综合以上工艺分析计算，电动车充电器下壳模具的顶出方案为：顶杆直径为 5 mm，顶杆数目为八根。

2）单击"注塑模向导"工具栏中的"标准部件库"按钮，系统弹出"标准件管理"对话框。

3）定义顶杆类型和参数，操作步骤如图 7-102 所示。在"标准件管理"对话框的"文件夹视图"列表区域中展开"FUTABA_MM"节点，选择"Ejector Pin"选项；在"成员视图"列表区域中选择"Ejector Pin Straight"选项。在"详细信息"列表区域中设置"CATALOG_DIA"为5；设置"CATALOG_LENGTH"为200，按〈Enter〉键确认。

4）加载顶杆。"标准件管理"其他参数采用默认设置，单击"应用"按钮，弹出"点"对话框，在"点"对话框的"类型"列表区域中选择点的"类型"为"光标位置"。将模具装配体的视图方向转为"仰视图"，在如图 7-102 所示的八个部位用鼠标依次单击添加八根顶杆。最后单击"点"对话框的"取消"按钮，系统返回到"标准件管理"对话框，单击该对话框的"取消"按钮，完成顶杆的添加，如图 7-103 所示。

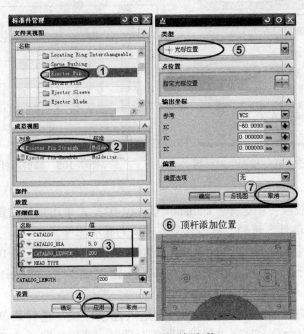

图 7-102　设置顶杆参数

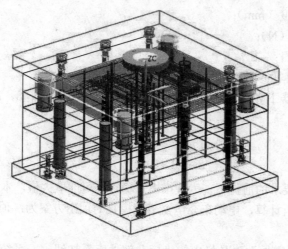

图 7-103　加载顶杆

（5）顶杆后处理

操作过程如图 7-104 所示。单击"注塑模向导"工具栏中的"顶杆后处理"按钮 ，弹出"顶杆后处理"对话框，在"类型"下拉列表中选择"修剪"，在"刀具"列表区域中选择"修边曲面"为"CORE_TRIM_SHEET"，即型芯的分型曲面，然后选择"目标"列表区域中的"chdianqi_ej_pin_080"，八根顶杆即被选中，单击"应用"按钮，系统自动将顶杆修剪到型芯片体，如图 7-105 所示。

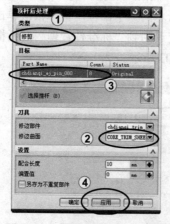

图 7-104　"顶杆后处理"对话框

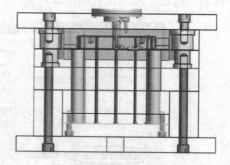

图 7-105　修剪顶杆

（6）创建滑块头（侧型芯）

1）在"装配导航器"中选择"chdianqi_Cavity_027"，单击鼠标右键，在弹出的快捷菜单中选择"设为显示部件"选项，将模具型腔转换为显示部件。

2）选择菜单栏中的"格式"→"图层设置"命令，弹出如图 7-106 所示的"图层设置"对话框，在该对话框的 "工作图层"文本框中输入 22，按〈Enter〉键确认，将当前工作图层设为 22 层。

3）选择草图绘制平面。按〈Ctrl+M〉键进入建模环境，选择菜单栏中的"插入"→"任务环境中的草图"命令，打开"创建草图"对话框，选择如图 7-107 所示的侧型芯表面作为草图绘制平面，单击"创建草图"对话框的"确定"按钮，进入草图绘制环境。

图 7-106 "图层设置"对话框

图 7-107 选择草图绘制平面

4）绘制滑块头截面轮廓。利用"草图工具"工具条的"矩形"命令和"尺寸"约束，绘制如图 7-108 所示的截面草图，单击"完成草图"按钮，退出草图绘制环境。

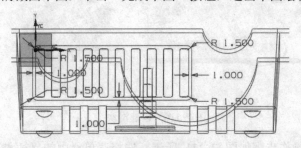

图 7-108 截面草图

5）创建拉伸体，操作步骤如图 7-109 所示。单击"特征"工具栏中的"拉伸"按钮，弹出"拉伸"对话框，选择图 7-108 所示的截面草图，设置拉伸"结束"距离值为 32，观察拉伸方向可单击按钮，调整拉伸方向。选择"布尔运算"为"无"选项，单击"应用"按钮完成拉伸体的创建。

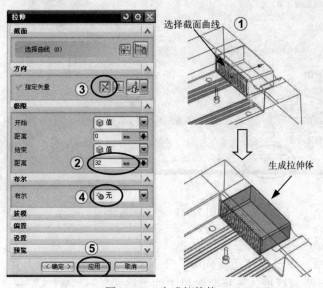

图 7-109 生成拉伸体

6）求交特征，操作步骤如图 7-110 所示。选择菜单栏中的"插入"→"组合"→"求交"命令，打开"求交"对话框。选择型腔体为目标体，选择创建的拉伸体为工具体，勾选"保存目标"复选框，单击"确定"按钮生成滑块头。

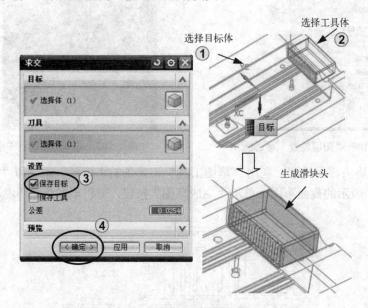

图 7-110　创建滑块头

7）求差特征，操作步骤如图 7-111 所示。选择菜单栏中的"插入"→"组合"→"求差"命令，打开"求差"对话框。选择型腔体为目标体，选择创建的滑块头为工具体，勾选"保存工具"复选框，单击"确定"按钮完成型腔体的修剪。

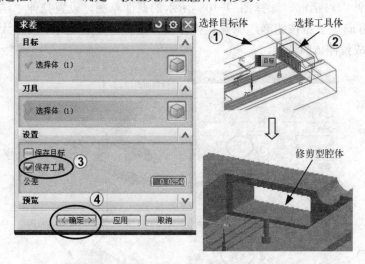

图 7-111　修剪型腔体

（7）设置坐标系

1）移动坐标系。单击"注塑模向导"工具栏中的"滑块和浮升销库"按钮 ，弹出"滑块和浮升销设计"对话框。选择菜单栏中的"格式"→"WCS"→"原点"命令，用鼠标捕捉滑块头边线的中点作为坐标系的原点，如图 7-112 所示。

2）旋转坐标系。选择菜单栏中的"格式"→"WCS"→"旋转"命令，弹出"旋转WCS 绕"对话框，选中该对话框的单选按钮 ⊙+ZC 轴：XC --> YC，在"角度"文本框中输入-90°，单击"应用"按钮，然后单击"取消"按钮（此处，不要单击"确定"按钮，否则坐标系将继续旋转）。最终定义的坐标系如图 7-113 所示。

提示：设置滑块的坐标系之前，首先要打开"滑块和浮升销设计"对话框。

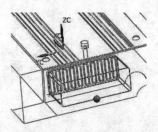 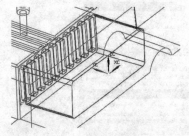

图 7-112　定位坐标系　　　　　　图 7-113　旋转坐标系

（8）添加滑块

1）滑块参数计算。本例中侧型芯宽度为 54mm，取滑块本体宽度为 60mm，滑轨宽度取 15mm，则滑块总宽度为 90(60+15+15)，侧抽芯导轨滑块的长度取 60mm。侧抽机构抽芯距离 $S＝$ 型孔深度+(2~3)mm，本例取 $S=5$。侧抽芯力由下式计算

$$F=Ahq(\mu\cos\alpha_2-\sin\alpha_2)=3.8\times10\times0.26\times100\times(0.2\cos1-\sin1)=138.8(kgf)=1388(N)$$

式中　　F——侧抽芯力（kgf）；

　　　　A——成型部分断面周长（cm）；

　　　　h——成型深度（cm）；

　　　　q——单位面积的挤压力（kgf/cm²）[⊖]；

　　　　μ——摩擦因数；

　　　　α_2——脱模斜度（°）。

斜导柱的直径由下式计算

$$d=\sqrt[3]{\frac{10FH}{\sigma_{弯}\cos\alpha}}=\sqrt[3]{\frac{10\times1388\times19}{979\times\cos15}}\approx6.5（mm）$$

式中　　d——斜导柱直径（mm）；

　　　　H——开模距离(mm)，$H=S/\sin\alpha=5/\sin15=19$；

　　　　F——侧抽芯力（N）；

　　　　$\sigma_{弯}$——斜导柱材料的抗弯强度（MPa），材料为 T8A，$\sigma_{弯}=979$MPa。

由此可见，选择斜导柱时，直径只要大于 6.5 mm 即可满足强度要求。设计时可考虑选择标准直径的斜导柱，本例选择直径为 15 mm 的斜导柱。

2）定义滑块类型。在如图 7-114 所示的"滑块和浮升销设计"对话框的"文件夹视图"列表区域中选择"Slide"选项，在"成员视图"列表区域中选择"Single Cam-Pin Slide"选项，并在"放置"列表区域的"引用集"下拉列表中选择"True"选项。

⊖ 1kgf/cm²=0.098MPa

235

3）设置滑块参数。在对话框的"详细信息"列表区域中设置滑块的参数："gib_wide" =15，"heel_back"=30，"gib_long"=60，"pin_dia"=15，"wide"=60。其他参数采用默认值，单击"确定"按钮，完成滑块的加载，如图 7-115 所示。

图 7-114 "滑块和浮升销设计"对话框

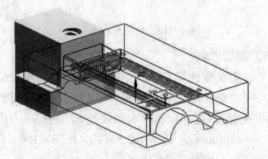

图 7-115 加载滑块

（9）滑块的链接

1）选择"标准"工具栏的"开始"→"装配"命令，进入装配环境。在"装配导航器"中选择滑块体，将其设为工作部件。

2）单击"装配"工具栏中的"WAVE 几何链接器" 按钮 ⑧，弹出如图 7-116 所示的"WAVE 几何链接器"对话框，在"类型"下拉列表中选择"体"选项，然后选择侧型芯，单击"确定"按钮，将侧型芯链接到滑块体上。

图 7-116 "WAVE 几何链接器"对话框

（10）滑块的后处理

完成滑块机构的添加后，需要在模板上完成建腔工作。

1）选择"标准"工具栏的"窗口"→"chdianqi_top_025.prt"命令，系统显示总装配模型。在"装配导航器"中鼠标右键单击 ⊞ ☑ 🗊 chdianqi_top_025，在弹出的快捷菜单中选择"设为工作部件"命令。

2）创建定模板和动模板上滑块机构的避开槽。单击"注塑模工具"工具条中的"腔体"按钮 🗃，弹出如图 7-117 所示的"腔体"对话框。选择定模板和动模板为目标体；在对话框的"刀具"列表区域中的"工具类型"下拉列表中选择"组件"选项，单击"选择对象"按钮 ⊕，选择创建的滑块为工具体，单击"应用"按钮，完成定模板和动模板上滑块机构的避开槽创建，分别如图 7-118 和图 7-119 所示。

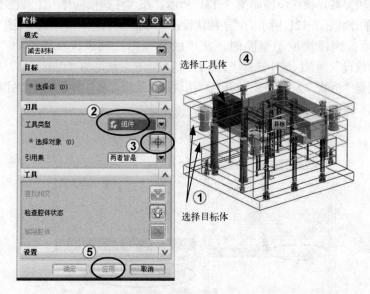

图 7-117 "腔体"对话框

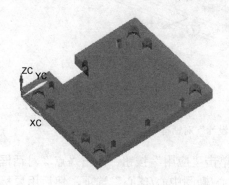

图 7-118 定模板避开槽

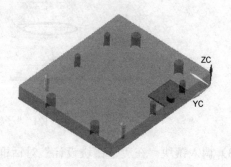

图 7-119 动模板避开槽

（11）镶块设计

1）在"装配导航器"中选择"chdianqi_Cavity_027"，单击鼠标右键，在弹出的快捷菜单中选择"设为显示部件"命令，将模具型腔转换为显示部件，隐藏滑块机构，如图 7-120 所示。

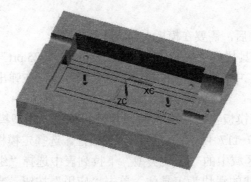

图 7-120　型腔零件

2）设置镶块参数，操作步骤如图 7-121 所示。在"注塑模向导"工具栏中单击"子镶块库"按钮，弹出如图 7-121 所示的"子镶块设计"对话框；选择"文件夹视图"列表区域中的"INSERT"选项；因镶块位于型腔侧，在"成员视图"列表区域中选中"CAVITY SUB INSERT"；在"放置"列表区域中选择"TRUE"选项；在对话框的"详细信息"列表区域中设置镶块的参数，设置"形状"为"圆形"，开启"镶块脚"选项，其他参数设置如图7-121 所示。

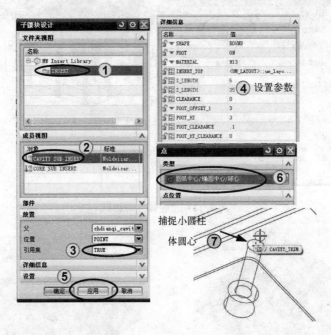

图 7-121　"子镶块设计"对话框

3）调入镶块。在"子镶块设计"对话框中单击"应用"按钮，弹出"点"对话框，在对话框的"类型"列表区域中，选择"圆弧中心/椭圆中心/球心"选项，然后用鼠标捕捉到要创建镶块的小圆柱体的圆心，单击"点"对话框的"确定"按钮，完成镶块的创建，如图 7-122 所示。

4）修剪镶块。单击"注塑模向导"工具栏中的"修边模具组件"按钮，弹出如图 7-123 所示的"顶杆后处理"对话框，单击"是"按钮，弹出如图 7-124 所示的"修边模具组件"对话框，同时系统返回到上一层节点。将模架等部件隐藏，选择创建的镶块为目标体，选择"修

238

边曲面"为"CAVITY_TRIM_SHEET",即型腔的修剪片体为工具体,并查看修剪方向。单击对话框的"应用"按钮,完成镶块的修剪。

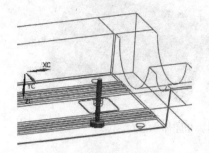

图 7-122 创建镶块

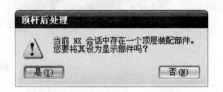

图 7-123 "顶杆后处理"对话框

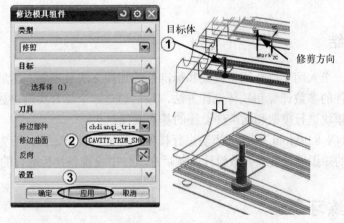

图 7-124 修剪镶块

5)为镶块建腔。单击"注塑模向导"工具栏中的"腔体"按钮,弹出如图 7-125 所示的"腔体"对话框,选择型腔为目标体,选择创建的镶块为工具体,单击 "确定"按钮,在型芯上给镶块创建腔体,如图 7-126 所示。

图 7-125 "腔体"对话框

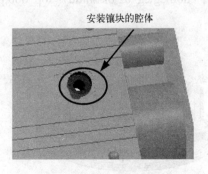

图 7-126 创建腔体

6）按照上述步骤在型腔部件的另外一凸台处设计镶块，并创建腔体，如图 7-127 所示。

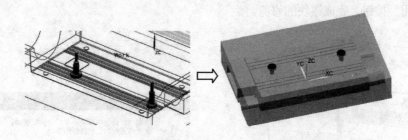

图 7-127　创建镶块和腔体

（12）保存文件

选择"文件"→"全部保存"命令，保存所做的工作。

7.7　本章小结

本章首先以一个入门实例介绍了模架和标准件的加载方法及步骤，然后通过实例详细讲解了模架和标准件的参数计算和软件设计方法，最后通过一个综合实例讲述了利用 UG NX 8.0/Mold Wizard 模块进行模架和标准件设计的基本流程。

在利用 UG NX 8.0/Mold Wizard 模块进行模架和标准件设计之前，应先利用注射模工艺分析与计算方面的知识进行各项参数设计，然后在软件中设置各种标准件的参数。

7.8　思考与练习

1．UG NX 8.0/Mold Wizard 模架库提供了几种类型的模架？分别适用于哪种类型的模具使用？

2．简述侧抽芯机构设计的基本步骤。

3．为如图 7-128 所示壳体零件的倒扣位设计侧抽芯机构（素材见附带光盘文件 ch07\ex\ex1\EX2_top_000.prt）。

4．如图 7-129 所示湿度仪下壳模具已完成分型设计，请加载模架和标准件（素材见附带光盘文件 ch06\eg\eg_02\ok\shiduyi_top_000.prt）。

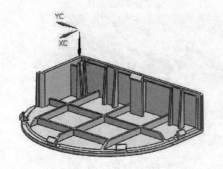

图 7-128　壳体零件

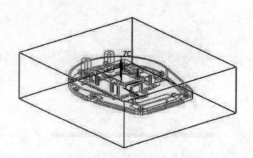

图 7-129　湿度仪下壳模具

第8章 浇注系统和冷却系统设计

浇注系统是引导塑料熔体从注射机喷嘴到模具型腔的输送通道，具有传质和传压功能，对塑件质量有很大影响。冷却系统使模腔中的成型塑件快速降温并冷凝，能够缩短成型时间，提高效率。UG NX 8.0/ Mold Wizard 模块提供了创建浇注系统和冷却系统的专用工具，本章将详细介绍浇注系统和冷却系统的设计过程。

本章重点
- 掌握常用浇口的类型和设计
- 掌握分流道的设计
- 掌握冷却系统的设计

8.1 浇注系统的设计

8.1.1 浇注系统概述

浇注系统是指由注射机喷嘴到型腔之间的进料通道，一般分为主流道、分流道、浇口和冷料穴四部分，如图 8-1 所示。浇注系统的作用是将经过注塑机喷嘴的高温、高压和高速状态下的熔融塑料送入模具型腔。浇注系统对于塑料成型有重要影响，其位置以及尺寸决定了注塑压力的损失、热量的散失和摩擦的损耗大小，以及填充速度。因此，浇注系统的设计是模具设计中的关键环节。

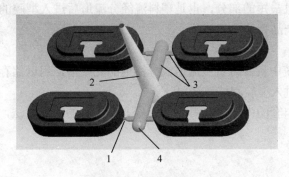

图 8-1 浇注系统

1—浇口 2—主流道 3—分流道 4—冷料穴

1. 主流道

主流道是塑料熔体进入模具最先经过的一段通道，可以看做是注射机喷嘴的延伸，在注塑模中，设计主流道就是加载浇口套标准件，主流道其实就是浇口套的内孔道，如图 8-2 所示。

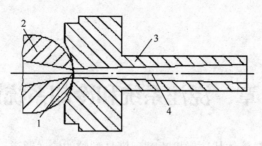

图 8-2 主流道

1—喷嘴出口 2—喷嘴 3—浇口套 4—主流道

2. 分流道

分流道是主流道与浇口之间的一段塑料熔体的流道，如图 8-3 所示。它是熔融塑料由主流道流入型腔的过渡段，能使塑料的流向得到平稳的转换，对于多腔模分流道还起着向各型腔分配塑料的作用。分流道一般开设在模具的分型面上。

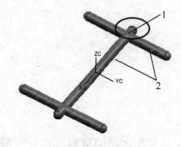

图 8-3 分流道

1—冷料穴 2—分流道

3. 浇口

浇口是指流道末端与型腔之间的一段细短通道，是熔体从流道到型腔的入口。它是浇注系统中断面尺寸最小且最短的部分，也是塑料流经分流道后进入型腔的关键部分，其形状的设计与塑料的特性和产品有关。

4. 冷料穴

冷料穴是浇注系统中直接对着主流道或分流道的孔或槽，用以储存注射时熔体料流前锋的冷料头，防止冷料进入型腔和堵塞浇口。

由于主流道即浇口套的内腔，在第 7 章已经介绍了它的加载方法，下面结合实例介绍分流道和浇口的设计。

8.1.2 分流道设计

单击"注塑模向导"工具栏中的"流道"按钮，弹出如图 8-4 所示的 "流道"对话框，利用该对话框可进行分流道的设计。

分流道的设计步骤如下。

1）定义引导线串。引导线串的定义是通过在草图环境中绘制截面曲线来完成的。单击"流道"对话框"引导线"列表区域中的"绘制截面"按钮 ▣，弹出"创建草图"对话框，如图 8-5 所示。选择草图绘制平面后可创建引导线串。

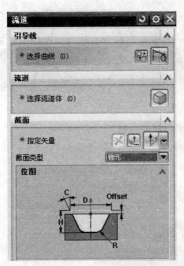

图 8-4 "流道"对话框

2）定义截面类型。在"流道"对话框"截面"列表区域中的"截面类型"下拉列表中列出了"圆形"、"抛物线形"、"梯形"、"六边形"和"半圆形"五种分流道的截面形状，如图 8-6 所示。选中某一类型的截面后，在对话框的"参数"列表区域中会给出该种截面的相关参数，用户可对此进行编辑。

3）定义分流道的尺寸参数。选定某一类型的分流道截面后，在对话框的"参数"列表区域中输入流道的参数，单击"确定"按钮，即可创建分流道。

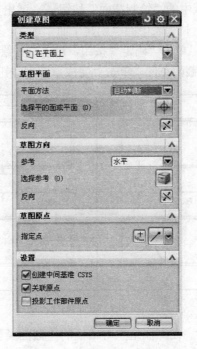

图 8-5 "创建草图"对话框

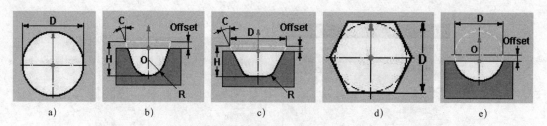

图 8-6　分流道的截面形状

a) 圆形　b) 抛物线形　c) 梯形　d) 六边形　e) 半圆形

【例 8-1】 分流道设计。

为如图 8-7 所示外壳模具型芯部件创建分流道。

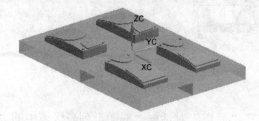

图 8-7　外壳模具型芯部件

1）打开附带光盘的 ch08\ch08_01\waike_top_025.prt 模具装配文件。

2）隐藏零部件。在"装配导航器"中将"waike_dm_051"、"waike_var_035"、"waike_misc_030"、"waike_ej_pin_091"、"waike_cavity_027"部件取消勾选,将其隐藏。

3）单击"注塑模向导"工具栏中的按钮 ，弹出如图 8-4 所示的"流道"对话框。单击对话框"引导线"列表区域中的"绘制截面"按钮 ，弹出如图 8-5 所示的"创建草图"对话框,选择"平面方法"下拉列表中的"创建平面"选项,单击"指定平面"右边的按钮 ，选取 为草图绘制平面,单击"确定"按钮,进入草图绘制环境。

4）绘制如图 8-8 所示的截面草图,单击"完成草图"按钮,退出草图绘制环境。

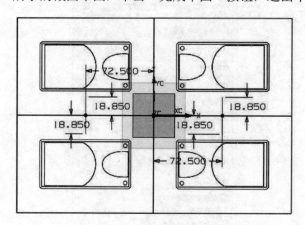

图 8-8　截面草图

5）定义截面类型和参数。在"流道"对话框的"截面类型"下拉列表中选择"圆形"选项,在"参数"列表中将"直径"修改为 6,按〈Enter〉键确认。其他参数默认。

6）单击"确定"按钮，完成分流道的创建，如图8-9所示。

图8-9　创建分流道

7）选择"文件"→"全部保存"命令，保存所做的工作。

8.1.3　浇口设计

浇口是浇注系统的关键部位，浇口的位置及形状、尺寸的设计直接确定了塑件质量和注射效率。浇口设计时需注意以下几点：浇口应选择在不影响塑件外观的部位；浇口应避开零件的工作特征和装配特征；在保证塑件填充良好的前提下，其位置应使塑料熔体的流程最短；料流变向应少，以减少流道压力损失；浇口位置应避免熔体喷射；尽可能将浇口设在厚壁处，以利于填充和补料。

在"注塑模向导"工具栏中单击"浇口设计"按钮▉，弹出"浇口设计"对话框，如图8-10a所示。该对话框中包括"平衡"、"位置"、"方法"、"浇口点表示"、"类型"、"重定位浇口"、"删除浇口"、"编辑注册文件"及"编辑数据库"等功能选项和按钮命令。

下面对"浇口设计"对话框的各选项作简单介绍。

1．平衡

该选项用于定义平衡式浇口或非平衡式浇口。选中"是"单选按钮，创建平衡式浇口。在一模多腔模具中创建浇口时，只需在一型腔或型芯中创建即可，系统会自动在其余型芯或型腔中阵列生成浇口，并具有关联性。

2．位置

该选项用于定义浇口的放置位置，有"型芯"和"型腔"两个单选按钮可选。

3．方法

该选项用于添加或编辑浇口，只有在浇口添加后此选项才可使用。

4．浇口点表示

单击对话框的"浇口点表示"按钮，弹出"浇口点"对话框，如图8-10b所示。该按钮用来定义浇口放置的位置和删除已有的浇口点。

- 点子功能：单击此按钮，系统弹出"点"对话框，通过该对话框可完成浇口放置点的选择。
- 面/曲线相交：单击此按钮后，选取两条曲线，系统将以两条曲线的交点作为浇口的放置点。

- 平面/曲线相交：单击此按钮，系统将以用户选取的基准平面和曲线的交点作为浇口放置点
- 点在曲线上：单击此按钮，选取曲线上任意一点作为浇口放置点。
- 点在面上：单击此按钮，定义曲面上的一点作为浇口放置点。
- 删除浇口点：单击此按钮，可删除选择的浇口点。

5．类型

用于定义浇口的类型，如图 8-10c 所示。该下拉列表中列出了 fan（扇形浇口）、film（薄片浇口）、pin（点浇口）、pin point（针式浇口）、rectangle（矩形浇口）、step pin（阶梯状针式浇口）、tunnel（潜伏式浇口）及 curved tunnel（耳状浇口）八种浇口。

选中某一类型浇口后，在该区域会显示浇口的图形及参数，用户可设置和编辑浇口的参数。

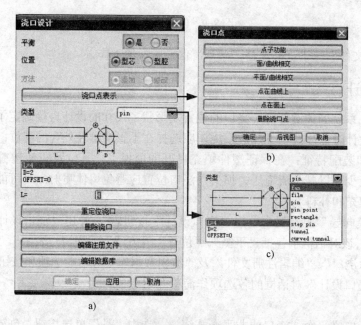

图 8-10　浇口设计

a)"浇口设计"对话框　b)"浇口点"对话框　c)"类型"下拉列表

6．重定位浇口

用于重新定义浇口位置。选择已经添加的浇口后，单击该按钮，系统弹出如图 8-11 所示的"REPOSITION"对话框，通过对话框的"变换"和"旋转"两种单选项可以完成浇口的重定位。

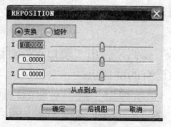

图 8-11　"REPOSITION"对话框

7. 删除浇口

单击该按钮，可将选择的浇口删除。

【例 8-2】 浇口设计。如图 8-12 所示模具已完成分流道设计，现进行浇口设计。

1）显示型腔部件。打开附带光盘的 ch08\ch08_02\case5_top_000.prt 模具装配文件。将型芯隐藏，只显示型腔部件，如图 8-12 所示。

2）单击"注塑模向导"工具栏中的"浇口库"按钮，弹出如图 8-13 所示的"浇口设计"对话框。

3）定义浇口的属性和参数，其操作步骤如图 8-13所示。定义浇口为"平衡"浇口，"位置"选择型腔；浇口"类型"选取"矩形浇口"(rectangle)，并设置浇口的参数；单击对话框的"应用"按钮，弹出

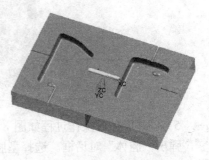

图 8-12　显示型腔部件

"点"对话框；在"点"对话框的"类型"下拉列表中选择"圆弧中心/椭圆中心/球心"选项，然后用鼠标捕捉如图 8-13 步骤⑦箭头所示的分流道的圆弧中心，此时系统弹出"矢量"对话框，设置正确的矢量方向后，单击"确定"按钮，系统返回到"浇口设计"对话框。

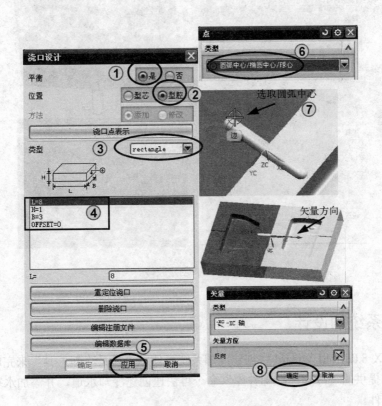

图 8-13　"浇口设计"对话框

4）单击"浇口设计"对话框的"取消"按钮，完成浇口的设计，创建的浇口如图 8-14所示。

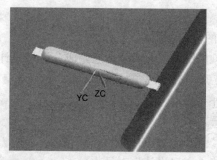

图 8-14　创建浇口

5）创建腔体。操作过程如图 8-15 所示。单击"注塑模工具"工具条中的"腔体"按钮 ，弹出"腔体"对话框。选择型腔为目标体；在对话框中"刀具"列表区域中的"工具类型"下拉列表中选择"实体"选项，单击"选择对象"按钮 ，选择创建的浇口和分流道为工具体，单击"应用"按钮，系统在型腔部件上创建浇口和流道。

6）选择"文件"→"全部保存"命令，保存所做的工作。

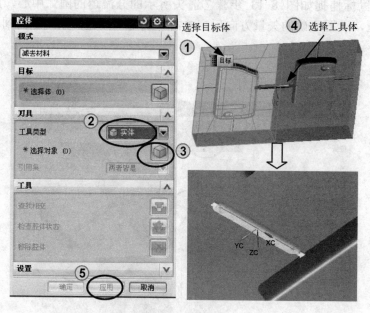

图 8-15　创建腔体

8.2　冷却系统的设计

在 UG NX 8.0/Mold Wizard 中创建冷却系统可使用"模具冷却工具"来完成，使用"模具冷却工具"提供的"冷却标准部件库"命令可快速创建冷却水道，并添加水塞、密封圈及水嘴等标准部件。

8.2.1　冷却系统概述

冷却系统（水路）的作用是使产品均匀冷却，并在较短时间内顶出成型塑件。冷却系统排布的好坏直接影响到产品的成型质量和生产周期（成本）。冷却系统由水道、连接水嘴、密封圈和水塞（喉塞）等组成，如图 8-16 所示。冷却系统的设计重点是冷却水道的设计，冷却水道设置要使冷却效果均匀，尽量靠近热量较多处，远离热量较少处。

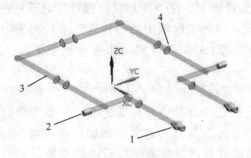

图 8-16　冷却系统组成

1—连接水嘴　2—水塞　3—水道　4—密封圈

8.2.2　冷却系统设计

单击"注塑模向导"工具栏中的"模具冷却工具"按钮，弹出如图 8-17 所示的"模具冷却工具"工具条，创建水道主要是通过该工具条的"冷却标准部件库"命令实现。单击"冷却标准部件库"按钮，弹出如图 8-18 所示的"冷却组件设计"对话框，在该对话框的"成员视图"列表区域中提供了 COOLING HOLE（冷却水道）、PIPE PLUG（喉塞）、CONNECTOR PLUG（连接水嘴）、DIVERTER（水塞）、O-RING（O 形圈）等标准件供用户调用。用户选定某一冷却标准件后，在对话框的"详细信息"列表区域中可设置标准件的参数。

图 8-17　"模具冷却工具"工具条

图 8-18　"冷却组件设计"对话框

冷却水道的设计包括以下基本步骤。

1）定义冷却水道的参数。用户可在"冷却组件设计"对话框的"详细信息"列表区域中定义冷却水道的参数，包括冷却水道长度、直径等。

2）定义冷却水道的放置平面。在"冷却组件设计"对话框的"放置"列表区域中提供了冷却水道的放置位置，该列表区域中的"位置"下拉列表中提供了多种放置方式，在冷却水道设计时常使用"PLANE"方式，即选择一个平面（型腔、型芯或模板的侧面）作为放置平面。

3）定义冷却水道的放置点。单击"冷却组件设计"对话框的"应用"按钮，系统弹出"点"对话框，并在所选平面的中心位置定义一个参考坐标系，如图 8-19 所示，用户可参考该坐标系进行水道放置点的定义。例如，在"点"对话框中设置点的坐标为 (35，0，0)，即指冷却水道放置点在参考坐标系中的位置在+XC 方向为 35，其他两个方向为 0。

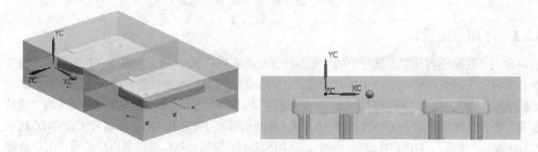

图 8-19　冷却水道放置的参考坐标系

4）生成冷却水道。单击"点"对话框的"应用"按钮，即可生成冷却水道，如图 8-20 所示。

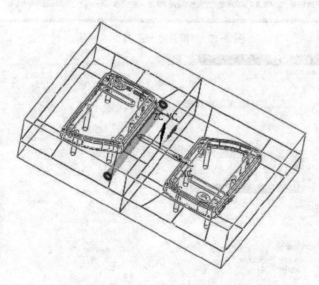

图 8-20　生成冷却水道

下面以实例介绍冷却系统的详细设计步骤。

【例 8-3】 冷却系统设计。

对如图 8-21 所示的盒盖模具进行冷却系统设计。

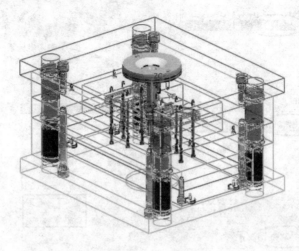

图 8-21　盒盖模具

该模具在前面章节已完成模架和标准件的加载以及浇注系统设计，现进行冷却系统设计。

（1）创建冷却水道 1

1）隐藏模架。打开附带光盘的 ch08\ch08_03\case5_top_000.prt 模具装配文件。在"装配导航器"中将 "case5_dm_025"、"case5_var_010"、"case5_misc_005"、"case5_ej_pin_065" 部件取消勾选，将其隐藏，只显示型腔和型芯部件，如图 8-22 所示。

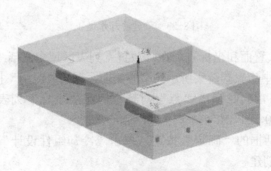

图 8-22　隐藏模架及标准件

2）单击"注塑模向导"工具栏中的"模具冷却工具"按钮 ，弹出"模具冷却工具"工具条，在该工具条中单击"冷却标准部件库"按钮 ，弹出如图 8-23 所示的"冷却组件设计"对话框。

3）设置冷却水道类型及参数。在"冷却组件设计"对话框的"名称"列表区域中选择"COOLING"选项，在"成员视图"列表区域中选择"COOLING HOLE"选项，系统弹出"信息"窗口并显示参数。在"详细信息"列表区域中的"PIPE THREAD"下拉列表中选择"M8"；在"HOLE_1 DEPTH"文本框中输入 125，并按〈Enter〉键确认；在"HOLE_2 DEPTH"文本框中输入 125，并按〈Enter〉键确认；其他参数接受系统默认。

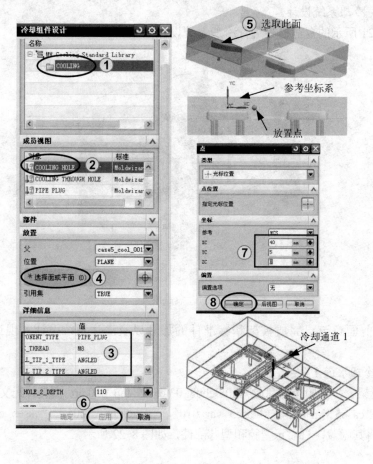

图 8-23　创建冷却水道 1

4）定义冷却水道放置面和坐标点。在"放置"列表区域中激活"选择面或平面"按钮 ，然后选择图 8-23 中步骤⑤箭头所示的型腔侧面，单击"应用"按钮，系统显示冷却水道放置点的参考坐标系，同时弹出"点"对话框，在"坐标"列表区域中输入（"XC"，"YC"，"ZC"）坐标为(40，5，0)。

5）单击"点"对话框的"确定"按钮，单击"冷却组件设计"对话框的"取消"按钮，完成冷却水道 1 的创建。

（2）创建冷却水道 2

参照冷却水道 1 的创建方法创建冷却水道 2。

1）修改参数。在"详细信息"列表区域中的"PIPE THREAD"下拉列表中选择"M8"；在"HOLE_1 DEPTH"文本框中输入 100，并按〈Enter〉键确认；在"HOLE_2 DEPTH"文本框中输入 100，并按〈Enter〉键确认；其他参数接受系统默认。

2）定义冷却水道放置面和坐标点。在"放置"列表区域中激活"选择面或平面"按钮 ，然后选择图 8-24 所示的型腔侧面，单击"应用"按钮，系统显示冷却水道放置点的参考坐标系，同时弹出"点"对话框，在"坐标"列表区域中输入（"XC"，"YC"，"ZC"）坐标为(-50，5，0)。

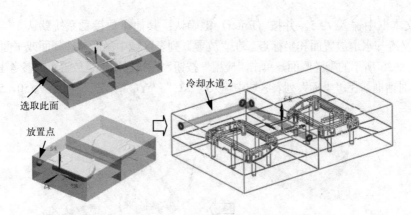

图 8-24　创建冷却水道 2

3）单击"点"对话框的"确定"按钮，单击"冷却组件设计"对话框的"取消"按钮，完成冷却水道 2 的创建。

（3）创建冷却水道 3

参照冷却水道 1 的创建方法创建冷却水道 3。

1）修改参数。在"详细信息"列表区域中的"PIPE　THREAD"下拉列表中选择"M8"；在"HOLE_1 DEPTH"文本框中输入 100，并按〈Enter〉键确认；在"HOLE_2 DEPTH"文本框中输入 100，并按〈Enter〉键确认；其他参数接受系统默认。

2）定义冷却水道放置面和坐标点。在"放置"列表区域中激活"选择面或平面"按钮 ⊕，然后选择图 8-25 所示的型腔侧面，单击"应用"按钮，系统显示水道放置点的参考坐标系，同时弹出"点"对话框，在"坐标"列表区域中输入（"XC"，"YC"，"ZC"）坐标为(40，5，0)。

3）单击"点"对话框的"确定"按钮，单击"冷却组件设计"对话框的"取消"按钮，完成冷却水道 3 的创建。

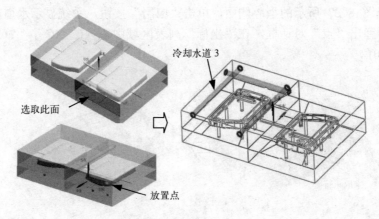

图 8-25　创建冷却水道 3

（4）创建冷却水道 4

参照冷却水道 1 的创建方法创建冷却水道 4。

1）修改参数。在"详细信息"列表区域中的"PIPE　THREAD"下拉列表中选择"M8"；在"HOLE_1 DEPTH"文本框中输入 72.5，并按〈Enter〉键确认；在"HOLE_2

DEPTH"文本框中输入 72.5，并按〈Enter〉键确认；其他参数接受系统默认。

2）定义冷却水道放置面和坐标点。在"放置"列表区域中激活"选择面或平面"按钮 ⊕ ，然后选择图 8-26 所示的型腔侧面，单击"应用"按钮，系统显示水道放置点的参考坐标系，同时弹出"点"对话框，在"坐标"列表区域中输入("XC"，"YC"，"ZC")坐标为(50，5，0)。

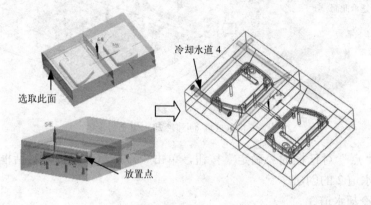

选取此面

冷却水道 4

放置点

图 8-26　创建冷却水道 4

3）单击"点"对话框的"确定"按钮，单击"冷却组件设计"对话框的"取消"按钮，完成冷却水道 4 的创建。

（5）创建冷却水道 5

参照冷却水道 1 的创建方法创建冷却水道 5。

1）修改参数。在"详细信息"列表区域中的"PIPE THREAD"下拉列表中选择"M8"；在"HOLE_1 DEPTH"文本框中输入 25，并按〈Enter〉键确认；在"HOLE_2 DEPTH"文本框中输入 25，并按〈Enter〉键确认；其他参数接受系统默认。

2）定义冷却水道放置面和坐标点。在"放置"列表区域中激活"选择面或平面"按钮 ⊕ ，然后选择图 8-27 所示的型腔侧面，单击"应用"按钮，系统显示水道放置点的参考坐标系，同时弹出"点"对话框，在"坐标"列表区域中输入("XC"，"YC"，"ZC")坐标为(15，5，0)。

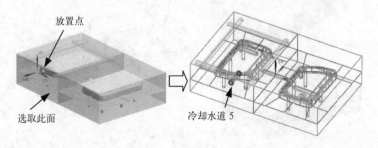

放置点

选取此面

冷却水道 5

图 8-27　创建冷却水道 5

3）单击"点"对话框的"确定"按钮，单击"冷却组件设计"对话框的"取消"按钮，完成冷却水道 5 的创建。

（6）创建冷却水道 6

参照冷却水道 1 的创建方法创建冷却水道 6。

1）显示型腔的固定板。在"装配导航器"中勾选"case5_cvp_038"，显示型腔固定板，如图 8-28 所示。

2）修改参数。在"详细信息"列表区域中的"PIPE THREAD"下拉列表中选择"M8"；在"HOLE_1 DEPTH"文本框中输入 55.5，并按〈Enter〉键确认；在"HOLE_2 DEPTH"文本框中输入 55.5，并按〈Enter〉键确认；其他参数接受系统默认。

3）定义冷却水道放置面和坐标点。在"放置"列表区域中激活"选择面或平面"按钮，然后选择图 8-29 所示的型腔侧面，单击"应用"按钮，系统显示水道放置点的参考坐标系，同时弹出"点"对话框，在"坐标"列表区域中输入（"XC"，"YC"，"ZC"）坐标为(40，5，0)，单击"确定"按钮；在弹出的"点"对话框中再次输入（"XC"，"YC"，"ZC"）坐标为(15，5，0)，单击"确定"按钮，系统创建了两段水道。

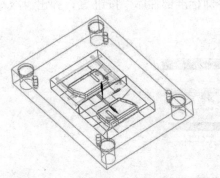

图 8-28　显示型腔固定板

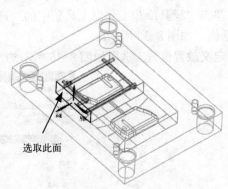

图 8-29　冷却水道的放置平面

4）翻转方向。单击"点"对话框的"取消"按钮，系统返回到如图 8-30 所示的"冷却组件设计"对话框，在该对话框的"部件"列表区域中单击"翻转方向"按钮◁，结果如图 8-31 所示。选取图 8-32 所示的冷却水道，单击"翻转方向"按钮◁，使水道翻转方向。最后生成的两段冷却水道如图 8-33 所示。

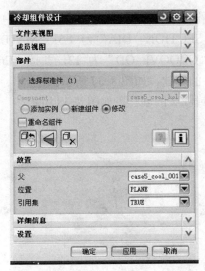

图 8-30　"冷却组件设计"对话框

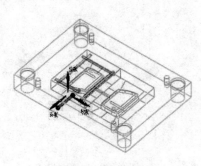

图 8-31　翻转方向

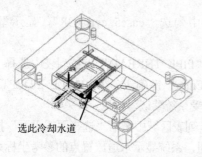
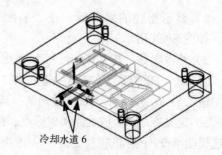

选此冷却水道

冷却水道 6

图 8-32　选择冷却水道　　　　　图 8-33　创建冷却水道 6

（7）创建密封圈

1）隐藏型腔和型腔固定板，只显示冷却水道，如图 8-34 所示。

2）单击"模具冷却工具"工具条中的"冷却标准部件库"按钮 ，弹出"冷却组件设计"对话框，如图 8-35 所示。

3）定义放置位置。选取如图 8-36 所示的水道。

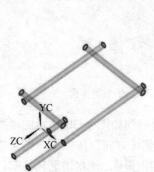

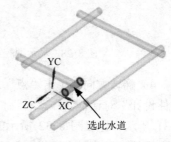

选此水道

图 8-34　显示冷却水道　　图 8-35　"冷却组件设计"对话框　　图 8-36　定义放置位置

4）定义密封圈及其参数。在"冷却组件设计"对话框的"成员视图"中选择"O-RING"，在"详细信息"区域定义参数：定义"SECTION _DIA"为 1.5；"MATERIAL"选择 BUNE；修改"GROOVE_ID"为 8；修改"GROOVE_OD"为 12，并按〈Enter〉键确认。单击对话框的"确定"按钮，完成密封圈 1 的创建，如图 8-37 所示。

5）按照同样的操作步骤，完成另外一个密封圈 2 的创建，如图 8-38 所示。

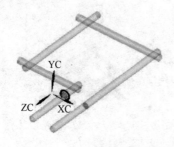
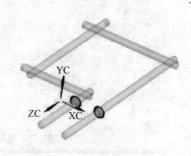

图 8-37　创建密封圈 1　　　　　图 8-38　创建密封圈 2

（8）创建水塞

1）单击"模具冷却工具"工具条中的"冷却标准部件库"按钮 📇，弹出"冷却组件设计"对话框。

2）定义放置位置。选取如图8-39所示的冷却水道。

3）定义水塞及其参数。在"冷却组件设计"对话框的"成员视图"中选择"DIVERTER"，在"详细信息"区域定义参数：在"SUPPER"下拉列表中选择"DMS"；修改"FITTING_DIA"的值为6；修改"ENGAGE"的值为10，并按〈Enter〉键确认。单击对话框的"确定"按钮，创建水塞，如图8-40所示。

4）重定位水塞。单击"冷却组件设计"对话框"部件"列表区域中的"重定位"按钮 📷，系统弹出如图8-41所示的"移动组件"对话框，在该对话框中的"运动"下拉列表中选择"点到点"选项，然后选取图8-42所示的起点和终点，单击"确定"按钮，完成水塞1的移动，如图8-43所示。

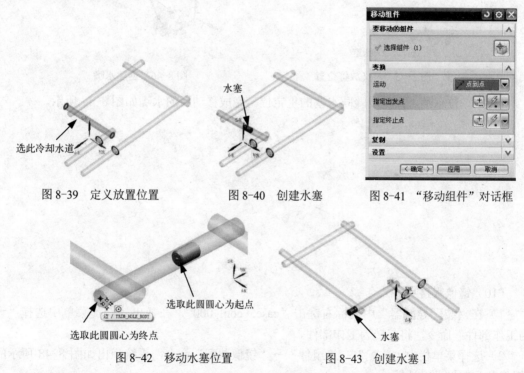

图8-39 定义放置位置　　　图8-40 创建水塞　　　图8-41 "移动组件"对话框

图8-42 移动水塞位置　　　图8-43 创建水塞1

5）按照步骤2）、3）的操作，完成另外两个水塞的创建，如图8-44所示。

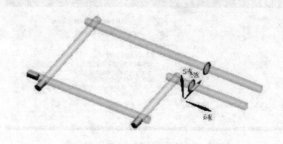

图8-44 创建水塞2

257

（9）创建水嘴

1）单击"模具冷却工具"工具条中的"冷却标准部件库"按钮 ，弹出"冷却组件设计"对话框。

2）定义水嘴的放置位置。选取如图 8-45 所示的冷却水道。

3）定义水嘴及其参数。在"冷却组件设计"对话框的"成员视图"中选择"CONNECTOR PLUG"选项，在"详细信息"区域定义参数：在"SUPPER"下拉列表中选择"HASCO"；在"PIPE THREAD"下拉列表中选择"M8"。单击对话框的"确定"按钮，创建水嘴，如图 8-46 所示。

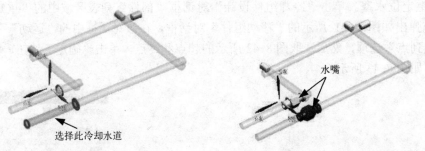

图 8-45　定义放置位置　　　　　　　图 8-46　创建水嘴

4）重定位水嘴。操作步骤同水塞的重定位。完成移动后的水嘴如图 8-47 所示。

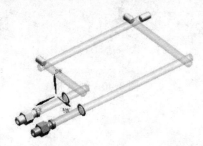

图 8-47　移动水嘴

（10）镜像水路

1）在"装配导航器"中鼠标右键击"case5_cool_000"，在弹出的快捷菜单中选择"设为工作部件"命令，将其转为工作部件。

2）选择菜单栏中"装配"→"组件"→"镜像装配"命令，系统弹出如图 8-48 所示的"镜像装配向导"对话框。

图 8-48　"镜像装配向导"对话框

3）在"镜像装配向导"对话框中单击"下一步"按钮，系统要求选取组件；从绘图窗口中框选所有的冷却部件，如图 8-49 所示，单击对话框的"下一步"按钮。

4）定义镜像平面。在"镜像装配向导"对话框中单击"创建基准平面"按钮⬜，系统弹出如图 8-50 所示的"基准平面"对话框，在"类型"下拉列表中选择"YC-ZC 平面"选项，然后在对话框中"距离"文本框中输入 52.5，单击"基准平面"对话框的"确定"按钮，创建镜像平面，如图 8-51 所示。

图 8-49　选取镜像组件

图 8-50　"基准平面"对话框

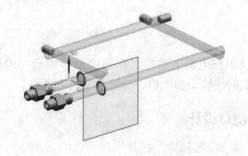

图 8-51　创建镜像平面

5）在"镜像装配向导"对话框中连续单击"下一步"按钮，最后单击"完成"按钮，完成冷却系统的镜像，如图 8-52 所示。

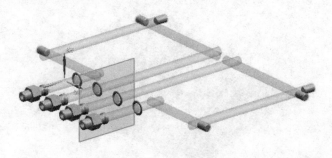

图 8-52　镜像冷却系统

6）选择菜单栏中"编辑"→"显示和隐藏"→"全部显示"命令，或按快捷键〈Ctrl+Shift+U〉，显示所有隐藏部件。

（11）保存文件

选择"文件"→"全部保存"命令，保存所做的工作。

8.3　综合实例——充电器下盖模具浇注系统和冷却系统设计

为如图 8-53 所示的电动车充电器下盖模具设计浇注系统和冷却系统。

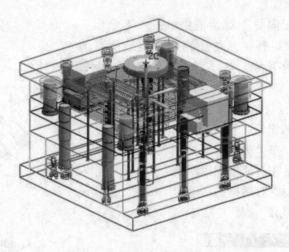

图 8-53　电动车充电器下盖模具

电动车充电器下盖模具在前面章节中已完成模架及标准件的加载，包括浇口套和定位圈，本实例继续添加浇口、分流道和冷却系统。

8.3.1　浇口设计

1）显示型芯部件。打开附带光盘的 ch08\eg\chdianqi_top_025.prt 模具装配文件。在"装配导航器"中将"chdianqi_fs_051"、"chdianqi_var_035"、"chdianqi_misc_030"、"chdianqi_ej_pin_080"和"chdianqi_cavity_027"部件取消勾选，将其隐藏，只显示型芯部件和产品体，如图 8-54 所示。

图 8-54　显示型芯部件

2）单击"注塑模向导"工具栏中的"浇口库"按钮 ，弹出"浇口设计"对话框。

3）定义浇口的属性和参数，其操作步骤如图 8-55 所示。定义浇口为"平衡"浇口，"位置"选择"型芯"；浇口"类型"选取"潜伏式浇口"（tunnel），并修改浇口的参数：修改"d"=1，"HD"=8，其他参数接受系统默认。单击对话框的"应用"按钮，弹出"点"对话框；在"输出坐标"列表区域中输入坐标："X"=0，"Y"=-32，"Z"=-8，单击"确定"按钮；此时系统弹出"矢量"对话框，选择"类型"下拉列表中的"-YC 轴"选项，单击"确定"按钮，创建浇口，如图 8-56 所示。

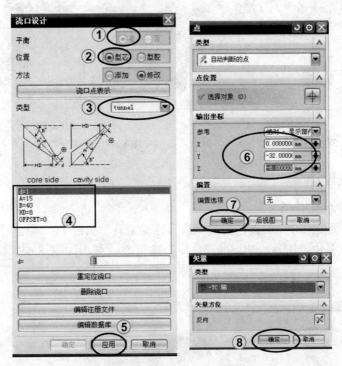

图 8-55 "浇口设计"对话框

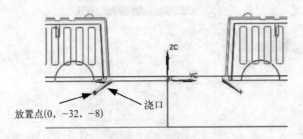

图 8-56 创建浇口

本例中的潜伏式浇口是从产品内侧接于顶杆上的，因此需要在顶杆上作出进料通道，读者可自行完成。

8.3.2 分流道设计

1）单击"注塑模向导"工具栏中的按钮 ，弹出"流道"对话框。单击对话框"引导线"列表区域中的"绘制截面"按钮 ，弹出"创建草图"对话框，选择"平面方法"下拉列表中的"创建平面"选项，单击"指定平面"右边的按钮 ，选取 为草图绘制平面，单击"确定"按钮，进入草图绘制环境。

2）绘制如图 8-57 所示的截面草图，单击"完成草图"按钮，退出草图绘制环境。

3）定义截面类型和参数。在"流道"对话框的"截面类型"下拉列表框中选择"圆形"，在"参数"列表中将"直径"修改为 5，按〈Enter〉键确认。其他参数接受系统默认。

4）单击"确定"按钮，完成分流道的创建，如图 8-58 所示。

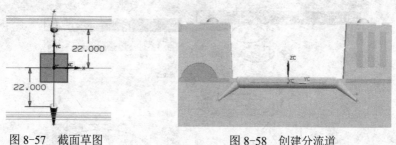

图 8-57 截面草图　　　　　　　　　图 8-58 创建分流道

8.3.3 冷却系统设计

（1）创建冷却水道 1～5

1）单击"注塑模向导"工具栏中的"模具冷却工具"按钮，弹出"模具冷却工具"工具条，在该工具条中单击"冷却标准部件库"按钮，弹出如图 8-59 所示的"冷却组件设计"对话框。

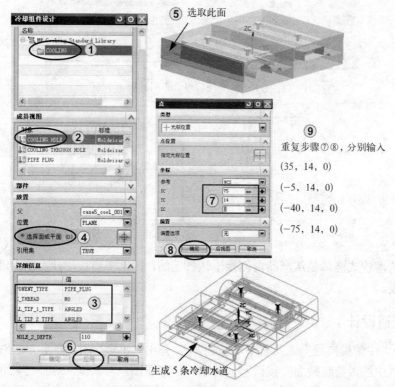

图 8-59 创建冷却水道 1～5

2）设置冷却水在道类型及参数。在"冷却组件设计"对话框的"名称"列表区域中选择"COOLING"选项，在"成员视图"列表区域中选择"COOLING HOLE"选项，系统弹出"信息"窗口并显示参数。在"详细信息"列表区域中的"PIPE THREAD"下拉列表中选择"M8"；在"HOLE_1 DEPTH"文本框中输入 140，并按〈Enter〉键确认；在"HOLE_2 DEPTH"文本框中输入 140，并按〈Enter〉键确认；其他参数接受系统默认。

3）定义冷却水道放置面和坐标点。在"放置"列表区域中激活"选择面或平面"按钮

⊕，然后选择图 8-59 中步骤⑤箭头所示的型腔侧面，单击对话框的"应用"按钮，系统显示冷却水道放置点的参考坐标系，同时弹出"点"对话框，在"坐标"列表区域中输入（"XC"，"YC"，"ZC"）坐标为(75，14，0)。

4）单击"点"对话框的"确定"按钮，生成冷却水道 1。重复图 8-59 中步骤⑦⑧，完成冷却水道 2~5 的创建。

（2）创建冷却水道 6~10

参照操作步骤（1），创建冷却水道 6~10。

1）在"装配导航器"中勾选"chdianqi_a_plate"，显示型腔固定板。

2）修改参数。在"详细信息"列表区域中的"PIPE THREAD"下拉列表中选择"M8"；在"HOLE_1 DEPTH"文本框中输入 60，并按〈Enter〉键确认；在"HOLE_2 DEPTH"文本框中输入 60，并按〈Enter〉键确认；其他参数接受系统默认。

3）定义冷却水道放置面和坐标点。在"放置"列表区域中激活"选择面或平面"按钮⊕，然后选择图 8-60 所示的型腔固定板侧面，单击对话框的"应用"按钮，弹出"点"对话框，在"坐标"列表区域中分别输入（"XC"，"YC"，"ZC"）坐标为(75，14，0)，(35,14,0)，(-5,14,0)，(-40,14,0)和(-75,14,0)，并分别单击"点"对话框的"确定"按钮，生成冷却水道 6~10。

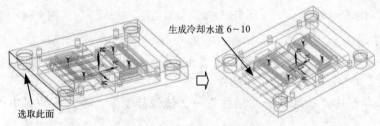

图 8-60　创建冷却水道 6~10

4）单击"点"对话框的"确定"按钮，单击"冷却组件设计"对话框的"取消"按钮，完成冷却水道 6~10 的创建。

（3）创建密封圈

1）隐藏型腔和型腔固定板，只显示冷却水道，如图 8-61 所示。

2）单击"模具冷却工具"工具条中的"冷却标准部件库"按钮᠊᠊，弹出"冷却组件设计"对话框。

3）定义放置位置。选取如图 8-62 所示的冷却水道。

4）定义密封圈及其参数。在"冷却组件设计"对话框的"成员视图"中选择"O-RING"，在"详细信息"区域定义参数：定义"SECTION _DIA"为 1.5；"MATERIAL"选择"BUNE"；修改"GROOVE_ID"为 8；修改"GROOVE_OD"为 12，并按〈Enter〉键确认。单击对话框的"确定"按钮，完成密封圈 1~5 的创建，如图 8-63 所示。

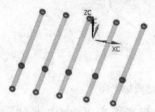

图 8-61　显示冷却水道

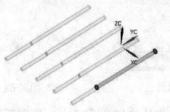

图 8-62　定义放置位置

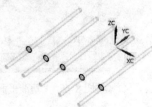

图 8-63　创建密封圈 1~5

5）按照同样的操作步骤，完成密封圈 6~10 的创建，如图 8-64 所示。

（4）创建水嘴

1）单击"模具冷却工具"工具条中的"冷却标准部件库"按钮 ，弹出"冷却组件设计"对话框。

2）定义水嘴的放置位置。选取如图 8-65 所示的冷却水道。

3）定义水嘴及其参数。在"冷却组件设计"对话框的"成员视图"中选择"CONNECTOR PLUG"选项，在"详细信息"区域定义参数：在"SUPPER"下拉列表中选择"HASCO"；在"PIPE THREAD"下拉列表中选择"M8"。单击对话框的"确定"按钮，创建五个水嘴，如图 8-66 所示。

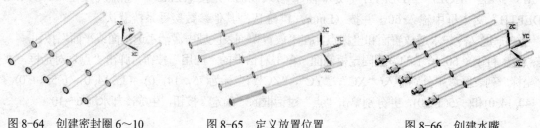

图 8-64　创建密封圈 6~10　　　　图 8-65　定义放置位置　　　　图 8-66　创建水嘴

（5）镜像水路

1）在"装配导航器"中鼠标右键单击"chdianqi_cool_026"，在弹出的快捷菜单中选择"设为工作部件"命令，将其转为工作部件。

2）选择菜单栏中"装配"→"组件"→"镜像装配"命令，系统弹出"镜像装配向导"对话框。

3）在"镜像装配向导"对话框中单击"下一步"按钮，系统要求选取组件；从绘图窗口中框选所有的冷却部件，单击对话框的"下一步"按钮。

4）定义镜像平面。在"镜像装配向导"对话框中单击"创建基准平面"按钮 ，系统弹出如图 8-67 所示的"基准平面"对话框，在"类型"下拉列表中选择"XC-ZC 平面"选项，然后在对话框中"距离"文本框中输入 0，单击"基准平面"对话框的"确定"按钮，创建镜像平面，如图 8-68 所示。

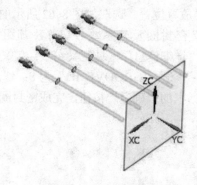

图 8-67　"基准平面"对话框　　　　图 8-68　创建镜像平面

5）在"镜像装配向导"对话框中连续单击"下一步"按钮，最后单击"完成"按钮，

完成冷却系统的镜像，如图 8-69 所示。

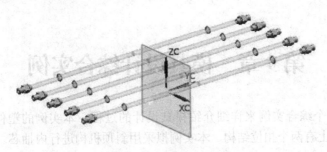

图 8-69　镜像冷却系统

6）选择菜单栏中"编辑"→"显示和隐藏"→"全部显示"命令，或按快捷键〈Ctrl+Shift+U〉，显示所有隐藏部件。

（6）保存文件

选择"文件"→"全部保存"命令，保存所做的工作。

8.4　本章小结

创建浇注系统和冷却系统是模具设计的重要环节，浇注系统设计的好坏直接影响制品的充型和质量，而冷却系统不但影响注射效率，对产品外观亦有重要影响。在进行浇注系统和冷却系统设计之前，应先进行工艺分析和计算，确定浇口类型及相关参数以及冷却水道的排布和尺寸。必要时可用 Moldflow 进行模拟分析。

8.5　思考与练习

1．为充电器下盖模具的型芯部件设计冷却系统（素材见附带光盘 ch08\eg\chdianqi_top_025.prt 装配文件）。

2．为如图 8-70 所示的旋钮模具设计浇注系统和冷却系统（素材见附带光盘文件 ch08\ex\ex1\zonghe_top_000.prt）。

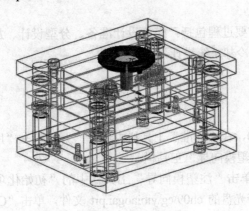

图 8-70　旋钮模具

第9章 模具设计综合实例

本章将通过一个综合实例来详细介绍模具设计的过程。本实例的塑件是一个面壳类零件，在塑件的内壁上有两个扣位结构，本实例拟采用斜顶机构进行内抽芯。

本章重点

- 倒扣位抽芯机构设计
- 浇注系统设计
- 分型设计

9.1 设计要求

本例要求完成如图 9-1 所示的仪表盖零件模具设计，材料为 ABS，一模两腔，产品的扣位采用斜顶进行内抽芯。

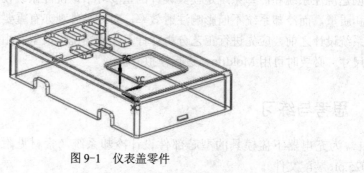

图 9-1 仪表盖零件

9.2 设计步骤

本实例模具设计的主要过程包括：模具设计准备、分型设计、加载模架及标准件、内抽芯机构设计、浇注系统和冷却系统设计。

9.2.1 模具设计准备

（1）初始化项目

1）启动 UG NX 8.0，在"标准"工具栏中选择"开始"→"所有应用模块"→"注塑模向导"命令，打开"注塑模向导"工具栏。

2）载入产品模型。单击"注塑模向导"工具栏中的"初始化项目"按钮，系统弹出"打开"对话框，选择附带光盘的 ch09\eg\yibiaogai.prt 文件，单击"OK"按钮，弹出如图 9-2 所示的"初始化项目"对话框。确定对话框中的"项目单位"为"毫米"，选择"部件"材料为"ABS"，相应的材料的"收缩率"为1.006，单击"确定"按钮，完成产品模型的加载。

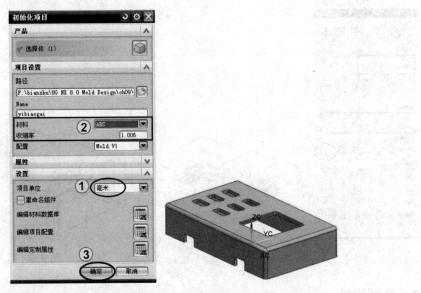

图9-2　载入产品模型

（2）定义模具坐标系

单击"注塑模向导"工具栏中的"模具 CSYS"按钮，弹出"模具 CSYS"对话框，如图9-3所示。由于当前坐标系的 X-Y 面位于产品底面(分型面)，且+ZC 指向顶出方向，因此选择该对话框的"当前 WCS"即可。单击"确定"按钮，完成模具坐标系的定义。

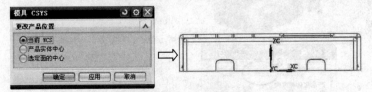

图9-3　定义模具坐标系

（3）定义工件

单击"注塑模向导"工具栏中的"工件"按钮，弹出"工件"对话框。选择"工件方法"为"用户定义的块"；然后在"尺寸"列表区域的"极限"区域设置："开始"的距离为-25，"结束"的距离为 50。单击"确定"按钮，生成工件，如图9-4所示。

（4）型腔布局

1）单击"注塑模向导"工具栏中的"型腔布局"按钮，弹出"型腔布局"对话框，选择"布局类型"为"矩形、平衡"，指定"型腔数"为 2，选择"YC"方向为第一布局方向，单击按钮，则生成型腔布局。单击按钮，坐标系移动至整个分型面中心，其操作过程如图9-5所示。

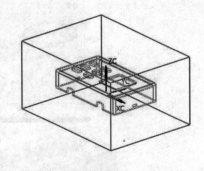

图9-4　定义工件

2）单击"编辑布局"列表区域中的按钮，弹出"插入腔体"对话框。定义插入"圆角"类型为1，圆角"半径"10，单击"确定"按钮，插入与成型工件尺寸匹配的腔体，如图9-6所示。

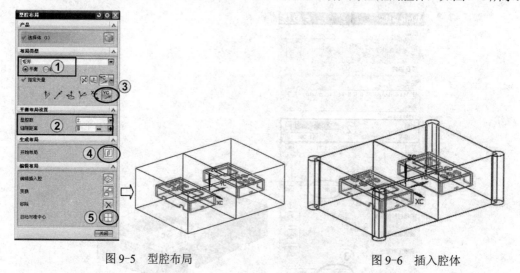

图9-5　型腔布局　　　　　　　　　图9-6　插入腔体

9.2.2　分型设计

（1）设计区域

其操作步骤如图9-7所示。

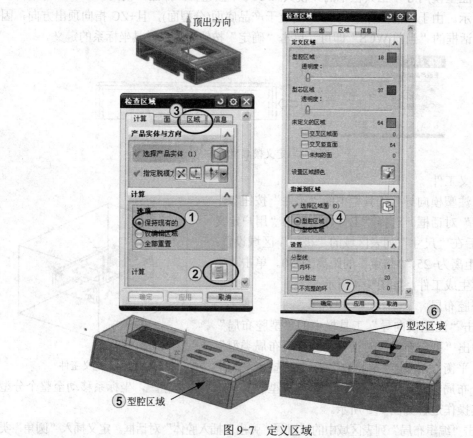

图9-7　定义区域

1）单击"注塑模向导"工具栏中的"模具分型"按钮，系统弹出"模具分型工具"工具条；在"模具分型工具"工具条中单击"区域分析"按钮，系统弹出"检查区域"对话框，同时模型被加亮，并显示开模方向。在"计算"选项卡中选择"保持现有的"选项，并单击"计算"按钮，系统开始对产品模型进行分析计算。

2）设置区域颜色。在"检查区域"对话框中单击"区域"选项卡，在该对话框"设置"列表区域中取消勾选的"内环"、"分型边"、和"不完整的环"三个复选框，然后单击"设置区域颜色"按钮。模型表面以不同的颜色显示，且有64个未定义区域。

3）定义型腔区域和型芯区域。将"检查区域"对话框中的"选择区域面"按钮激活，在"指派到区域"列表区域中选择"型腔区域"，选择图9-7中步骤⑤所示的模型外侧面，将其指定到型腔区域。然后用鼠标点选图9-7中步骤⑥所示七个矩形侧孔的共56个面，将其指定到型芯区域。最后单击"应用"按钮，完成型腔区域和型芯区域的定义。定义完成后型腔区域和型芯区域以不同的颜色显示，如图9-8所示。同时，在"检查区域"对话框的"定义区域"列表区域中显示型腔区域26个，型芯区域93个，未定义区域0个。

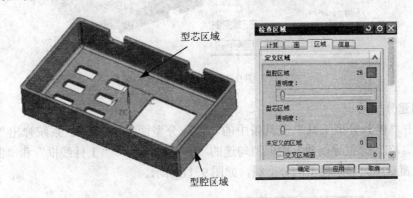

图9-8　完成区域定义

（2）抽取区域和分型线

在"模具分型工具"工具条中单击"定义区域"按钮，系统弹出如图9-9所示的"定义区域"对话框。在"设置"列表区域中勾选"创建区域"和"创建分型线"两个复选框，完成型腔区域、型芯区域及分型线的创建。

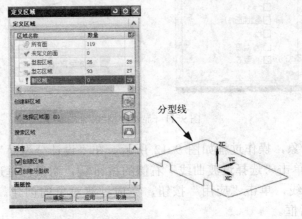

图9-9　抽取区域和分型线

（3）创建曲面补片

在"模具分型工具"工具条中单击"曲面补片"按钮 ◇，系统弹出"边缘修补"对话框；在"边缘修补"对话框"环选择"列表区域中选择"体"类型，然后选择产品体，单击"确定"按钮，零件上的破孔自动修补完成。修补完成后的模型如图 9-10 所示。

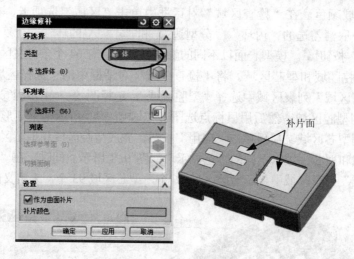

图 9-10　模型修补

（4）创建分型面

1）单击"模具分型工具"工具条中的"设计分型面"按钮 ◈，系统弹出"设计分型面"对话框，在"分型导航器"中取消勾选的"产品实体"、"工件线框"和"曲面补片"三个选项，窗口中只显示模型的分型线，如图 9-11 所示。

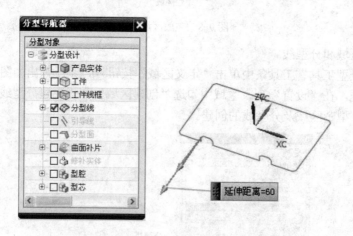

图 9-11　显示分型线

2）创建过渡对象，操作过程如图 9-12 所示。在"设计分型面"对话框的"编辑分型段"列表区域中单击"选择过渡曲线"右侧的按钮 ▣，用鼠标框选图 9-12 中步骤②箭头所示的三段曲线，单击"应用"按钮，完成过渡对象的创建。同时，系统返回到"设计分型面"对话框。

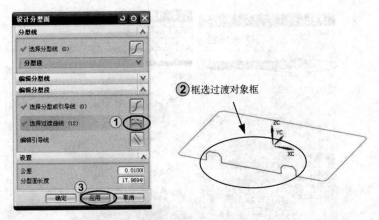

图 9-12 创建过渡对象

3）创建分型面，操作步骤如图 9-13 所示。在"设计分型面"对话框中单击"有界平面"按钮 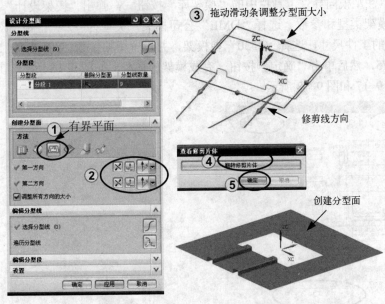，系统高亮显示"分段 1"及其修剪方向。如果系统默认的修剪方向不正确，可通过对话框"创建分型面"列表区域中的"第一方向"和"第二方向"重新设定，本例中的修剪方向为"-YC"方向。用户可拖动有界平面上的滑动条来调整分型面的大小，保证分型面边界大于工件的尺寸。单击"应用"按钮，系统弹出"查看修剪"片体对话框，确定分型面的分割正确后，单击该对话框的"确定"按钮，完成分型面的创建。

图 9-13 "有界平面"方式创建分型面

（5）创建型芯和型腔

其操作步骤如图 9-14 所示。在"模具分型工具"工具条中单击"定义型腔和型芯"按钮 ，系统弹出"定义型腔和型芯"对话框，在该对话框"选择片体"列表区域中选中"型腔区域"选项，单击"应用"按钮，在弹出的"查看分型结果"对话框中单击"确定"按钮，接受系统默认的方向，即可创建型腔零件。同样，在"选择片体"列表区域中选中"型芯区域"选项，单击"应用"按钮，即可创建型芯零件。

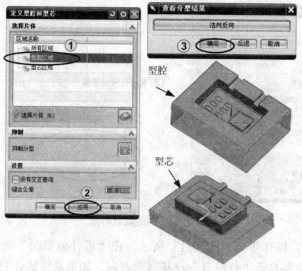

图 9-14 创建型芯和型腔

9.2.3 添加模架

本实例选用 DME 公司的 2A 型模架，设计步骤如图 9-15 所示。

1）单击"注塑模向导"工具栏中的"模架库"按钮 ，弹出"模架设计"对话框。

2）定义模架类型和参数。选择"DME"公司模架，类型为"2A"；根据对话框"布局信息"中提供的工件尺寸，选择"2530"型模架，并设置模架参数：AP_h 为 56，BP_h 为 36，CP_h 为 75，然后单击"确定"按钮，完成模架的加载，如图 9-16 所示，其前视图和俯视图分别如图 9-17 和图 9-18 所示。

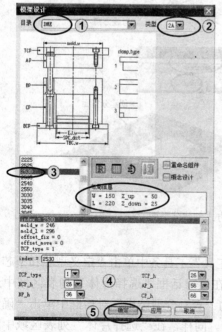

图 9-15 "模架设计"对话框

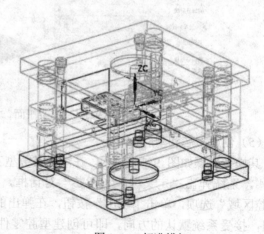

图 9-16 标准模架

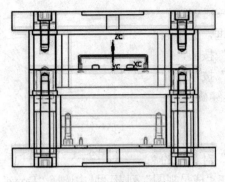

图 9-17　模架前视图

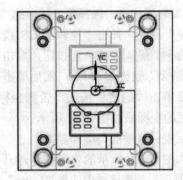

图 9-18　模架俯视图

9.2.4　斜顶设计

（1）隐藏模架

在"装配导航器"中取消选中的"yibiaogai_movehalf_mm_058"和"yibiaogai_fixhalf_056"，将模架隐藏。放大产品的倒扣位区域，如图 9-19 所示。

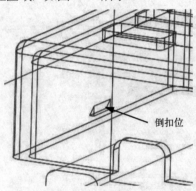

倒扣位

图 9-19　产品的倒扣位

（2）定义斜顶放置的坐标系

1）移动坐标系。单击"注塑模向导"工具栏中的"滑块和浮升销库"按钮 ，弹出"滑块和浮升销设计"对话框。选择菜单栏中的"格式"→"WCS"→"原点"命令，用鼠标捕捉如图 9-20 所示倒扣位边线的中点作为坐标系的原点，完成坐标系的移动。

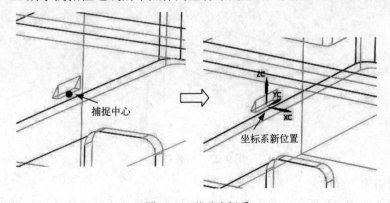

捕捉中心

坐标系新位置

图 9-20　移动坐标系

2）旋转坐标系。选择菜单栏中的"格式"→"WCS"
→"旋转"命令，弹出"旋转 WCS 绕"对话框，选中该
对话框的 ⊙+ZC 轴：XC --> YC 单选按钮，单击"应用"按钮，使
坐标系绕+*XC* 轴旋转 90°，然后单击"取消"按钮（此
处，不要单击"确定"按钮，否则坐标系将继续旋转）。
最终定义的坐标系如图 9-21 所示。

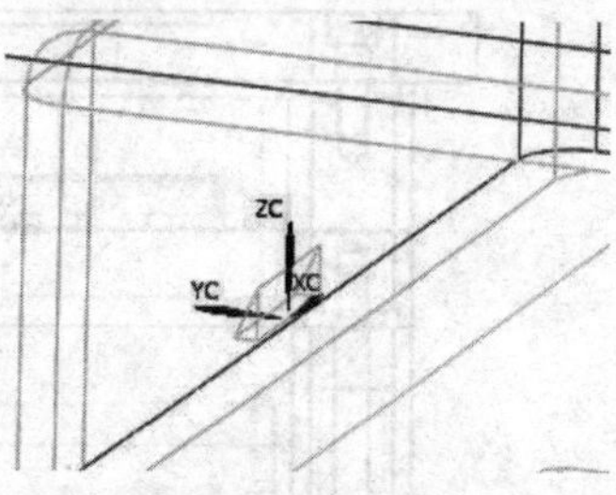

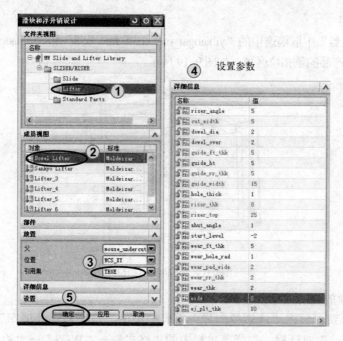

图 9-21　旋转坐标系

（3）定义斜顶的类型和参数

在如图 9-22 所示的"滑块和浮升销设计"对话框的
"文件夹视图"列表区域中选择"Lifter"选项，在"成员视图"列表区域中选择"Dowel Lifter"
选项，并在"放置"列表区域的"引用集"下拉列表中选择"True"选项，然后在"详细信息"
列表区域中设置斜顶的参数。单击对话框的"确定"按钮，完成斜顶的加载，如图 9-23 所示。

图 9-22　设置斜顶参数

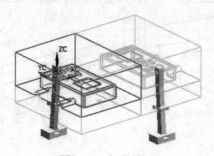

图 9-23　加载斜顶

（4）修剪斜顶

操作步骤如图 9-24 所示。单击"注塑模向导"工具栏中的"修边模具组件"按钮 ，

274

弹出"修边模具组件"对话框，选择图 9-24 中步骤①所示的斜顶为目标体，在"刀具"列表区域中选择"修边曲面"为"CORE_TRIM_SHEET"，即型芯修剪片体为工具体，单击对话框的"应用"按钮，完成斜顶头部形状的修剪。

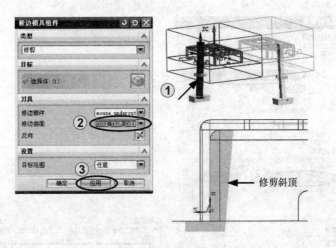

图 9-24　修剪斜顶

（5）修剪斜顶

参照上述步骤（1）～（4），创建并修剪另外一个倒扣位的斜顶，如图 9-25 所示。

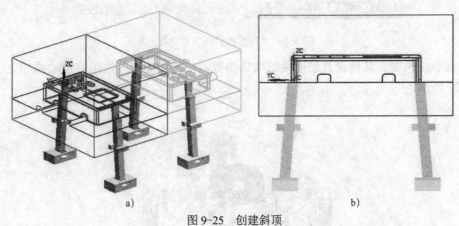

a)　　　　　　　　　　　　　　　　b)

图 9-25　创建斜顶

a) 轴测图　b) 前视图

9.2.5　添加标准件

（1）添加定位圈

1）单击"注塑模向导"工具栏中的"标准部件库"按钮 ，弹出"标准件管理"对话框。

2）定义定位圈的类型和参数，操作过程如图 9-26 所示。在该对话框的"文件夹视图"列表区域中展开"FUTABA_MM"节点，然后选择"Locating Ring Interchangeable"选项；在"成员视图"列表区域中选择"Locating Ring"，此时会弹出"信息"窗口显示定位圈结构形状。在"放置"列表区域的"引用集"下拉列表中选择"整个部件"选项，在"详细信息"列表区域中的"TYPE"下拉列表中选择"M_LRB"选项,在"BOTTOM_C_BORE_DIA"选项的文本框中输入36,并按〈Enter〉键确认,在"SHCS_LENGTH"选项的文本框中输入12,并按〈Enter〉键确认。

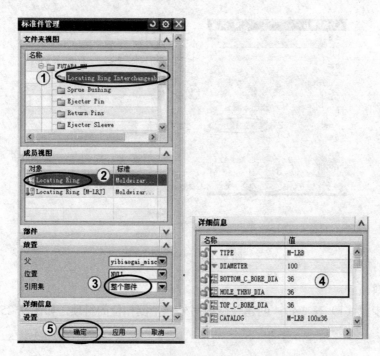

图 9-26 "标准件管理"对话框

3)加载定位圈。其他设置采用系统默认参数,单击"确定"按钮,自动添加定位圈,如图 9-27 所示。

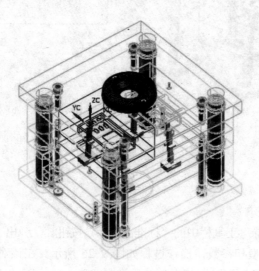

图 9-27 添加定位圈

(2)添加浇口套

1)单击"注塑模向导"工具栏中的"标准部件库"按钮 ,弹出"标准件管理"对话框。

2) 定义浇口套类型和参数，操作过程如图 9-28 所示。在"标准件管理"对话框的"文件夹视图"列表区域中展开"FUTABA_MM"节点，选择"Sprue Bushing"选项；在"成员视图"列表区域中选择"Sprue Bushing"选项；此时系统会弹出"信息"窗口显示浇口套的结构及尺寸参数。在"详细信息"列表区域的"CATALOG"下拉列表中选择"M-SBI"选项；在"HEAD_HEIGHT"选项的文本框中输入 15，并按〈Enter〉键确认，在"CATALOG_ LENGTH"选项的文本框中输入 67，并按〈Enter〉键确认，在"C_BORE_DIA"选项的文本框中输入 36，并按〈Enter〉键确认。

3) 加载浇口套。"标准件管理"对话框中的其他参数采用默认设置，单击"确定"按钮，自动添加浇口套，如图 9-29 所示。

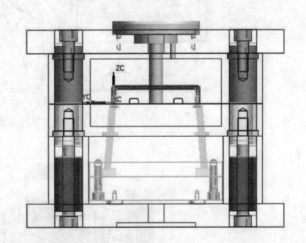

图 9-28　设置浇口套参数　　　　　　　　图 9-29　加载浇口套

（3）添加顶杆

1) 单击"注塑模向导"工具栏中的"标准部件库"按钮，系统弹出"标准件管理"对话框。

2) 定义顶杆类型和参数，操作步骤如图 9-30 所示。在"标准件管理"对话框的"文件夹视图"列表区域中展开"FUTABA_MM"节点，选择"Ejector Pin"选项；在"成员视图"列表区域中选择"Ejector Pin Straight"选项。在"详细信息"区域中设置"CATALOG_DIA"为 4；设置"CATALOG_LENGTH"为 125，按〈Enter〉键确认。

3) 加载顶杆。"标准件管理"其他参数采用默认设置，单击"应用"按钮，弹出"点"对话框，在"点"对话框的"类型"列表区域中选择点的"类型"为"光标位置"。将模具装配体的视图方向转为"仰视图"，在如图 9-30 所示的六个部位用鼠标依次单击添加六根顶杆。最后单击"点"对话框的"取消"按钮，系统返回到"标准件管理"对话框，单击该对话框的"应用"按钮，完成顶杆的添加，如图 9-31 所示。

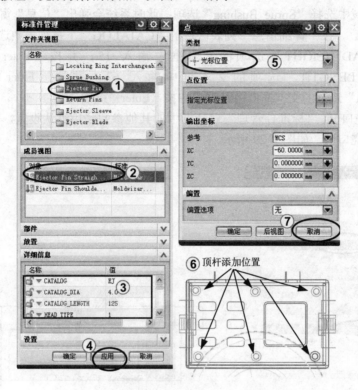

图 9-30　设置顶杆参数

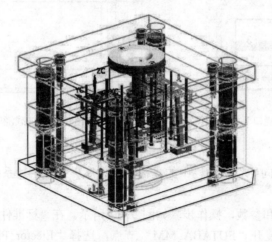

图 9-31　加载顶杆

（4）顶杆后处理

操作过程如图 9-32 所示。单击"注塑模向导"工具栏中的"顶杆后处理"按钮，弹出"顶杆后处理"对话框，在"类型"下拉列表中选择"修剪"选项，在"刀具"列表区域中选择"修边曲面"为"CORE_TRIM_SHEET"，即型芯的分型曲面，然后选择"目标"列表区域中的"yibiaogai_ej_pin_102",六根顶杆即被选中,单击"确定"按钮,系统自动将顶杆修剪到型芯片体,如图9-33所示。

图9-32 "顶杆后处理"对话框

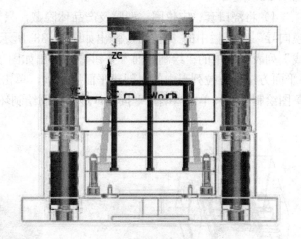

图9-33 修剪顶杆

9.2.6 浇注系统设计

(1)分流道设计

1)隐藏零部件。在"装配导航器"中将"yibiaogai_dm_051"、"yibiaogai _var_035"、"yibiaogai _misc_030"、"yibiaogai _ej_pin_102"、"yibiaogai _lift_087"、"yibiaogai _lift_080"部件取消勾选,将其隐藏。

2)移动坐标系。选择菜单栏中的"格式"→"WCS"→"原点"命令,系统弹出"点"对话框,在"类型"下拉列表中选择"圆弧中心/椭圆中心/球心"选项,用鼠标捕捉如图9-34所示浇口套底圆圆弧的中心作为坐标系的原点,完成坐标系的移动,如图9-35所示。

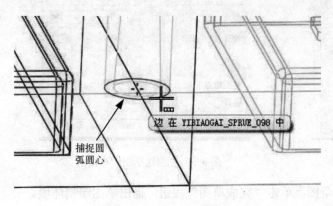

图9-34 捕捉坐标系的原点

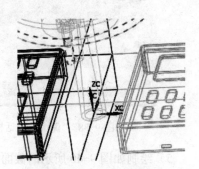

图9-35 移动坐标系

3)旋转坐标系。选择菜单栏中的"格式"→"WCS"→"旋转"命令,弹出"旋转 WCS 绕"对话框,选中该对话框的 ⊙+ZC 轴:XC --> YC 单选按钮,在"角度"文本框中输

入 "-90°", 单击 "应用" 按钮, 使坐标系绕+ZC 轴旋转 90°, 然后单击 "取消" 按钮 (此处, 不要单击 "确定" 按钮, 否则坐标系将继续旋转)。最终定义的坐标系如图 9-36 所示。

4) 将浇口套、定位圈、型腔及产品体隐藏, 只显示型芯, 如图 9-37 所示。单击 "注塑模向导" 工具栏中的 ▦ 按钮, 弹出如图 9-38 所示的 "流道" 对话框。单击对话框 "引导线" 列表区域中的 "绘制截面" 按钮 ▦, 弹出如图 9-39 所示的 "创建草图" 对话框, 选择 "平面方法" 下拉列表中的 "创建平面" 选项, 单击 "指定平面" 右边的按钮 ◪·, 选取 ▨ 为草图绘制平面, 单击 "确定" 按钮, 进入草图绘制环境。

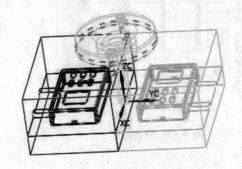

图 9-36　旋转坐标系

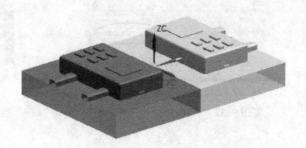

图 9-37　显示型芯

图 9-38　"流道" 对话框

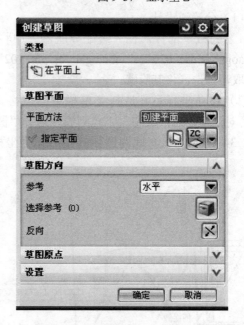

图 9-39　"创建草图" 对话框

5) 绘制如图 9-40 所示的截面草图, 单击 "完成草图" 按钮, 退出草图绘制环境。

6) 定义截面类型和参数。在 "流道" 对话框的 "截面类型" 下拉列表中选择 "圆形", 在 "参数" 列表中将 "直径" 修改为 5, 按〈Enter〉键确认, 其他参数默认。

7) 单击 "确定" 按钮, 完成分流道的创建, 如图 9-41 所示。

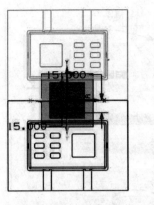

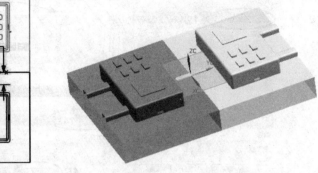

图 9-40　截面草图　　　　　　　　　　　图 9-41　创建分流道

（2）浇口设计

1）将型腔和产品体取消隐藏。单击"注塑模向导"工具栏中的"浇口库"按钮■，弹出"浇口设计"对话框，操作步骤如图 9-42 所示。

2）在"浇口设计"对话框的"平衡"选项中选择"是"，在"位置"选项中选择"型腔"，在"类型"下拉列表中选择"潜伏式浇口"（tunnel）。在该对话框中单击"浇口点表示"按钮，弹出"浇口点"对话框。在该对话框中单击"点在面上"按钮，系统弹出"面选择"对话框，用鼠标选取图 9-42 中步骤⑥箭头所示的型腔面（此处型腔面的选取可用 UG的快速拾取功能）。此时系统自动弹出"Point Move on Face"对话框，在该对话框中设置 X为 0，Y 为-25，Z 为 9，每输入一个值按〈Enter〉键确认。

图 9-42　浇口设计

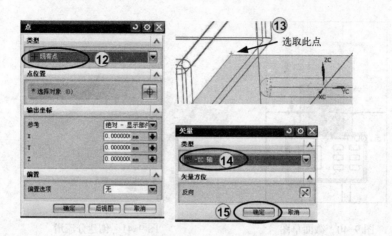

图 9-42 浇口设计（续）

3）在"Point Move on Face"对话框中单击"确定"按钮，系统回到"浇口点"对话框，单击"后视图"按钮，回到"浇口设计"对话框。

4）在"浇口设计"对话框中修改"d"=1，其他参数保持默认。单击对话框的"应用"按钮，弹出"点"对话框，如图9-43所示。

5）在"点"对话框中选择"类型"下拉列表中的"现有点"选项，用鼠标选取刚刚创建的浇口点。单击"点"对话框"确定"按钮，系统弹出"矢量"对话框，选择"类型"下拉列表中的"-YC 轴"选项，单击"矢量"对话框的"确定"按钮，创建浇口，如图 9-43所示。

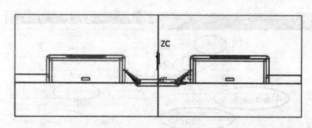

图 9-43　创建浇口

9.2.7　冷却系统设计

（1）创建冷却水道1~3

1）单击"注塑模向导"工具栏中的"模具冷却工具"按钮🗔，弹出"模具冷却工具"工具条，在该工具条中单击"冷却标准部件库"按钮🗔，弹出"冷却组件设计"对话框，操作步骤如图9-44所示。

2）设置冷却水道类型及参数。在"冷却组件设计"对话框的"文件夹视图"列表区域中选择"COOLING"选项，在"成员视图"列表区域中选择"COOLING HOLE"选项，系统弹出"信息"窗口并显示参数。在"详细信息"列表区域中的"PIPE THREAD"下拉列表中选择"M8"；在"HOLE_1 DEPTH"文本框中输入 110，并按〈Enter〉键确认；在"HOLE_2 DEPTH"文本框中输入 110，并按〈Enter〉键确认；其他参数接受系统默认。

3）定义水道放置面和坐标点。在"放置"列表区域中激活"选择面或平面"按钮 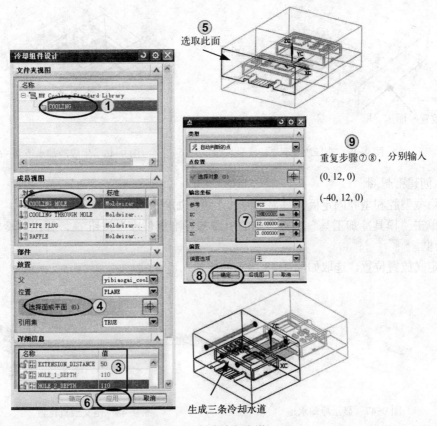 ，然后选择图 9-45 中步骤⑤箭头所示的型腔侧面，单击"冷却组件设计"对话框的"应用"按钮，系统显示冷却水道放置点的参考坐标系，同时弹出"点"对话框，在"输出坐标"列表区域中输入（"XC"，"YC"，"ZC"）坐标为(40，12，0)。

图 9-44　创建冷却水道 1~3

4）单击"点"对话框的"确定"按钮，生成冷却水道 1。重复图 9-44 中步骤⑦⑧，完成冷却水道 2~3 的创建。

（2）创建冷却水道 4~6

参照操作步骤（1），创建冷却水道 4~6。

1）在"装配导航器"中勾选"yibiaogai_cvp_063"和"yibiaogai _crp_057"，显示型腔固定板和型芯固定板。

2）修改参数。在"详细信息"列表区域中的"PIPE THREAD"下拉列表中选择"M8"；在"HOLE_1 DEPTH"文本框中输入 40，并按〈Enter〉键确认；在"HOLE_2 DEPTH"文本框中输入 40，并按〈Enter〉键确认；其他参数接受系统默认。

3）定义冷却水道放置面和坐标点。在"放置"列表区域中激活"选择面或平面"按钮 ，然后选择图 9-45 所示的型腔固定板侧面，单击对话框的"应用"按钮，弹出"点"对话框，在"输出坐标"列表区域中分别输入（"XC"，"YC"，"ZC"）坐标为(-40，9，0)，(0，9,0)，(40,9,0)，并分别单击"点"对话框的"确定"按钮，生成冷却水道 4~6。

4）单击"点"对话框的"确定"按钮，单击"冷却组件设计"对话框的"取消"按钮，完成冷却水道4～6的创建，如图9-46所示。

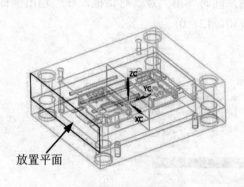

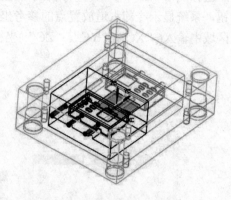

图9-45　选择放置面

图9-46　生成冷却水道4～6

（3）创建密封圈

1）隐藏型腔和型腔固定板，只显示冷却水道，如图9-47所示。

2）单击"模具冷却工具"工具条中的"冷却标准部件库"按钮，弹出"冷却组件设计"对话框。

3）定义放置位置。选取如图9-48所示的冷却水道。

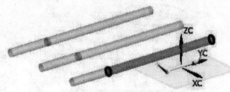

图9-47　显示冷却水道

图9-48　定义放置位置

4）定义密封圈及其参数。在"冷却组件设计"对话框的"成员视图"中选择"O-RING"，在"详细信息"区域定义参数：定义"SECTION _DIA"为1.5；"MATERIAL"选择"BUNE"；修改"GROOVE_ID"为8；修改"GROOVE_OD"为12，并按〈Enter〉键确认。单击对话框的"确定"按钮，完成三个密封圈的创建，如图9-49所示。

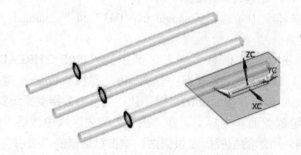

图9-49　创建密封圈

284

（4）创建水嘴

1）单击"模具冷却工具"工具条中的"冷却标准部件库"按钮 ⫶，弹出"冷却组件设计"对话框。

2）定义水嘴的放置位置。选取如图9-50所示的冷却水道。

3）定义水嘴及其参数。在"冷却组件设计"对话框的"成员视图"中选择"CONNECTOR PLUG"选项，在"详细信息"区域定义参数：在"SUPPER"下拉列表中选择"HASCO"；在"PIPE THREAD"下拉列表中选择"M8"。单击对话框的"确定"按钮，创建三个水嘴，如图9-51所示。

图9-50　定义水嘴放置位置

图9-51　创建水嘴

（5）镜像水路

1）在"装配导航器"中鼠标右键单击"yibiaogai_cool_026"，在弹出的快捷菜单中选择"设为工作部件"命令，将其转为工作部件。

2）选择菜单栏中"装配"→"组件"→"镜像装配"命令，系统弹出"镜像装配向导"对话框。

3）在"镜像装配向导"对话框中单击"下一步"按钮，系统要求选取组件；从绘图窗口中框选所有的冷却部件，单击对话框的"下一步"按钮。

4）定义镜像平面。在"镜像装配向导"对话框中单击"创建基准平面"按钮 ⫿，系统弹出如图9-52所示的"基准平面"对话框，在"类型"下拉列表中选择"XC-ZC 平面"选项，然后在对话框的"距离"文本框中输入 0，单击"基准平面"对话框的"确定"按钮，创建镜像平面，如图9-53所示。

图9-52　"基准平面"对话框

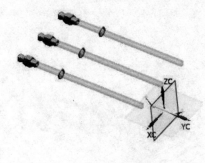

图9-53　创建镜像平面

5）在"镜像装配向导"对话框中连续单击"下一步"按钮，最后单击"完成"按钮，完成冷却系统的镜像，如图9-54所示。

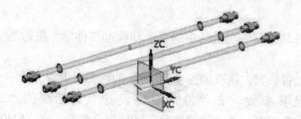

图 9-54 镜像冷却系统

（6）创建型芯侧的冷却系统

参照上述步骤（1）～（5），创建型芯侧的冷却系统。

1）在"装配导航器"中取消隐藏"yibiaogai_ej_pin_102"、"yibiaogai_lift_087"和"yibiaogai_lift_087"，显示顶杆和斜顶，如图 9-55 所示。由于型芯上有顶杆的过孔及斜顶避让槽，因此在设计冷却水道时要注意防止部件之间的干涉。

2）由于操作步骤同上，此处不再赘述，只给出冷却水道的定义位置，如图 9-56 所示，其放置点的坐标为：(65，-5，0)，(15，-5，0)，(-25，-5，0)，(-65，-5，0)。生成的型芯侧的冷却系统如图 9-57 所示。

3）选择菜单栏中"编辑"→"显示和隐藏"→"全部显示"命令，或按快捷键〈Ctrl+Shift+U〉，显示所有隐藏部件，如图 9-58 所示。

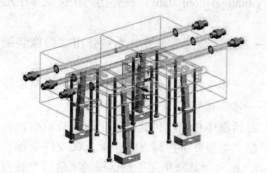

图 9-55 显示顶杆和斜顶

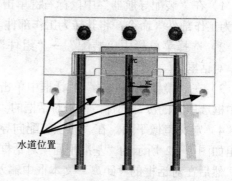

图 9-56 定义水道位置

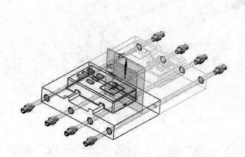

图 9-57 型芯侧冷却系统

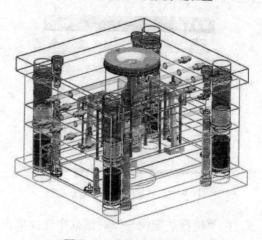

图 9-58 全部显示模具装配

286

9.2.8　建腔

1）单击"注塑模工具"工具条中的"腔体"按钮 🦵，弹出"腔体"对话框。在对话框的"刀具"列表区域中的"工具类型"下拉列表中选择"组件"选项，单击"选择对象"按钮 ⊕，在视图区域选择定位圈、浇口套、顶杆、水道、斜顶为工具体。

2）在"腔体"对话框中单击"查找相交"按钮 🖼，系统自动搜寻与工具体相交的组件。单击对话框的"应用"按钮，系统自动为定位圈、浇口套、顶杆、水道、斜顶创建安装使用的腔。

图 9-59 和图 9-60 所示为创建腔体后的定模座板和型芯固定板。

图 9-59　定模座板

图 9-60　型芯固定板

3）选择"文件"→"全部保存"命令，保存所做的工作。

9.3　本章小结

本章以一个典型的面壳类零件为例，系统介绍了其模具设计的基本过程。其中，零件内侧的扣位结构在模具设计中采用了常用的斜顶机构，浇口设计采用了潜伏式浇口。读者通过此例可熟悉并掌握此类塑件的模具设计特点。

9.4　思考与练习

1. 简述模具设计的一般过程。

2. 完成如图 9-61 所示上盖零件的模具设计（素材见附带光盘文件 ch09\ex\slide.prt）。

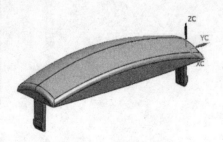

图 9-61　上盖零件

参 考 文 献

[1] 李丽华, 郑少梅, 李伟. UG NX 6.0 模具设计基础与进阶[M]. 北京：机械工业出版社，2009.

[2] 程联军, 李丽华. UG NX 6.0 模具设计行业应用实践[M]. 北京：机械工业出版社，2010.

[3] 展迪优. UG NX 8.0 模具设计教程[M]. 北京：机械工业出版社，2012.

[4] 宋军平. UG NX 6.0 中文版模具设计 50 例[M]. 北京：电子工业出版社，2010.

[5] 李锦标, 李成国. 精通 UG NX 6.0 产品模具设计[M]. 北京：清华大学出版社，2009.